岩土工程勘察

（第二版）

刘之葵　牟春梅　谭景和　谢永雄
蒋仕清　姜大伟　孙刚臣　编著

中国建筑工业出版社

图书在版编目（CIP）数据

岩土工程勘察 / 刘之葵等编著. — 2版. — 北京：中国建筑工业出版社，2023.4（2024.2重印）
ISBN 978-7-112-28548-8

Ⅰ. ①岩… Ⅱ. ①刘… Ⅲ. ①岩土工程一地质勘探 Ⅳ. ①TU412

中国国家版本馆 CIP 数据核字(2023)第 052200 号

本书是在第一版《岩土工程勘察》的基础上，按照最新的国家工程建设规范要求进行修订，并根据当前岩土工程专业学科的发展特点，对部分内容进行了精简和完善，主要突出了工程实践中常用的各类岩土工程勘察基本技术要求。

本书介绍了房屋建筑与构筑物、地下洞室、线状工程、边坡工程、基坑开挖与支护工程、桩（墩）基工程等常见工程类型及场地稳定性、特殊岩（土）的岩土工程勘察基本技术要求和分析、评价方法等内容。各章节后附有思考题。

本书可作为高等院校岩土工程专业教材，也可供岩土工程勘察、设计、施工以及交通、土建等专业的科研人员和技术人员参考。

责任编辑：杨　允　刘颖超　李静伟
责任校对：张惠雯

岩土工程勘察
（第二版）

刘之葵　牟春梅　谭景和　谢永雄
蒋仕清　姜大伟　孙刚臣　编著

*
中国建筑工业出版社出版、发行（北京海淀三里河路9号）
各地新华书店、建筑书店经销
北京红光制版公司制版
建工社（河北）印刷有限公司印刷
*
开本：787毫米×1092毫米　1/16　印张：16½　字数：407千字
2023年4月第二版　2024年2月第二次印刷
定价：**59.00**元
ISBN 978-7-112-28548-8
（40796）

第二版前言

“岩土工程”是一门地质与工程紧密结合的学科，是土木工程中涉及岩石、土的利用、处理或改良的科学技术，它始终贯穿在工程建设的勘察-设计-施工-监测-监理的全过程中，一切工作都落实在解决工程的实际问题。集认识自然和改造自然的统一、技术可靠性和经济合理性的统一、岩土条件和工程建设要求的统一，从而提高工程建设项目的经济效益、环境效益和社会效益。

岩土工程研究的主要对象是岩、土体，研究对岩、土体的改造与利用，解决和处理在建设过程中出现的所有与岩、土体有关的工程技术问题。它不仅要反映工程建设场地的工程地质条件，而且要提出解决问题的方法、措施，因此岩土工程是直接服务于工程建设全过程的实用性极强的科学。岩土工程勘察是岩土工程的一个重要组成部分，勘察工作的过程是我们认识自然的过程，只有我们充分地认识了自然，才能有效地利用和改造自然，才能保护地质环境，更好地为工程建设服务，因此，岩土工程勘察是岩土工程最基本和核心的内容之一。

本书的第一版是由桂林理工大学岩土工程教研室相关教师编写。近年来，随着我国经济建设的快速发展，根据工程建设的需要，部分工程建设规范做了相应的修订，为了适应新的形势，对《岩土工程勘察》进行了修订再版，新版更加突出了工程实践中常用的各类岩土工程勘察基本技术要求，对原来不完善的地方进行了修改，并增加了工程案例。

本次参与编写修订的作者主要有：刘之葵（桂林理工大学）、牟春梅（桂林理工大学）、谭景和（桂林理工大学）、谢永雄（桂林理工大学）、蒋仕清（建材桂林地质工程勘察院有限公司）、姜大伟（建材桂林地质工程勘察院有限公司）、孙刚臣（桂林理工大学）。

本书得到国家自然科学基金项目（41867039）、南方石山地区矿山地质环境修复工程技术创新中心项目（CXZX2020002）和广西岩土力学与工程重点实验室项目（桂科能20-Y-XT-03）的资助，同时也是广西壮族自治区一流本科课程“岩土工程勘察”和“广西高校示范性现代产业学院-先进建材与智慧建造现代产业学院”的建设内容之一。

本书引用了许多国内外同行的资料和成果，在此表示衷心的感谢！由于编者的水平有限，不足之处在所难免，欢迎批评指正。

编　者

2022年11月

第一版前言

“岩土工程”是一门地质与工程紧密结合的学科。它始终贯穿在工程建设的勘察-设计-施工-监测-监理的全过程中，一切工作都落实在解决工程的实际问题。集认识自然和改造自然的统一、技术可靠性和经济合理性的统一、岩土条件和工程建设要求的统一，从而提高工程建设项目的经济效益、环境效益和社会效益。

岩土工程研究的主要对象是岩、土体，主要研究对岩、土体的改造与利用，解决和处理在建设过程中出现的所有与岩、土体有关的工程技术问题，它不仅要反映工程建设场地的地质条件，而且要提出解决问题的方法、措施。因此岩土工程是直接服务于工程建设全过程的实用性极强的科学。岩土工程勘察是岩土工程的一个重要组成部分，勘察工作的过程是我们认识自然的过程，只有我们充分地认识了自然，才能有效地利用和改造自然，才能保护地质环境，更好地为工程建设服务，因此，岩土工程勘察是岩土工程的最基本和核心的内容。

桂林理工大学岩土工程教研室马天骏、陈先华、周东、朱寿增、王杰光等在1996年11月编写出版了《岩土工程勘察》，该书是在校内《岩土工程勘察》讲义的基础上，依据课程设置要求，结合教学实践、工作实践修改充实完成。在内容上，参照了《岩土工程勘察规范》GB 50021—94及其他相关技术规程、规范中有关技术要求，选编了常见的房屋建筑及构筑物等11种工程类型及场地稳定性、特殊岩土的勘察、分析和评价等内容。

随着我国经济建设的快速发展，为了适应工程建设的需要，近十几年来，许多的工程建设标准及规范都做了修订，原《岩土工程勘察》教材已不适应教学和科研的要求。为此，依据新的相关规范要求，并结合科研成果，对《岩土工程勘察》教材进行修订，内容有了较大的删减，主要突出了工程实践中常用的各类岩土工程勘察基本技术要求，对某些应用较少的内容进行了精简或删除，同时也增加了部分内容。

本书得到国家自然科学基金项目（51169004）和广西岩土力学与工程重点实验室项目（11-CX-02）资助。同时也是广西壮族自治区精品课程《岩土工程勘察》和广西高校特色专业及课程一体化建设项目“土木工程”的重点建设内容之一。

本书编写分工如下：刘之葵（第三章第一节和第二节，第六章），牟春梅（第三章第三节、第四节、第六节和第七节）、朱寿增（第一章、第二章），王杰光（第四章），谭景和（第五章），陈先华（第三章第五节）。全书由刘之葵、朱寿增统稿。研究生高伊航、唐克静、孟梦、何正杰、宗俊秀、劳占鹏、王建庆、雷轶、李港、安宁等同学参加了书稿的文字校对和描图工作。

本书引用了许多国内外同行的资料和成果，在此表示衷心的感谢！由于编者水平有限，书中存在缺点和错误难免，欢迎批评指正。

2012年7月

目　录

第一章　绪论 …… 1

第一节　岩土工程与岩土工程勘察的基本概念 …… 1

第二节　岩土工程勘察的目的、任务与研究内容 …… 2

第三节　岩土分类、岩土工程勘察分级和勘察阶段的划分 …… 3

第四节　岩土工程勘察基本技术要求 …… 11

第五节　我国岩土工程勘察技术的现状及发展趋势 …… 17

第二章　岩土工程勘察基本技术与方法 …… 21

第一节　工程地质测绘与调查 …… 21

第二节　勘探与取样 …… 34

第三节　岩土工程试验 …… 41

第三章　各类岩土工程勘察基本技术要求 …… 44

第一节　房屋建筑与构筑物岩土工程勘察技术要点 …… 44

第二节　地下洞室 …… 60

第三节　线状工程 …… 76

第四节　边坡工程 …… 91

第五节　基坑开挖与支护工程 …… 98

第六节　深基础 …… 105

第七节　现有建筑物的加固与保护 …… 117

第四章　场地稳定性岩土工程勘察 …… 122

第一节　岩溶 …… 122

第二节　滑坡 …… 130

第三节　采空区 …… 142

第四节　泥石流 …… 149

第五节　强震区场地与地基 …… 154

第五章　特殊岩（土）的岩土工程勘察 …… 174

第一节　湿陷性土 …… 174

第二节　软土 …… 189

第三节　填土 …… 195

第四节　膨胀土（岩） …… 198

第五节　红黏土 …… 210

第六节　风化岩与残积土 …… 213

第六章　岩土工程勘察设计与报告书 ······ 217
第一节　岩土工程勘察技术设计 ······ 217
第二节　岩土工程勘察报告书 ······ 222
第三节　岩土工程勘察报告实例 ······ 229
参考文献 ······ 254

第一章　绪　　论

第一节　岩土工程与岩土工程勘察的基本概念

一、岩土工程的基本概念

岩土工程在国外起步较早，20 世纪 60 年代，欧美发达国家在土木工程实践中就已建立起了一种以工程地质、土力学、岩体力学、基础工程为一体化的技术体制——岩土工程体制，并建立了以岩土工程技术为基础，包括生产、科研、教学及学术组织在内的岩土工程组织机构。岩土工程体制 20 世纪 80 年代传入我国，并对原有的工程地质勘察体制产生强烈冲击。1980 年 6 月原国家建筑工程总局印发了《关于改革现行工程地质勘察体制为岩土工程体制的建议》，要求所属的有关工程勘察单位进行岩土工程工作试点。1986 年 8 月国家计委发文，要求进一步推行岩土工程工作，并征求推行工作的意见，由此开始，我国岩土工程事业便开始走向健康发展与稳步提高的道路。

岩土工程在国外一些地区或国家又被称为大地工程、土力工程或土质工学。它不仅把岩土体作为工程建设环境、建设材料，而且把它与建（构）筑物联系起来，组成一个整体，进行合理的利用、整治和改造，以求解决和处理工程建设中出现的岩体和土体有关的工程技术问题。岩土工程不仅要研究工程建设所在地域的地质环境特征，而且还要掌握工程建设特性和要求，不脱离工程建设要求进行地质环境质量评价，把工程建设所依赖的物质基础——岩土体与工程建设具体要求紧密结合起来，视为一个整体进行分析、评价、利用、整治和改造。它贯穿在工程建设的全过程，是基本建设的一个重要组成部分，它包括勘察、设计、施工、治理和监测、监理几大环节。中华人民共和国行业标准《建筑岩土工程勘察基本术语标准》JGJ 84—92，将岩土工程（geotechnical engineering，geotechnology）定义为“以土力学、岩体力学及工程地质学为理论基础，运用各种勘察探测技术对岩土体进行综合整治、改造和利用而进行的系统性工作”。因此，我们可以这样认为：“岩土工程是以土力学、岩体力学、工程地质学（水文地质学）、地基基础工程学为基础理论，主要从事岩土工程勘察、岩土工程设计、岩土工程治理（施工）、岩土工程监测和监理，用以解决和处理在工程建设中出现的所有与岩土体有关的工程技术问题的新型专业技术科学”。岩土工程、工程地质都是工程与地质的结合，但工程地质是侧重于地质环境自身质量评价。岩土工程则侧重于工程，把地质环境质量评价、利用、整治、改造与工程紧密结合起来，要为工程建设服务，满足工程建设的要求，服务于工程建设全过程，而且力求技术与经济的统一，这也是岩土工程的本质所在。

岩土工程主要包括五个方面的工作内容：(1) 岩土工程勘察；(2) 岩土工程设计；(3) 岩土工程治理（施工）；(4) 岩土工程监测（及检测）；(5) 岩土工程（咨询）监理。

二、岩土工程勘察的基本概念

现行国标《岩土工程勘察规范》GB 50021 将岩土工程勘察定义为：根据建设工程的要求，查明、分析、评价建设场地的地质、环境特征和岩土工程条件，编制勘察文件的活动。即岩土工程勘察是根据建设工程要求，运用各种勘测技术方法和手段，为查明建设场地的地质、环境特征和岩土工程条件而进行的调查研究工作。并在此基础上，按现行国家、行业相关技术标准、规范、规程以及岩土工程理论方法，去分析和评价建设场地的岩土工程条件，解决存在的岩土工程问题，编制并提交用于工程设计与施工等的各种岩土工程勘察技术文件。因此，岩土工程勘察是一项集现场调查，室内资料整理、分析、评价与制图的工程活动，是岩土工程的重要组成部分。

根据以上定义，岩土工程勘察主要有 5 个方面的含义：(1) 岩土工程勘察是为了满足工程建设的要求，有明确的工程针对性，不同于一般的地质勘察；(2)"查明、分析、评价"需要一定的技术手段，即工程地质测绘和调查、勘探和取样、原位测试、室内试验、检验和监测、分析计算、数据处理等，不同的工程要求和地质条件，采用不同的技术方法；(3)"地质、环境特征和岩土工程条件"是勘察工作的对象，主要指岩土的分布和工程特征，地下水的分布及其变化，不良地质作用和地质灾害等；(4) 勘察工作的任务是查明情况，提供数据，分析评价和提出处理建议，以保证工程安全，提高投资效益，促进社会和经济的可持续发展；(5) 岩土工程勘察是岩土工程的一个重要组成部分。岩土工程包括勘察、设计、施工、检验、监测和监理等，既有一定的分工，又密切联系，不宜机械分割。

目前，我国有关岩土工程勘察的技术规范、规程系统已基本建立，已颁布实施的主要有《岩土工程勘察规范》GB 50021—2001（2009 年版）、《建筑边坡工程技术规范》GB 50330—2013、《高层建筑岩土工程勘察标准》JGJ/T 72—2017 及有关特殊土、有关行业的岩土工程（或工程地质）勘察规范等。

第二节 岩土工程勘察的目的、任务与研究内容

一、岩土工程勘察的目的

岩土工程勘察的主要目的就是要正确反映建设场地的岩土工程条件，分析与评价建设场地的岩土工程条件与问题，提出解决岩土工程问题的方法与措施，建议建筑物地基基础应采取的设计与施工方案等。

二、岩土工程勘察的主要任务

就是要查明建设场地的岩土工程条件；结合具体工程建设条件，分析、评价建设场地的稳定性与适宜性，预测其可能存在的岩土工程问题并提出相应的防治措施；提供建设场地地基岩土的设计参数；分析论证地基基础方案、地基岩土的利用与整治措施，并预测建设场地在施工阶段及施工后应注意的问题与防护措施等。

三、岩土工程勘察的研究内容

根据上述勘察目的与任务，岩土工程勘察的研究内容应包括：

（1）对场地岩土工程条件及其调查内容的研究；（2）对场地岩土工程勘察技术方法与手段的研究；（3）对场地岩土工程问题分析理论方法与手段的研究；（4）对场地地基岩土利用与整治方法的研究；（5）对各种岩土工程问题防治方法与措施的研究；（6）对勘察制图的研究等。

第三节　岩土分类、岩土工程勘察分级和勘察阶段的划分

一、岩土的工程分类

岩土是工程建设的物质基础，是工程建设的一部分，岩土工程覆盖面广，涉及各类型工程的岩土工程问题和各种特殊的岩、土，我国国土辽阔，岩、土类型繁多，为便于对比、使用与交流，统一岩、土的分类原则及分类，以便合理选择研究内容和方法，针对不同的工程建筑要求，对不同的岩、土给予正确的评价，为合理利用和改造各类岩、土提供符合客观实际的依据。因此，在进行岩土工程勘察时，应对岩土进行工程分类。

1. 岩土分类的原则

岩土的工程分类应遵循以下原则：

（1）应与工程目的一致，对于不同的工程目的，如地基、建材等可采用不同的分类系统定名；

（2）按工程需要，岩土组成为主要的定名依据，并结合其成因、年代、结构构造特征综合定名；

（3）可据当地习惯名称与分类，划分亚类：

对岩、土分类的出发点不同，往往给同一岩、土定出不同的名称，例如按年代可定为近代沉积，按成因定为河口相沉积，按组成可定为粉土等，因此规定综合定名的原则应以岩、土组成来定名，如粗砂、黏土、粉土等，需要时再加按其他依据修饰定名，如新近沉积细砂、三角洲相淤泥质黏土等，但对土进行分类及定名时，应充分研究其成因年代。

2. 岩石的工程分类

在进行岩土工程勘察时，应鉴定岩石的地质名称和风化程度，并进行岩石坚硬程度、岩体完整程度和岩体基本质量等级的划分。

（1）岩石地质名称的确定

主要根据其地质成因、矿物成分、结构构造、风化程度等确定，如强风化花岗岩、强风化灰岩、中等风化板岩、微风化泥岩等。岩石的风化程度主要根据野外特征及风化程度参数指标——波速比 K_v（风化岩石与新鲜岩石压缩波波速之比）与风化系数 K_f（风化岩石与新鲜岩石饱和单轴抗压强度之比）确定，分为未风化、微风化、中等风化、强风化、全风化五个等级，同时将残积土列入参与比较。全风化与残积土的划分可采用标准贯入试验锤击数等指标进行。

（2）岩石坚硬程度分类

主要根据岩石的饱和单轴抗压强度 f_r 确定。根据 f_r 的不同，可将岩石划分为坚硬岩、较硬岩、较软岩、软岩和极软岩五类。划分标准见表 1.3-1。

岩石坚硬程度分类表　　　　**表 1.3-1**

坚硬程度	坚硬岩	较硬岩	较软岩	软　岩	极软岩
饱和单轴抗压强度（MP_a）	$f_r>60$	$60\geqslant f_r>30$	$30\geqslant f_r>15$	$15\geqslant f_r>5$	$f_r\leqslant5$

（3）岩体完整程度分类

岩体完整程度是根据岩体的完整性指数来确定的。岩体的完整性指数是指岩体的压缩波速度与岩块压缩波速度之比的平方。根据岩体的完整性指数不同，可将岩体完整程度划分为五个等级，划分标准见表 1.3-2。

岩体完整程度分类表　　　　**表 1.3-2**

完整程度	完　整	较完整	较破碎	破　碎	极破碎
完整性指数	＞0.75	0.55～0.75	0.35～0.55	0.15～0.35	＜0.15

（4）岩体基本质量等级分类

岩体基本质量等级主要根据岩石坚硬程度和岩体完整程度确定，分为五个等级。划分标准见表 1.3-3。

岩体基本质量等级分类表　　　　**表 1.3-3**

坚硬程度	完整程度				
	完　整	较完整	较破碎	破　碎	极破碎
坚硬岩	Ⅰ	Ⅱ	Ⅲ	Ⅳ	Ⅴ
较硬岩	Ⅱ	Ⅲ	Ⅳ	Ⅳ	Ⅴ
较软岩	Ⅲ	Ⅳ	Ⅳ	Ⅴ	Ⅴ
软岩	Ⅳ	Ⅳ	Ⅴ	Ⅴ	Ⅴ
极软岩	Ⅴ	Ⅴ	Ⅴ	Ⅴ	Ⅴ

（5）岩石按软化系数分类

岩石的软化系数 K_r 是指饱和状态与风干状态的岩石单轴极限抗压强度之比。根据软化系数的不同，可将岩石划分为软化岩石（$K_r\leqslant0.75$）和不软化岩石（$K_r>0.75$）两类。

岩石的软化系数 K_r 值是衡量水对岩石强度影响程度的指标，具有软化性的岩石，浸水后其承载力往往只有不浸水的1/2。因此用软化系数作为分类标准，能引起人们对软化岩的重视，对这类岩石的评价，应充分考虑水文地质条件的影响。

（6）特殊性岩石

当岩石具有特殊成分、特殊结构或特殊性质时，定为特殊性岩石。如石膏、岩盐等易溶性岩石，膨胀性泥岩，具有湿陷性的砂岩、盐渍化的岩石等。这类岩石往往工程性质恶劣，一般情况下不宜作建筑物地基或建筑场地，如需利用，则应专门研究。

在工程应用中可参照国家标准《工程岩体分级标准》GB/T 50218—2014 的有关规定进行。

岩土工程勘察编录时，应对岩石与岩体进行鉴定和描述。岩石与岩体的现场观察描述应符合下列规定：

岩石的描述应包括地质年代、地质名称、风化程度、颜色、主要矿物、结构、构造和岩石质量指标 RQD。对沉积岩应着重描述沉积物的颗粒大小、形状、胶结物成分和胶结程度；对岩浆岩和变质岩应着重描述矿物结晶大小和结晶程度。根据岩石质量指标 RQD，可分为好的（RQD＞90）、较好的（RQD＝75～90）、较差的（RQD＝50～75）、差的（RQD＝25～50）和极差的（RQD＜25）。

岩体的描述应包括结构面、结构体、岩层厚度和结构类型，并宜符合下列规定：

1）结构面的描述包括类型、性质、产状、组合形式、发育程度、延展情况、闭合程度、粗糙程度、充填情况和充填物性质以及充水性质等；

2）结构体的描述包括类型、形状、大小和结构体在围岩中的受力情况等；

3）岩层厚度分类应按表 1.3-4 确定。

岩层厚度分类表 **表 1.3-4**

层厚分类	巨厚层	厚 层	中厚层	薄 层
单层厚度 h（m）	$h>1.0$	$1.0\geqslant h>0.5$	$0.5\geqslant h>0.1$	$h\leqslant 0.1$

3. 土的工程分类

（1）土按沉积年代分类

根据沉积年代的不同，土可分为：

老沉积土：第四纪晚更新世 Q_3 及其以前沉积的土；

一般堆积土：第四纪全新世 Q_4（文化期以前）沉积的土；

新近堆积土：第四纪全新世 Q_4 中近期（文化期）以来沉积的土。

（2）土按地质成因分类

根据地质成因的不同，土可分为：

残积土、坡积土、洪积土、冲积土、淤积土、冰积土、风积土等。此外，尚有复合成因土，如冲—洪积土、坡—残积土等。

（3）土按有机质含量分类

根据有机质含量的不同，土可分为：

无机土：有机质含量 $W_u<5\%$；

有机质土：有机质含量 $5\%\leqslant W_u\leqslant 10\%$；

泥炭质土：有机质含量 $10\%<W_u\leqslant 60\%$；

泥炭：有机质含量 $W_u>60\%$。

（4）土按颗粒级配或塑性指数分类

粒径大于 2mm 的颗粒质量超过总质量 50%的土，应定名为碎石土，并按表 1.3-5 进一步分类。

碎石土分类表 表 1.3-5

土的名称	颗粒形状	颗粒级配
漂石	圆形及亚圆形为主	粒径大于 200mm 的颗粒质量超过总质量 50%
块石	棱角形为主	
卵石	圆形及亚圆形为主	粒径大于 20mm 的颗粒质量超过总质量 50%
碎石	棱角形为主	
圆砾	圆形及亚圆形为主	粒径大于 2mm 的颗粒质量超过总质量 50%
角砾	棱角形为主	

注：定名时应根据颗粒级配由大到小以最先符合者确定。

粒径大于 2mm 的颗粒质量不超过总质量 50%，粒径大于 0.075mm 的颗粒质量超过总质量 50%的土，应定名为砂土，并按表 1.3-6 进一步分类。

砂土分类表 表 1.3-6

土的名称	颗粒级配
砾砂	粒径大于 2mm 的颗粒质量占总质量的 25%～50%
粗砂	粒径大于 0.5mm 的颗粒质量超过总质量 50%
中砂	粒径大于 0.25mm 的颗粒质量超过总质量 50%
细砂	粒径大于 0.075mm 的颗粒质量超过总质量 85%
粉砂	粒径大于 0.075mm 的颗粒质量超过总质量 50%

注：定名时应根据颗粒级配由大到小以最先符合者确定

粒径大于 0.075mm 的颗粒质量不超过总质量的 50%，且塑性指数 $I_P \leqslant 10$ 的土，应定名为粉土。

塑性指数 $I_P > 10$ 的土，应定名为黏性土。黏性土又可进一步分为粉质黏土与黏土：$10 < I_P \leqslant 17$ 的土为粉质黏土；$I_P > 17$ 的土为黏土。

(5) 考虑在分布上有一定区域性或在工程意义上有特殊成分和结构时的分类

可分为崩解土、红黏土、人工填土和污染土等。

(6) 建筑材料分类

可分为石料和土料。但特殊性岩石、软化岩石不能作为石料；土料又可进一步分为碎石料、砂料和土料。

必须指出，土的沉积年代对其工程地质性质有较大影响。沉积年代越早的土，在自重和其他因素作用下，其压密固结程度一般越高，综合表现出较好的工程地质性质，承载能力一般也较大。因此在同一场地，应充分注意对土的沉积年代的判定和不同时代土的工程地质性质的差异。

对于土的综合定名除按上述原则定名外，还应注意以下几点：

1）除按颗粒级配或塑性指数定名外，对于特殊成因、年代的土应结合其成因、年代综合定名，如新近沉积的砂质粉土（属粉土的亚类）、残坡积碎石土等；

2）对特殊性土，应结合颗粒级配或塑性指数综合定名，如淤泥质黏土、弱盐渍土、含碎石素填土等；

3）在同一层土中，相间呈韵律沉积，但厚度相差较大（厚度比为 1/10～1/3），可定为“夹层”，厚的一层土名写在前面，如黏土夹粉砂层，砾石夹黏土层。如厚度相差很大（厚度比＜1/10），且薄的土层有规律的多次出现，可定名为“夹薄层”，如黏土夹薄层粉砂，粗砂夹薄层粉土等；对厚度相差不大（厚度比＞1/3）可命名为“互层”，如粉土与细砂互层；当土层厚度＞0.5m时，宜单独分层。

4）对残积、坡积、洪积、冰积等形成的混合土，应冠以主要含有的土类加以定名，如含碎石黏土，含黏土角砾等。

对于土的鉴定、定名应在现场观察描述的基础上，结合室内、外试验综合确定。

土的现场描述是一项极为重要的基础工作，应仔细观察，详尽描述。土的描述应符合下列规定：

碎石土，应描述颗粒级配、颗粒形状、颗粒排列、母岩成分、风化程度，充填物的性质和充填程度，密实度及层理特征等；

砂土，应描述颜色、矿物组成、颗粒级配、颗粒形状、黏粒含量、湿度、密实度及层理特征等；

粉土，应描述颜色（干、湿）、包含物、湿度、密实度及层理、摇振反应、光泽反应、干强度、韧性等；

黏性土，应描述颜色（干、湿）、状态、包含物、光泽反应、摇振反应、干强度、韧性、土层结构（层状、页片状、条带状、块状、团粒状、核状、粒状、柱状、片状、鳞片状等）等；

特殊性土，除应描述上述相应土类内容外，尚应描述其特殊成分和特殊性质。如淤泥尚需描述臭味。人工填土尚应描述物质成分、密实度（状态）、厚度的均匀程度、堆填方式、年代等。

对“夹层”“互层”“夹薄层”尚应描述各层的厚度及层理特征。

二、岩土工程勘察分级

岩土工程勘察应进行等级划分，其目的是突出重点，区别对待，以利管理。不同等级的岩土工程勘察，其工作环境条件不同，岩土工程勘察技术要求的难易程度也不相同。等级越高，其工作环境条件越复杂，所遇岩土工程问题也就越多、越复杂，因而对勘察技术要求也越高，从而越有利于确保工程质量和安全，促进技术经济责任制、管理制度的建立和健全，使勘察工作为工程建设服务的目的更明确。同时，岩土工程勘察等级也是确定岩土工程勘察工作量和进度计划的依据。等级越高，勘察技术要求越高，勘探点线间距越小，勘探深度越深，勘察工作量一般也越大，所需时间一般也越长。

岩土工程勘察等级划分考虑的主要因素是工程重要性等级、场地等级与地基等级。因此，应首先对这三个主要因素进行等级划分，在此基础上进行综合分析，最终确定岩土工程勘察等级。

1. 工程重要性等级划分

根据工程的规模和特征，以及由于岩土工程问题造成工程破坏或影响正常使用的后果的严重性的不同，划分为三个工程重要性等级，即一级工程、二级工程和三级工程。

一级工程：重要工程，后果很严重；

二级工程：一般工程，后果严重；

三级工程：次要工程，后果不严重。

由于岩土工程勘察涉及各行各业，对于工程规模、工程重要性及其破坏后果的严重性很难做出具体的划分标准，因此工程重要性等级划分只给出了上述比较原则的规定。对于住宅和一般公用建筑，30层以上的可定为一级工程，7～30层可定为二级工程，6层及6层以下的可定为三级工程；对于边坡工程，破坏后果很严重的永久性工程，可定为一级工程，破坏后果一般的永久性工程，可定为二级工程，临时性工程，可定为三级工程；对于大型沉井、沉箱、超长桩基、大型竖井、平硐、大型基础托换和补强工程等技术难度大、破坏后果严重的可列为一级工程；其余工程的工程重要性等级可根据上述原则按工程实际情况或按有关规定划分。

2. 场地等级划分

主要根据场地的复杂程度划分为三个等级，即一级场地、二级场地和三级场地。

一级场地：符合下列条件之一者可定为一级场地（复杂场地）。

（1）对建筑抗震危险的地段；

（2）不良地质作用强烈发育；

（3）地质环境已经或可能受到强烈破坏；

（4）地形地貌复杂；

（5）有影响工程的多层地下水、岩溶裂隙水，或其他水文地质条件复杂，需专门研究的场地。

二级场地：符合下列条件之一者可定为二级场地（中等复杂场地）。

（1）对建筑抗震不利的地段；

（2）不良地质作用一般发育；

（3）地质环境已经或可能受到一般破坏；

（4）地形地貌较复杂；

（5）基础位于地下水位以下的场地。

三级场地：符合下列条件者定为三级场地（简单场地）。

（1）抗震设防烈度等于或小于6度，或对建筑抗震有利的地段；

（2）不良地质作用不发育；

（3）地质环境基本未受破坏；

（4）地形地貌简单；

（5）地下水对工程无影响的场地。

应说明的是，上述场地等级的划分应从一级开始，向二级、三级推定，以最先满足的为准。对建筑抗震有利、不利和危险地段的划分，应按现行国家标准《建筑抗震设计规范》GB 50011的规定确定。

划分标准中，“不良地质作用强烈发育”是指泥石流沟谷、崩塌、滑坡、土洞、塌陷、岸边冲刷、地下水强烈潜蚀等极不稳定的场地，这些不良地质作用直接威胁着工程安全；“不良地质作用一般发育”是指虽有上述不良地质作用，但并不十分强烈，对工程安全的影响不严重。地质环境“受到强烈破坏”是指对工程的安全已构成直接威胁；“受到一般破坏”是指已有或将有上述现象，但不强烈，对工程的安全影响不严重。

3. 地基等级划分

主要根据地基的复杂程度划分为三个等级，即一级地基、二级地基和三级地基。

一级地基：符合下列条件之一者可定为一级地基（复杂地基）。

（1）岩土种类多，很不均匀，性质变化大，需特殊处理；

（2）严重湿陷、膨胀、盐渍、污染的特殊性岩土，以及其他情况复杂，需做专门处理的岩土。

二级地基：符合下列条件之一者可定为二级地基（中等复杂地基）。

（1）岩土种类较多，不均匀，性质变化较大；

（2）除严重湿陷、膨胀、盐渍、污染以外的特殊性岩土。

三级地基：符合下列条件者定为三级地基（简单地基）。

（1）岩土种类单一，均匀，性质变化不大；

（2）无特殊性岩土。

上述地基等级的划分仍应从一级开始，向二级、三级推定，以最先满足的为准。

4. 岩土工程勘察等级划分

根据工程重要性等级、场地复杂程度等级与地基复杂程度等级的不同，可将岩土工程勘察划分为三个等级，即甲级、乙级和丙级。

甲级：在工程重要性、场地复杂程度和地基复杂程度等级中，有一项或多项为一级；

乙级：在工程重要性、场地复杂程度和地基复杂程度等级中，无一级，有一项或多项为二级；

丙级：工程重要性、场地复杂程度和地基复杂程度等级均为三级。

对建筑在岩质地基上的一级工程，当场地复杂程度等级和地基复杂程度等级均为三级时，岩土工程勘察等级可定为乙级。

三、岩土工程勘察阶段划分

在我国，任何工程项目的兴建，都必须遵循一定的基本建设程序，即从规划决策到建成运营（投产）全过程必须遵循一定的先后顺序。这既是正确决策（认识）的要求，也是保证工程安全经济的要求。实践证明，一个工程建设项目从计划建设到建成使用，一般应经历规划与可行性研究、设计、施工、竣工验收等阶段。就工程设计而言，又可进一步划分为以下几个阶段：

规划（或可行性）设计阶段：初步了解能否修建和在哪里修建。一般不进行具体建筑物设计，对建筑地点的选择也只是轮廓性的，往往有多个比较方案，以供初步论证在该处修建建筑物的技术可能性和经济合理性，提出建筑物的概略轮廓。

初步设计阶段：在选定的建筑场地内初步确定建筑物的位置、形式、规模，大致确定造价，初步确定施工方法。

技术设计阶段：最后确定建筑物的具体位置与结构形式，计算、评价与确定建筑物各部分尺寸，最终确定施工方法、施工组织与工期，详细计算工程造价和经济效益。

施工设计阶段：在技术设计基础上编制施工详图，解决与施工有关的各种具体细节问题。

上述各设计阶段划分是在正常情况下所应遵循的，在实际工作中往往视具体建筑物的规模、重要性以及技术复杂程度确定是否增减设计阶段。对于建筑规模小、重要性一般、技术简单的工程，其设计阶段可简化为1～2个。

岩土工程勘察主要是为工程设计服务的，应满足工程设计的要求。为了与工程设计阶段相适应，岩土工程勘察也应分阶段进行，相应分为可行性研究勘察阶段、初步勘察阶段、详细勘察阶段，必要时还需进行施工勘察。

（1）可行性研究勘察阶段，应据建设条件，进行技术经济论证和方案比较，对拟选场地的稳定性和适宜性做出岩土工程评价。

（2）初步勘察阶段，应是在可行性研究基础上，对场地内建筑地段的稳定性作出评价，满足初步设计要求，为确定总平面布置、主要建筑物的地基基础方案与不良地质作用的防治进行岩土工程论证，提出岩土工程设计方案。

（3）详细勘察阶段则应满足施工图设计要求，为建筑物的地基基础设计、地基加固与处理、不良地质作用的防治工程进行岩土工程计算与评价。当基坑或基槽开挖后，发现原勘察资料与地基实际岩土条件不符，或发现必须查明的异常情况时，应进行施工阶段的岩土工程勘察，为变更设计或施工方案、采取施工补救措施提供依据。

总之，随着勘察阶段的不断提高，建筑场地与建筑物位置愈具体，对勘察工作的要求也愈来愈高，对场地岩土工程条件的了解愈来愈详细，对各种岩土工程问题的分析与评价也就愈详细、准确。

上述勘察阶段的划分，主要是根据我国工程建设的实际情况和数十年勘察工作的经验规定的，在工作中应予以坚持。但由于岩土工程勘察涉及各行各业，而各行业设计阶段的划分并不完全一致，工程规模与要求也各不相同，场地与地基的复杂程度差别很大，要求每个工程都分阶段循序勘察是不实际也是不必要的，对一些面积不大且工程地质条件简单的场地或有建筑经验的地区可简化勘察阶段，直接进行详细勘察。

四、岩土工程勘察一般程序

岩土工程勘察的一般程序为：承接勘察项目—勘察前的准备—现场勘察与测试—室内试验—勘察资料整理与勘察报告编写。

勘察项目一般由建设单位（业主）会同设计单位（简称甲方）委托勘察单位（简称乙方）进行。甲、乙双方应签订勘察委托合同，签订勘察合同时，甲方需向乙方提供与勘察工作相关的有关文件与资料。如工程项目批件，用地批件，岩土工程勘察委托书及其技术要求，勘察场地地形图，勘察范围和建筑总平面布置图，已有勘察资料等。

签订勘察委托合同后，即可进行勘察前的准备工作，选派工程技术负责人，主要是进行人员、物资与仪器设备的准备以及现场踏勘等。此阶段工程技术负责人的一项主要工作就是要编写勘察纲要，其内容一般包括：工程名称、委托单位、勘察场地的位置、勘察阶段、勘察的目的与要求，勘察场地的自然与地质条件概述，勘察方案确定和勘察工作量布置，预计勘察过程中可能遇到的问题及解决和预防的方法与措施，制订勘察进度计划，对资料整理与报告书编写的要求，所需的主要机械设备、材料与人员等，并附有勘察技术要求与勘察工作量平面布置图等。

准备工作完成后，即可进行现场勘察与测试工作。该工作是岩土工程勘察的核心工作之一，必须按勘察纲要要求进行，并应满足现行国家或行业岩土工程勘察规范与相关规范或规程的要求。

室内试验主要是为岩土工程勘察评价与地基基础设计提供岩土技术参数。试验的具体项目、方法与要求应根据场地岩土工程勘察评价与地基基础设计的实际需要确定，并符合相关试验技术规范、规程的要求。

勘察资料整理与勘察报告编写是勘察工作的最后程序，也是岩土工程勘察的核心工作之一，其主要内容与要求将在后续章节中详细叙述。

第四节　岩土工程勘察基本技术要求

一、岩土工程勘察技术分析准则

岩土工程勘察是我们认识工程地质环境质量、获取有关工程设计参数的过程。是一项技术性极强的基础性工作，大量工程实践表明，造成工程事故或工程投资过大、经济损失太多往往与人们认识工程地质环境质量不够有密切关系。为保证勘察成果的质量，保证建设工程的稳定安全及技术经济的合理，岩土工程勘察工作必须遵循如下基本技术行为准则：

1. 实践准则——实事求是观点

（1）岩土体形成的长期性及地质作用的复杂性，决定了其具有自然工程地质性质的客观存在性、非均质性及各向异性的特点。即使通过取样测试，也由于样品的采取改变了其原始自然状态以及人为因素的影响，难以消除样品测试所获得的参数与原体实际参数所存在的差异。因此，要求人们在描述、测定岩土的工程地质性质时必须实事求是，切忌片面性和主观臆断性，同时也要充分注意岩土体的复杂性。

（2）由于岩土的时空变异性以及工程建筑的单个性，决定了某一具体工程勘察设计的单一性。由于建筑场地的岩土工程特性各不相同，因此每一工程的设计、施工都必须以场地岩土体的实际性状为准，以岩土体的原型观测、实体测验、原位测试所获参数作为岩土工程分析论证及设计、施工的主要依据，从而突出了实践的重要性。

（3）为防止片面性，应尊重岩土体的客观实际，在对稳定性进行分析计算时，应有两种以上方案对比论证。因此，在分析论证过程中，切忌先入为主，主观臆断，“留优舍劣”的非科学态度。必要时可依据客观实际，采用反证的方法，获取正确的方案。

地基稳定性评价，通常是用定值法确定，即“地基实有强度 R/实际荷载效应 L” $\geqslant 1$ 时，则认为地基是稳定的。然而，事实上，地基实有强度 R 及实际荷载效应 L 这两个“值”，是由多因素所决定的，是随机变量，这里就存在一个我们赋予的 R、L 值及所得的比值与实际相符的程度——可信度问题。

概率分析方法为我们解决可信度提供了有效的手段，使评价更接近实际。我们知道，R 值通常是人们据测试结果，加上人们自己的经验确定的，L 值是人们据经验所采用的平均值，但它们的实际值是变异的，且多属正态分布，其分布函数分别表示为 $f(R)$、$f(L)$。对于某一实际建设工程而言，$f(R)$、$f(L)$ 通常又包含有很多个函数值 $f_1(R)$、$f_2(R)$…… 及 $f_1(L)$、$f_2(L)$……

如图 1.4-1 所示，两正态分布曲线 $f(R)$、$f(L)$ 的峰线尽管相距可以很远，即 R/L 远大于 1，但实际上它们仍必然有重叠的部分（图中阴影部分）。该重叠部分的概率代表了地基强度不足而可能失效的概率，所以尽管平均值 R、L 不变，而反映其概率分布上的变异系数则可能有变化（即图中阴影部分有变化），阴影部分面积越大，表明地基土的失效概率越大，地基土强度的可靠性就越小。

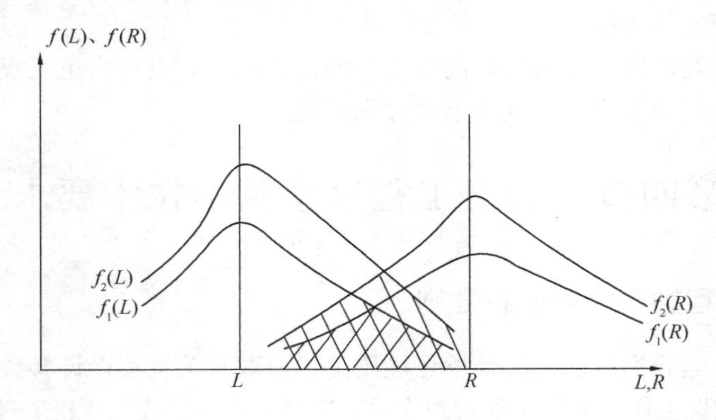

图 1.4-1 $f(R)$、$f(L)$ 概率分析示意图

在地基稳定性评价时，有时还需评价变形强度，计算地基土的变形量，然而仅仅计算总沉降量往往还不能足以评价地基变形是否满足要求，还需计算差异沉降量，有时还要进行抗倾斜稳定性计算，这也是考虑到地基土的非均一性、各向异性和工程特性要求提出的，以求公正的认识和评价地基岩土。

2. 判据准则——极限状态准则

任何工程的兴建，都应满足在规定的时间内完成各项预期功能的要求。在建筑结构设计中，所应满足的预期功能为结构的安全性、适用性和耐久性。其中

安全性：是指结构在正常施工和正常使用条件下，能承受可能出现的各种作用，并在偶然事件发生时及发生后，仍能保持必需的整体稳定性。

适用性：是指结构在正常使用时应具有良好的工作性能。

耐久性：是指结构在正常维护条件下能完好地使用到规定的年限，或者说应具有足够的防止其材料性能随时间退化而引起失效的能力。

安全性、适用性和耐久性是衡量结构是否可靠的标志，因此总称为结构的可靠性。因此，可以概括地说，结构可靠性是指结构在正常设计、施工和使用条件下，在规定的使用年限内完成预期的安全性、适用性和耐久性功能的能力。

若结构能在规定的时间内和规定的条件下能完成各项预期功能，则称结构可靠。若结构在规定的时间内和规定的条件下不能完成各项预期功能，则称结构不可靠或失效。

工程设计的目的，就是要在可靠性与经济性之间选择一种合理的平衡，从而使工程建设既能完成各项预期功能，又使造价尽可能低，即在可靠的前提下最省。因此，在工程设计过程中应遵循：技术先进、经济合理、安全适用、确保质量的原则。作为工程设计基础的岩土工程勘察及其分析评价，也必须遵循这一原则。

但结构或工程建设怎样才算可靠呢？为此尚需进行判别。而判别的条件或准则，目前多为各种功能的极限状态。

所谓极限状态是指结构、构件或建设工程能满足设计规定的某一功能要求的临界状态（或称特定状态），超过这一状态，结构、构件或建设工程便不能满足设计要求。

我国现行规范根据所带来的严重后果的不同，将极限状态分为承载能力极限状态及正常使用极限状态两大类。

承载能力极限状态：指结构或构件达到最大承载能力或产生了使其不能继续承载的过大变形，从而丧失了完成安全性功能的能力的特定状态。

当有下列情况之一时，可以认为超过了承载能力极限状态：

（1）整个结构或构件的一部分，作为刚体失去平衡，如倾覆；

（2）结构或构件或连接材料强度被超过而破坏（含疲劳破坏）或因过度塑性变形而不能继续承载；

（3）结构转变为机动体系，或地基土产生滑移；

（4）结构或构件丧失稳定，如压屈。

正常使用极限状态：指结构或构件达到正常使用和耐久性功能的某项规定限值的特定状态。

当有下列情况之一时，可以认为超过了正常使用极限状态：

（1）影响正常使用或外观的变形；

（2）影响正常使用或耐久性能的局部损坏，如裂缝；

（3）影响正常使用的振动；

（4）影响正常使用的其他特定状态等。

承载能力极限状态在岩土工程工作中常用于土坡稳定、挡土墙稳定、承载力及地基整体稳定性，按有关规范用专项系数或安全系数方法进行计算和评价。

正常使用极限状态在岩土工程工作中常用于土体变形、动力反应、岩土体的透水率、含水率、渗入量、渗透变形、地震液化等的计算和评价。

在岩土工程分析评价中，常用的极限状态判据有：

（1）在长期荷载作用下，地基变形不至于造成承重结构的破坏；

（2）在最不利的荷载组合作用下，地基不出现失稳现象。

更具体地说，在进行地基基础设计时，应满足：

（1）基础底面压力≤地基承载力设计值；

（2）地基沉降值≤允许沉降值；

（3）地基无滑移、倾覆危险；

（4）地基基础不发生强度破坏。

3．地质准则

这一准则强调了工程地质条件对岩土性状的影响。如同一工程或相似工程，在不同的地质条件下，可能会产生不同的问题，一幢高层建筑物，在坚硬—硬塑状态黏土层这一地基条件下，强度及变形值可能均满足工程建筑的稳定、安全、适用要求，如果换一个地基条件则可能地基土强度、变形值均不能满足或其中之一不能满足工程要求；或者由于地基土的变形而引起建（构）筑物的严重破坏；或者有的场地地基稳定性不好，存在饱和粉土、细砂土层，在地震或振动作用下产生液化问题，而使建（构）筑物的稳定、安全、使用受到影响等。因此，这一准则强调了在进行岩土工程分析时，不仅是分析地质条件的现有情况，还应将地质条件（地形起伏，地层结构特征，地下水特征等）作为岩土力学性状变化的影响因素加以分析。

地下水既是岩土体的一个组成部分，直接影响岩土的性状及行为，也可作为工程结构物的环境，影响其稳定性及耐久性，其主要表现为：

（1）静水压力——对工程建筑起浮托作用；

（2）动水压力——可引起边坡的失稳破坏；

（3）水位的升降——可使土体的有效应力减小或增加，地基土产生附加变形；

（4）水头差——可引起流砂、管涌等潜蚀作用；

（5）深基坑开挖的排水疏干；

（6）沉井施工的排水、流砂；

（7）对建筑物材料的腐蚀；

（8）对岩土的软化、崩解、湿陷、膨胀、化学溶蚀；

（9）道路地基的冻害；

（10）排水条件对土体固结、强度的影响等。

从上述可以看出，地下水对岩土的作用机制可分为力学及物理-化学作用两大方面，而动水压力（渗透力）及浮托力是地下水力学行为的重要表现。这些作用往往以消极因素来影响岩土性状及行为，影响结构物的稳定性及耐久性，因此在岩土工程分析中应充分予以重视。然而，在日常工作中，则往往由于偏见而轻视地下水问题，忽视对地下水的分析和研究，只停留在一般的调查和评价，实际工作中症结的主要表现是：

（1）不了解不同岩土工程对地下水问题的不同要求；

（2）地下水位不准确、不齐全，往往是混合水位，无分层水位，有初见水位，无稳定水位；

（3）不注意查明地下水类型，补给来源，水力联系；

（4）不注意查明地下水季节变化动态等。

事实上，很多工程问题的出现是由于对地下水的调查、认识不清所造成的。

二、岩土工程评价原则

岩土工程分析评价是在工程地质测绘、勘探、测试与监测的基础上，结合工程特性和要求，进行分析、计算，选定岩土参数，论证场地、地基和建（构）筑物的稳定性和适宜性，对岩土的利用、整治和改造设计提出可行性的方案和建议，预测和监控工程在施工中和营运期间可能发生的问题，并提出相应对策、措施和建议的一系列工作。分析评价正确与否，是否符合实际，不仅取决于分析的基础资料是否完整、准确，还取决于评价方法是否正确。

1. 定性评价与定量评价相结合

定性评价是基础，是首要步骤，定量评价是定性评价的补充和升华，偏废任何一个评价都是片面的甚至是危险的。只有正确进行定性分析和评价，才能正确认识评价对象的影响因素及其相互影响、相互制约的程度；只有认识评价对象的边界条件，才能正确建立数理模型，从而为定量评价奠定基础。而只有通过定量评价，才能把定性评价结论升华到“有据可查”的境地，便于工程设计的直接应用。在定性、定量分析评价中，应注意两者结果应是一致的，如有矛盾，则应复查，找出问题症结所在。定性分析、评价应坚持辩证唯物主义的认识论和方法论，切忌主观片面性。一切从实际出发，这样才能真正“由此及彼、由表及里”认识评价对象。

一般在下列情况可只作定性评述：

（1）工程选址、场地对拟建工程的适宜性评价；

（2）场地地质条件稳定性评价；

（3）岩土材料的适宜性及工程性质的一般描述。

2. 定量评价的两种方法

定量评价方法一般采用定值法与概率法。

（1）定值法：又称安全系数法，是目前岩土工程评价中常用的一种定量评价方法。用此法进行极限状态计算时，一般将其设计变量看作非随机变量，即常量。其安全度（可靠度）是用一个总的安全系数来衡量的，即在强度上根据经验打一折扣，作为安全储备。

设计表达式为：　　$[K]S \leqslant R$ 或 $R/S \geqslant [K]$

其中，$[K]$ 为目标安全系数。

工程设计的总安全系数为：　　$K = R/S \geqslant [K]$

实际计算中，只要 $K = R/S \geqslant [K]$ 即认为是安全可靠的。反之，则不安全、不可靠。

定值法计算中，由于将作用效应 S 与岩土抗力 R 都看作是常数，因此计算简单、方便，但同时也容易造成失误。在一般定值法的定量评价中，计算失误往往由以下原因所造成：

1）选用计算公式不当。造成的原因多是在定性分析时，对作用或影响因素认识不够，边界条件不明，因而在使用有关的计算公式时，公式的假定条件与计算对象不符或不相似所造成。例如黏性土坡稳定性计算公式很多，瑞典圆弧法（彼德森法）通常适用于饱和（$\varphi=0$）的黏性土坡，将滑坡体作为一个整体计算；瑞典条分法（费伦纽斯法）则假定各土条为一刚性不变形体，不考虑土条两侧面间的作用力，而毕肖普法则考虑了土条间侧面存在的作用力；这三种方法计算时考虑的因素不同，结果的精度也不同，但都是对弧形滑动面，且是先假定几个圆弧滑动面试算，以最小的系数 F_s 作为土坡稳定性系数；很显然，对非圆弧形滑动体用上述公式计算显然是不适宜的。

2）计算参数选择不当。计算参数的取用应有代表性，也应接近或符合实际情况；如斜坡稳定性验算，滑面上 c、φ 值的选择与滑体运动与否有关；而 c、φ 值用什么方法获得，使它与实际相符合，也极为关键。

3）计算断面（点）不具代表性，其结果也就无代表性，缺乏说服力。

各类工程问题的目标安全系数 $[K]$ 可参照表 1.4-1 采用，计算时其岩土参数和荷载均采用标准值。

各类工程问题的目标安全系数　　　　**表 1.4-1**

破坏、失稳类型	工程设计类型	目标安全系数 $[K]$
剪切	土工建筑物	1.3～1.5
	挡土构筑物	1.5～2.0
	板桩、围岩	1.2～1.6
	有支撑的开挖	1.2～1.6
	独立基础和条形基础	2.0～3.0
	筏板基础	1.7～2.5
	上拔力基础	1.7～2.5

续表

破坏、失稳类型	工程设计类型	目标安全系数[K]
渗透	隆起、浮托力	1.5～2.5
	管涌	3.0～5.0

注：目标安全系数上限值适用于正常工作条件下的稳定性分析，下限值适用于最大荷载条件（不包含地震作用）和临时性工程。

（2）概率法：将设计变量作为随机变量，对作用效应、抗力、安全度进行概率分析，用失效概率或可靠概率来度量设计的可靠性的定量评价方法。该法将安全储备建立在概率分析的基础上，因此它是一种比较科学的分析评价方法。

那么工程结构的失效概率 P_f 或可靠概率 P_S 如何求得呢？

现假设 R 为工程结构抗力，S 为作用效应，令 $Z=R-S$，则 Z 定义为工程结构的功能函数。

随着条件的不同，结构功能函数 Z 有三种可能结果：

$Z>0$，即 $R>S$，意味着工程结构可靠；

$Z=0$，即 $R=S$，意味着工程结构处于极限状态；

$Z<0$，即 $R<S$，意味着工程结构失效。

因此，工程结构安全可靠的基本条件是 $Z\geqslant0$。

由于工程结构抗力 R 和作用效应 S 都是随机变量，所以结构功能函数 Z 也是随机变量，而且是结构抗力 R 和作用效应 S 两个随机变量的函数。假设 R 和 S 是相互独立的，并且都服从正态分布，则由概率论可知，Z 也服从正态分布，其三个特征值为：

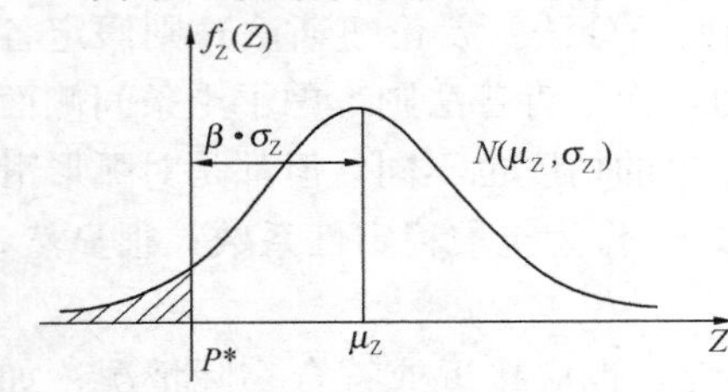

图 1.4-2 功能函数的分布曲线 f_Z

平均值 $\mu_Z=\mu_R-\mu_Z$

标准差 $\sigma_Z=(\sigma_R^2+\sigma_S^2)^{1/2}$

变异系数 $\delta_Z=\sigma_Z/\mu_Z$

图 1.4-2 为功能函数的分布曲线 f_Z，纵坐标轴线以左阴影面积表示工程结构的失效概率 $P_f(Z<0)$；纵坐标以右分布曲线与坐标轴围成的面积表示工程结构的可靠概率 $P_S(Z>0)$。由概率论可知：

失效概率 $$P_f=\int_{-\infty}^{0}f(Z)\mathrm{d}Z=\frac{1}{\sqrt{2\pi}}\int_{-\infty}^{0}\frac{1}{\sigma_Z}\mathrm{e}^{\frac{1}{2}\left(\frac{Z-\mu_Z}{\sigma_Z}\right)^2}\mathrm{d}Z$$

可靠概率 $$P_S=\int_{0}^{\infty}f(Z)\mathrm{d}Z=\frac{1}{\sqrt{2\pi}}\int_{0}^{\infty}\frac{1}{\sigma_Z}\mathrm{e}^{\frac{1}{2}\left(\frac{Z-\mu_Z}{\sigma_Z}\right)^2}\mathrm{d}Z$$

$$\because\quad P=\int_{-\infty}^{\infty}f(Z)\mathrm{d}Z=P_f+P_S=1$$

$$\therefore\quad P_S=1-P_f\ \text{或}\ P_f=1-P_S$$

工程结构的可靠度除了可用失效概率或可靠概率表示外，还可采用可靠指标 β 来表示。所谓可靠指标 β 是指工程结构的功能函数 Z 的平均值 μ_Z 与其标准差 σ_Z 的比值。

即
$$\beta=\frac{\mu_Z}{\sigma_Z}=\frac{\mu_R-\mu_S}{\sqrt{\sigma_R^2+\sigma_S^2}}$$

可靠指标β与失效概率P_f的关系可由失效概率计算公式通过积分变换后计算得出。

即
$$P_f=\Phi(-\beta)=1-\Phi(\beta)$$

所以
$$\beta=\Phi^{-1}(1-\beta)$$

由此可知，采用概率极限状态分析法进行定量评价时，由于考虑了工程结构抗力和作用效应的随机性，用工程结构的失效概率或可靠概率来判别工程结构是否可靠是比较科学的。但由于岩土参数的复杂性，要取得足够的统计资料及可靠的统计数据较为困难，且计算复杂，因此目前尚未全面推广。但对一些重要或重大工程，应尽量考虑采用。

利用概率法可以对一系列评价问题做出重要的补充，如在确定地基承载力时，可以给出极限荷载和相应变异系数，或算出极限承载力后，可在必要时采用接近极限值甚至稍有超过，虽承担着一定风险，但充分利用地基能力，又保证建（构）筑物的各项要求的满足。在计算边坡稳定性时，则可在概率法基础上比较各种$0<F_s\leqslant1$的可能滑动面，在允许条件下选用最经济而基本可靠的设计方案等等。

第五节　我国岩土工程勘察技术的现状及发展趋势

岩土工程在国际上起源于20世纪60年代、70年代正式形成。我国是在20世纪80年代引进、提出和推动下逐渐发展起来的，尽管她形成较晚，但由于紧密结合工程要求，服务于工程的全过程，因此深为工程界所关注，也显示出岩土工程极强的生命力，单项工程的地质工作逐渐被岩土工程所取代，开始走上健康发展与稳步提高的道路。

在20世纪70年代盛行以工程地质（水文地质）、土力学、基础工程及岩体力学一体化的“岩土工程”，许多工业发达国家建立以岩土技术为基础包括生产、科研、教学及学术组织在内的较完整的岩土工程体制，如美、英、加拿大等国的岩土工程学会，日本的土质学会即是为完成生产项目而成立的工程咨询公司。

岩土工程在为建筑设计及建筑施工提供设计理论及数据支持时，需要对地质结构、岩土状态进行细致的勘察。岩土工程勘察是岩土工程的核心环节，不仅能够为岩土工程建设提供地质资料，以及系统的岩土状态数据；同时，岩土工程勘察提供了包含初步设计、建设可行性研究、施工图纸分析、细化补充勘察等多个阶段的勘查内容，对于岩土工程建设来说具有重要的意义。

岩土工程勘察是岩土工程专业的一门专业课程，是在学完了“工程岩土学”“土力学”“岩体力学”“工程地质学”“水文地质学基础”“地基及基础”等专业课或专业技术课之后开设的。在学习本课程时，必须综合运用已学课程的基本理论知识和方法去认识、理解本课程中的技术要求，为正确理解和执行国家或部门有关规程、规范奠定基础。同时还应结合“岩土工程设计与施工”课程知识，基本掌握岩土工程勘察、评价和设计、施工工作的要求和方法。学习过程中切忌死记硬背，做文字的俘虏，要掌握各种技术要求的内涵本质，掌握共同点和异同点。本课程前后章节是一个有机的整体，应前后融会贯通。本课程是以叙述为主的实用性课程，在学习过程中，应多参阅有关技术期刊，一者扩展知识，二者可通过工程实例领会课程内容，帮助学好本课程，适应当前我国岩土工程工作的需要。

一、我国岩土工程勘察的发展历程

新中国建立初期，由于经济建设需求，在电力、铁道、城市建设、水利工程、地质工程等部门，依照当时苏联模式，分别成立勘察院、设计院两种独立机构，进行大规模工程地质勘察的研究工作，一大批重要工程规划、工程设计、工程施工得以顺利开展。但是，苏联模式有着明显的弊端和缺陷：(1) 侧重于定性分析，缺乏定量评价；(2) 侧重宏观研究，结合工程差；(3) 勘察与设计、施工脱节。

20 世纪 80 年代，勘察单位引进为工程建设全生命周期服务的岩土工程体制，较好的优越性让其得以快速推广。同时不少地质勘察队相继转行，较为相似的专业也较快转行为工程勘察。因此当时全国形成一支庞大的工程勘察队伍，依托快速的城市化进程，在城市里从事工业民用建筑、市政工程等的勘察。由于高层建筑的涌现，对天然地基基础的稳定性计算评价、桩基计算评价、基坑开挖支护、边坡加固等方面均提出新的研究课题，需要对勘探、取样等现场原位测试等的机器设备、机器操作技术不断创新。由于工程勘察与建筑设计、工程施工紧密配合，工程勘察真正意义上成了工程建设中的重要一环，为工程质量安全和提升经济效益做出了巨大贡献。

进入 21 世纪，以信息技术和信息科学为代表的高新技术涌现，引发一百年来前所未有的科技革命。工程建设也迎来大建设时代，大量新的、复杂的岩土工程问题亟须研究攻克，岩土工程重要性得到提升。岩土工程注册制施行，维护了公共利益和建筑市场秩序，加强了相关技术人员的管理和技术水平，提升了工程勘察和设计的质量和水平。

二、岩土工程的机遇与挑战

随着我国工程建设的飞速发展与城市化建设的稳步推进，我国岩土工程也将得到很大发展。展望未来，岩土工程的发展机遇表现在以下几个方面：

(1) 向一切以人类生存的地球表面环境中的大地岩土和与其密不可分、相互影响的地表水、地下水和大气等环境物质为系统工作目标的工程领域开拓。

(2) 专业分工形成了分支趋势：①工程咨询和工程顾问，主要负责工程计划、项目负责、工程试验分析计算和工程监测工作；②野外钻探，可进行探查孔、钻井、灌浆钻孔、锚杆钻孔、海洋钻探以及水平钻孔、定向钻孔等；③岩土工程施工，可进行各类桩基及地基改良工法的施工。

(3) 城市岩土工程发展迅速，为研究和评价旧城市重建和新城市的开发提供规划和建设。

(4) 加强对岩、土层强度及变形特性的理论研究，尤其应加强对特殊土、软土、残积土、极软岩、岩溶等不良岩、土层的承载能力、抗剪强度、压缩特性及其他力学性质等的理论研究。加强对不良岩、土层进行加固、改造的技术与方法研究。

(5) 积极开展勘察、测试、试验等新技术、新设备的研究与应用。

在岩土工程快速发展的同时，也将有许多岩土工程问题期待我们去解决。挑战与机遇并存，这种挑战主要来自以下方面：

（1）大规模城市建设面临的地基、基础与深开挖支护问题，城市改造工程问题；

（2）填海工程及海洋工程带来的软土工程问题，各类特殊土带来的工程问题；

（3）大规模的交通工程建设即跨江、跨海、桥梁、隧道工程带来的问题，水利工程问题；

（4）能源工业问题，包括污染、废料尾矿坝及有害废料处理问题；

（5）超重型结构所带来的地基处理和桩基础设计、施工与评价问题；

（6）原子能电站等重大工程的抗震分析与地基抗震问题；

（7）各类地质灾害的评价与防治问题等。

总之，岩土工程技术在我国方兴未艾，许多问题尚未被人们认识或解决，真可谓“任重而道远”！

三、岩土工程勘察在岩土工程技术中的发展趋势

1. 一体化岩土工程勘察

岩土工程勘察未来将向勘察设计施工一体化的方向发展。岩土工程勘察一体化，是将岩土工程中诸多技术内容进行有效地连接，将原本单一的勘察工作，形成包含资料收集、勘察报告、地质条件反映，以及施工图纸分析、建设可行性研究、初步施工设计等多个方面的系统化、一体化岩土工程勘察。这种一体化的融合模式，能够解决岩土工程技术的应用问题、提升数据精确性。同时，能够结合工程建设的实际需要，提高勘察质量，保证勘察数据的精准对接。同时，能够针对岩土工程技术监理等各个方面进行完善与改进，强化岩土工程勘察的作用，提高岩土工程技术总体水平。

2. 数字化岩土工程勘察

数字化岩土工程勘察是加强勘察技术，带动岩土工程发展、促进岩土工程勘察项目与数字化技术结合的发展模式。在这一模式下，岩土工程勘察工作结合了网络通信技术、计算机技术、数据库等技术，实现了岩土工程勘察数字化模式的转化。在进行地形测绘、地质勘察等工作时，能够利用信息化手段提升勘察效率、保证勘察质量。数字化岩土工程勘察工作，不仅能够清晰和直观地反映地质问题，同时能够解决地质勘察效率低、成本高等问题，并对采集的地质数据进行系统的分析管理，方便岩土工程建设对勘察数据的查询。数字化岩土工程勘察能够降低勘察作业难度，保证勘察作业质量。

3. 物探新技术在岩土工程勘察的应用

当前岩土工程勘察正在朝着数字化、标准化、智能化的方向发展，新的勘察方法与技术不断涌现，岩土工程勘察的流程不断优化，勘察规范也越来越完善。物探技术就是新方法与新技术的典型代表。物探技术是 TPS 勘察技术软件、探地雷达技术、CT 技术的综合应用，这种新技术通过硬件系统与软件系统的优化，能够实现远距离勘察与无干扰勘察。其主要运用高频脉冲电磁波反射原理，利用探地雷达的高分辨率，实现对岩土层的精准勘察。从目前的技术发展看，物探技术主要有以下优势：①成本较低。与传统的岩土工程勘察技术相比，物探技术设备更加简单，需要的勘察人员更少。②受外界地形干扰小。高频脉冲电磁波可以穿过复杂的地质环境，探地雷达可以精准地获取经过复杂反射的电磁波，避免环境因素对勘察准确性的影响。

(1) 横波反射法在岩土工程勘察中的应用

物探技术的横波反射法，主要的勘察对象是岩土层中复杂的岩土介质，如坚硬岩中粒径大于100mm，含量大于50%的碎石。不同直径、成分、结构、硬度的介质，对高频电磁波的横波的反射通路不同，探地雷达获取的对应波抗阻，就会有比较大的差异。勘察人员可以通过对这种反射波的分析，了解底层下岩土介质的存在形态，继而发现岩土层中存在的问题，分析该土层是否与建筑工程设计的要求一致，并进行相应的土层改造，使这一土层能够达到施工的技术要求。

(2) 多道瞬态面波法在岩土工程勘察中的应用

物探技术的多道瞬态面波法主要利用面波技术，这种波是地震波的一种主要形式，主要传播范围位于地球表层。面波蕴含的能量巨大，传播速度较慢，最高速度只有3.8km/s，是地震活动过程中，最晚被检测到的地震波。这种地震波很可能环绕地球传播数日，本质上属于地震活动中的次生波。面波在岩土层不同的地下介质当中，传输的速度差异很大，且由于其自身传播速度较慢，因而更容易被勘察人员检测到。

岩土工程勘察技术人员，在利用物探技术的多道瞬态面波法进行勘察的过程中，能够根据不同介质中面波的传播特征，进行波形收集与分析检测。地探雷达对面波的收集率非常高，可以帮助勘察人员进行精准的波形采集。勘察采集过程中，勘查技术人员向外发射瞬态冲击波，检测冲击波激发面波的传播路径，利用TPS勘察技术软件，对岩土层介质的波动现象进行全过程记录与全方位观测，进而掌握岩土层的地质结构。

(3) GIS勘察系统在岩土工程勘察中的应用

物探技术的GIS (Geographic Information System) 勘察系统，是指GIS系统与TPS勘察技术软件、探地雷达技术、CT技术的结合。这种技术基于工业互联网的发展成果，运用空间分析技术、空间造影技术、空间数据存储技术，配合探地雷达和CT技术，将勘察人员在现场采集到的数据，进行实时分析。GIS系统结合TPS勘察技术软件，可以有效剔除勘察数据中相差较大的部分，能够大大提升勘察数据的有效性。

目前，物探技术的GIS勘察系统，已经广泛应用在岩土工程勘察的找矿、找水工作当中，大大提升了勘察的智能化水平。应用GIS勘察系统，地面控制中心的工作人员，能够实时获取勘察信息，并将数据信息进行模拟分析与模型演示，将勘察信息从单纯的数字文本状态，演化为动态的三维图形，方便勘察人员对地下岩土层的情况进行立体化了解和进一步的勘察方案调整。

复习思考题

1. 何谓“岩土工程”？岩土工程与工程地质有何区别和联系？
2. 岩土工程的基本技术行为准则及在实际工作中的意义。
3. 岩土工程判据准则在实际工作中的意义何在？
4. 依据你自己掌握的实际资料，试述定性和定量评价的作用和相关性？
5. 水文地质工作在岩土工程中的重要性表现在哪些方面？
6. 岩土的分类及命名原则。
7. 各类岩土体在勘察工作中应描述的内容，它在岩土工作分析与评价中的作用与地位如何？
8. 岩土工程技术的机遇与挑战有哪些？

第二章　岩土工程勘察基本技术与方法

第一节　工程地质测绘与调查

一、概述

工程地质测绘与调查俗称工程地质填图，它是为了查明拟建场地及其邻近地段的工程地质条件而进行的一项调查研究工作。其本质就是运用地质、工程地质理论和技术方法，对与工程建设有关的各种地表地质现象进行详细的观察和描述，并将其中的地貌、地层岩性、构造、不良地质作用等界线以及井、泉、不良地质作用等的位置按一定的比例填绘在地形底图上，然后绘制成工程地质图件。通过这些图件来分析各种地表地质现象的性质与规律，推测地下地质情况。再结合工程建设的要求，对拟建场地的稳定性和适宜性做出初步评价，进而为场地选择、勘探、试验等工作的布置提供依据。因此，工程地质测绘与调查是岩土工程勘察中的一项基础性工作，也是岩土工程勘察工作中，尤其是初级岩土工程勘察工作中最常用的一种基本工作方法。

工程地质测绘与调查的特点是可在较短时间内查明广大地区的主要工程地质条件，不需复杂的设备、大量资金和材料，宜在可行性研究勘察阶段或初步勘察阶段进行，在详细勘察阶段一般不进行此项工作。但如果为了研究某一个或几个专门性的问题而必须进行时，则可在初步勘察阶段、工程地质测绘与调查基础上做必要的补充即可。

工程地质测绘与调查的内容一般应包括工程地质条件的各个方面，即包括地层岩性、地形地貌、地质构造、水文地质条件、不良地质作用以及天然建筑材料等。在实际工作中究竟要做哪些内容的测绘与调查则主要根据具体建筑物的要求以及测区的工作和研究程度而定。凡与工程建设密切相关的内容应重点调查，而与工程建设关系不大或无关的内容则可粗略些，甚至不予研究。如果测区的工程地质工作与研究程度较高，某些方面的内容可通过资料收集便可得到的，在测绘时就不再需要进行这方面的工作。

一般来说，在岩石出露或地貌、地质条件较复杂的场地开展此项工作时，应进行工程地质测绘。在地质条件简单的场地，可用工程地质调查代替工程地质测绘。

二、工程地质测绘的技术要求

从客观上讲，工程地质测绘与调查质量的高低在很大程度上取决于测区的自然条件。当测区切割强烈，岩层出露条件良好，地貌形态完整，井、泉出露充分时，就可较全面地查明测区地表的地层岩性、地貌特征、地质构造和水文地质条件等，较好地得到岩土物理力学性质的形成和空间变化的初步概念，通过分析可对地下地质情况有一个比较准确的推断，工程地质测绘质量就会高些。反之，当测区植被发育，岩层出露条件很差，地貌形态不清，井、泉地下水出露很少时，工程地质测绘质量必然会有所降低。这些客观条件是人为因素难以改变的，但为了保证工程地质测绘的质量能满足工程建设的需要，在主观上可以采用一定的技术措施来提高工程地质测绘的质量。

（一）工程地质测绘比例尺的选择

一般而言，工程地质测绘比例尺越大，图中所能表示的各种地质内容便越详细，位置越具体，质量越容易得到保证。但所需的测绘工作量也越多，越不经济。因此，如何选择一个正确的比例尺，使测绘成果既能满足工程建筑对地质的要求，同时又最经济，便成为工程地质测绘与调查工作中必须首先解决的问题之一。

工程建筑对地质条件研究程度的要求主要取决于设计阶段。在工程设计的初级阶段，属于规划选点性质，往往有若干个比较方案，建筑场地的位置并不具体，测绘范围较大，对地质条件的研究程度要求不高，因此，可选用较小的比例尺以节省测绘工作量。随着设计阶段的提高，建筑场地的位置越来越具体，测绘范围越来越小，对地质条件研究程度的要求越来越高，所选用的比例尺也将越来越大。在同一设计阶段，测绘比例尺的选择取决于测区工程地质条件的复杂程度和建筑物的类型、规模及其重要性。地质条件复杂、建筑物规模大而重要者，就需选择较大的比例尺。

根据所用比例尺的不同，工程测绘可分为以下三种：

（1）小比例尺测绘：所用比例尺为1：50000～1：5000。一般在可行性研究勘察、城市规划或区域性的工业布局时使用，以了解区域性的工程地质条件。

（2）中比例尺测绘：所用比例尺为1：5000～1：2000，一般在初步勘察阶段采用。

（3）大比例尺测绘：所用比例尺为1：1000～1：200，适用于详细勘察阶段或地质条件复杂和重要建筑物地段，以及需解决某一特殊问题时采用。

工程地质测绘比例尺选择的基本原则是：

（1）与勘察阶段相适应。初级阶段，采用较小比例尺，高级阶段，采用较大比例尺。

（2）充分考虑测区工程地质条件的复杂程度，建筑物的类型、规模及其重要性。

我国现行《岩土工程勘察规范》GB 50021根据国外的经验和我国的有关规范，对工程地质测绘比例尺的选择范围规定如下：

（1）可行性研究勘察阶段，可选用1：50000～1：5000。

（2）初步勘察阶段，可选用1：10000～1：2000。

（3）详细勘察阶段，可选用1：2000～1：500。

条件复杂时，比例尺可适当放大。

（二）工程地质测绘范围的确定

一般而言，测绘范围越大，越有利于对各种地质现象的分析与推断，对岩土工程问题的分析评价质量有所提高，但测绘工作量也较大；测绘范围越小，测绘工作量越小，但范围过小，又不能满足岩土工程问题分析评价对地质条件的要求。因此，如何选择一个恰当的测绘范围，是工程地质测绘工作必须解决的另外一个问题。

工程地质测绘范围确定的原则：既要能解决实际工程地质问题，又不浪费测绘工作量。一般略比拟建场地范围大一些，且应包括拟建场地及其邻近地段。具体应考虑以下三个方面。

（1）建筑物的类型及规模：建筑物的类型，规模不同，它与自然地质条件相互作用的规模和强度也不相同，所要解决的工程地质问题也不相同，因此测绘范围的大小也就不相同。但其范围均应以建筑物为中心，包括邻近地段。例如大型水工建筑物的兴建，往往引起较大范围内水文地质及工程地质条件的变化以及生态平衡的破坏，而这种破坏又反过来作用于建筑物，使其稳定性和正常使用受到影响。此类建筑物的测绘范围必然很大，应包括库区及其邻近分水岭地段；工业与民用建筑一般只在小范围内与周围地质条件发生作用，测绘范围较小，仅包括建筑场地及四周邻近地段；对于渠道和各种线路，测绘范围则包括线路及其两侧一定宽度地带；对于洞室工程，其测绘范围除包括调查本身外，还应包括进洞山体及其邻近地段等。

（2）设计阶段：在设计的初级阶段，一般都有若干比较方案，一般均将各方案场地包括在同一测绘范围内。因此测绘范围必然较大；在设计的高级阶段，由于建筑场地及建筑物位置已定，测绘只需在建筑场地及邻近地段范围内进行即可，因此，测绘范围必然较小。

（3）工程地质条件的复杂程度：包含两种情况，一种是建筑场区范围内工程地质条件非常复杂，如构造形态复杂，地层零乱，岩溶发育等；另一种是建筑场区范围内工程地质条件并不复杂，但邻近地区存在有不良地质作用的影响，如建筑场区邻近存在有滑坡、泥石流、活动性断裂等。这两种情况都直接影响建筑场区的区域稳定性和地基稳定性，仅在一个较小的范围内进行测绘是难以查清的。为了获取足够的资料进行岩土工程评价，就必须根据具体情况扩大测绘范围。例如对于泥石流，测绘范围不仅包括与工程建筑有关的堆积区，还应包括远离建筑场区的流通区和形成区。

（三）工程地质测绘精度要求

工程地质测绘精度是指在测绘过程中对野外各种地质现象进行观察、描述得详细程度及其在图上表示得详细和准确程度。从理论上来说，观察描述越详细，便可获得越多的第一手资料，便越有利于对测区各种地质现象的了解和推断，而这些现象在图上表示得越详细、越准确，便越有利于对各种工程地质问题的分析和评价，因此，测绘质量便会越高。但若过于详细，一方面工作量增加很大，另一方面在图上也无法表示或虽可表示，但图上各种线条太多太密，使读图十分困难。而且在实际工程中一般也无此必要。因此，在实际工程中主要是根据编制工程地质图及对主要工程地质问题评价的要求来确定所采用的测绘精度的。它主要包括三个方面：填图单元的最小尺寸；各种界线在图上标绘时的误差大小；对各种自然地质现象观察描述得详细程度。

（1）测绘填图时所划分的填图单元应尽量细微。填图单元的最小尺寸一般为图上的2mm，即凡是在图上大于2mm的地质体，都应标在图上。根据这一规定，最小填图单元的实际尺寸应为2mm乘以填图比例尺的分母。对出露宽度小于最小填图单元实际尺寸的地质体，一般情况下可不标绘在图上（但应有观察描述记录），但对那些对工程建筑的安全稳定有重要影响的单元体（如滑坡、断层、软弱夹层、洞穴等），其实际尺寸即使在图上小于2mm，也应采用扩大比例尺将其标绘在图上。

（2）观测点及各种填图单元界线要准确地标绘在图上。其在图上的容许误差，现行《岩土工程勘察规范》GB 50021规定不应超过3mm；水利水电、铁道及冶金等部门规定不应超过2mm。对于大比例尺工程地质测绘，观察点应采用仪器法标定其在图上的位置。

（3）对野外各种地质现象的观察描述要尽量详细。其详细程度是以每平方公里的观测点数和观测路线长度来控制的。其数量目前认为，观测点、线间距在图上宜为2～5cm。

也可根据地质条件的复杂程度并结合对具体工程的影响适当加密或放宽。总之，观测点、线的间距应以能控制重要的地质界限并能说明工程地质条件为原则，以利于岩土工程分析与评价。

为了达到精度要求，现场测绘时所采用的工作底图比例尺可比提交的成图比例尺大一级，待工作结束后再缩成提交成图的比例尺。例如，若提交成图的比例尺为 1∶10000 时，则在测绘时所采用的地形底图应为 1∶5000。

三、工程地质测绘的研究内容

前已述及，工程地质测绘与调查的主要任务之一就是查明测区的工程地质条件，因此，其调查研究的内容一般应包括工程地质条件的各个方面，即地层岩性、地形地貌、地质构造、水文地质条件、不良地质作用及天然建筑材料等，各方面研究的具体内容分述如下：

（一）对地层岩性的研究

由于测绘时的填图单元主要是根据地层岩性及其工程地质性质的不同来划分的，因此，任何工程地质测绘都必须研究地层岩性，其内容主要包括：综合分层以确定填图单元；确定各地层的厚度、产状、分布范围、正常层序、接触关系及其变化规律；各地层的工程地质特征；描述各地层的岩性。根据其主要工程地质性质的显著差异性，地层又可分为基岩地层和第四纪地层两大类。

1. 对基岩地层岩性的研究

除岩性、成因、时代、厚度、分布、风化程度以及层序及接触关系等内容外，还应格外注意对以下内容的研究：

（1）沉积岩类：软弱岩层和次生夹泥层的分布、厚度、层位、接触关系和工程地质特性，碳酸盐岩及其他可溶岩类的岩溶现象，泥质岩类的泥化和崩解特性。

（2）岩浆岩类：侵入岩的边缘接触面，平缓的原生节理、岩床、岩墙、岩脉的产状及其相互穿插关系，风化壳的分布、发育及分带情况，软弱矿物富集带等，喷出岩的喷发间断面（蚀变带、风化夹层、夹泥层、松散的砂砾石层等），凝灰岩及其泥化情况等。

（3）变质岩类：变质类型和变质程度、软弱变质岩带或夹层以及岩脉的特性，泥质片岩类风化、泥化和失水崩裂现象，千枚岩、板岩的碳质、钙质等软弱夹层的特性，软化及板岩的泥化情况等。

2. 对第四纪地层的研究

第四纪地层一般均由松散堆积物所组成，因此，其研究内容主要包括：堆积物的时代、成因、类型、颗粒组成、均一性和递变情况，各沉积层所处的地貌单元、地质结构及与下伏基岩的关系等。此外还应特别注意研究新近堆积土、各种特殊性土的分布及其工程地质特征。

（二）对地形、地貌的研究

地形地貌是岩土工程评价中不可缺少的重要条件，它对工程建筑物的稳定性和造价有直接影响。因此，在工程地质测绘中必须加以研究，其内容主要包括：查明地形、地貌的分布和形态特征，划分地貌单元，测量或调查微地貌形态，描述其特征，调查其分布情况，查明地貌与岩性、地层、构造、不良地质作用与第四纪堆积物的关系以及与地表水，地下水的关系，分析、确定地貌的成因类型。

由于地貌与第四纪地质关系密切，所以在平原区、山麓地带、山间盆地以及有松散堆积物覆盖的丘陵地区进行工程地质测绘时，对地形、地貌条件的研究尤为重要，并常以地形、地貌条件作为编图时工程地质分区的基础。

（三）对地质构造的研究

除特大型工程的区域性工程地质测绘外，一般工程建设的工程地质测绘均着重于对小范围地质构造的研究，即所谓"小构造"问题，包括小褶皱变形、断裂构造和节理裂隙等，因为这些"小构造"直接控制着岩体的完整性、强度和透水性，是评价工程岩体稳定性的重要依据。具体研究内容包括以下几个方面：

（1）调查和研究各种构造形迹的分布、形态、规模和结构面的力学性质、序次、级别、组合方式以及所属的构造体系。

（2）调查和研究褶皱的性质、类型、形态要素及轴面、枢纽、两翼地层的产状及对称性等。

（3）调查和研究断裂构造的力学性质、类型、规模、产状、上下盘的相对位移量及断裂破碎带的宽度、充填物质、胶结物和胶结程度。

（4）调查和研究新构造运动的性质、强度、趋向、频率，分析升降变化规律及各地段的相对运动，特别是新构造运动与地震的关系。

（5）调查和研究节理裂隙的成因、产状、性质、宽度、延伸性和切穿性，裂隙面上的蚀变矿物、粗糙度和起伏度、擦痕及摩擦镜面以及裂隙间充填物、胶结物的性质及其胶结程度，并选择有代表性的地段做节理裂隙统计，统计结果可用裂隙走向玫瑰图（图 2.1-1）、裂隙极点图（图 2.1-2）及裂隙等密度图（图 2.1-3）等图示方法，也可用裂隙率 K_j 等数量方法表示。所谓裂隙率是指一定露头面积内裂隙所占的面积的百分数，计算式为 $K_j=\frac{\Sigma A_j}{F}$；其中，ΣA_j 为裂隙面积的总和，F 为所统计的露头面积。

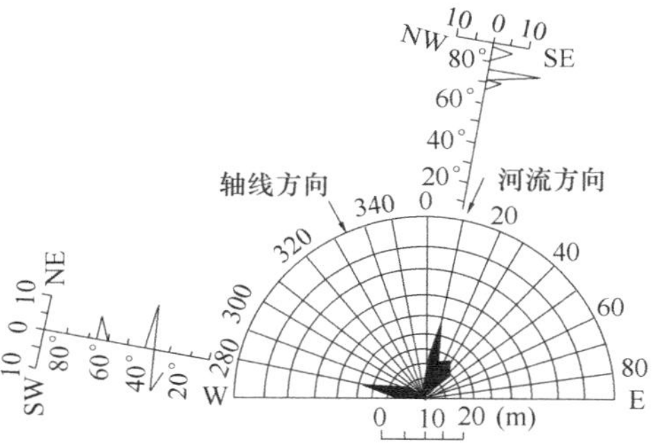

图 2.1-1　裂隙走向玫瑰图

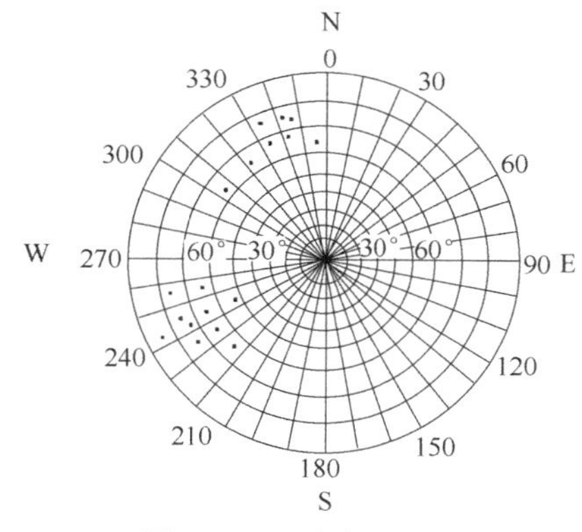

图 2.1-2　裂隙极点图

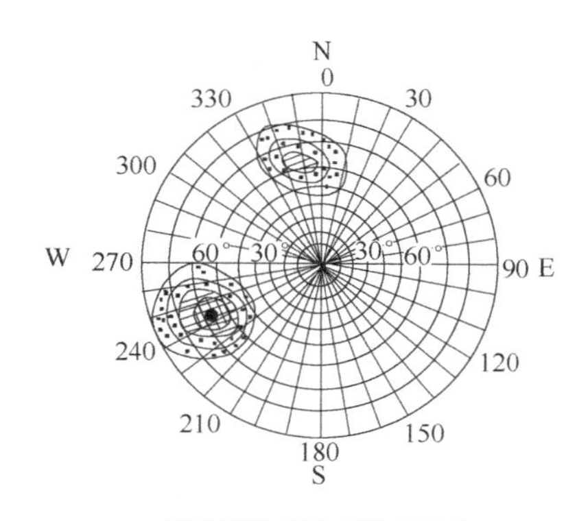

图 2.1-3　裂隙等密度图

根据裂隙率 K_j 的不同，可将岩体裂隙的发育程度划分为：弱裂隙性，$K_j \leqslant 2\%$，中等裂隙性，$2\% < K_j \leqslant 8\%$；强裂隙性，$K_j > 8\%$。

（四）对水文地质条件的研究

工程地质测绘中对水文地质条件进行研究，目的是为了研究和解决与地下水活动有关的工程地质问题，或研究与地下水活动有关的物理地质现象。例如，在水利工程中通过调查和研究库区的水文地质条件，可为坝址和库区渗漏问题的分析和评价提供依据；在道路工程中，研究地下水的埋深和毛细管水上升高度，可预测和评价产生冻胀的可能性；在工业与民用建筑中，调查和研究地下水的埋深和侵蚀性，可为基础埋置深度的确定以及解决基坑排水等问题提供依据；调查和研究孔隙地下水的渗透梯度和速度，可为渗透稳定问题的分析评价提供依据；调查和研究岩溶水的循环交替条件，可以判定岩溶的发育条件；调查和研究地表水和地下水的活动规律，可以判定滑坡的成因等。在调查时，主要从岩性特征和地下水的露头分布、性质、水质、水量等入手，查明各个含水层的特性。因此，其研究内容主要包括：测区内含水层和隔水层的分布；地下水的类型、补给来源、径流和排泄条件；含水层的岩性特征、埋藏深度、水位变化、污染情况；含水层的构造、富水性及其与地表水体的关系；测区井泉位置、井水和泉水的水质、水量、水位及其动态变化等。此外，还应搜集测区所在区域范围内的气象、水文、植被、土的标准冻结深度等资料；调查最高洪水位及其发生时间、淹没范围。

（五）对不良地质作用的研究

不良地质作用主要指由各种外动力地质作用所引起的物理地质现象，如滑坡、崩塌、泥石流、岩溶、塌陷、土洞、地面沉降、岩石风化、岸边冲刷以及由内动力地质作用所引起的断裂、地裂缝、地震震害等。它们直接影响着工程建筑物的安全、经济和正常使用，因此，在工程地质测绘中，必须加以详细的调查和研究。调查和研究的主要内容有：

（1）调查和研究各种不良地质作用的分布位置、形态特征、规模、类型及其发育程度；

（2）调查和研究不良地质作用的形成机制、发展与演变趋势；

（3）研究不良地质作用对工程建设的影响及危害。

（六）对其他内容的研究

1. 调查和研究测区已有建筑物的变形和建筑经验，是工程地质测绘中的一项特殊研究内容。因为某一地质环境内已兴建的任何建筑物对拟建建筑物来说都可看作是一项重要试验，往往可以得到很多在理论和实践两方面都极有价值的资料，甚至比用勘探、试验手段获得的资料更加宝贵。应选择不同地质环境（好的和不好的）中不同类型、结构的建筑物，研究其有无变形破坏的迹象，并详细分析其原因，以判明建筑物与地质环境的适应性。这便可更加具体地评价建筑场区的工程地质条件，并对拟建建筑物是否会产生变形和破坏做出预测，以及根据已有建筑经验提出正确的设计和施工方案。

2. 大型水利枢纽、道路以及国防工程等的兴建，往往需消耗大量工程建筑材料，因此，在建筑场区及其附近有无足够的天然建筑材料，将直接影响到工程的造价，有时甚至还决定到工程的选址或建筑类型的选择，因此，对这些工程，在进行工程地质测绘时，必须对天然建筑材料进行研究，其研究内容主要包括：

（1）对块石料的调查与研究：包括块石料的岩石名称、矿物成分、结构和粒度等；岩石的风化程度及分带性；岩体的裂隙发育程度、产状及厚度；岩石的物理力学性质。

(2) 对砂、石料的调查与研究：包括碎石层的层位、层数、各层的厚度、长度、宽度及其与顶、底板的接触关系；砂、碎石料的颗粒级配、滚圆度、矿物及岩石成分；黏性土、粉土及粉砂的含量；覆盖层厚度及其变化情况；当砂、碎石料位于地下水位以下时，还应调查地下水位的变化幅度，砂、碎石的透水性，涌水量及其与其他含水层或地表水的水力联系。

(3) 对粉土、黏性土料的调查与研究：包括粉土、黏性土层的成因及其分布规律、厚度、长度和宽度；覆盖层的厚度、性质及分布情况；颗粒级配、可溶盐含量及有机质含量等。

(4) 调查与研究天然建筑材料的开采和运输条件，并对天然建筑材料进行储量计算。

3. 调查与研究人类工程活动对拟建场地稳定性的影响，也是工程地质测绘中的特殊研究内容之一。其内容包括人工洞穴、地下采空区、大挖大填、抽水排水和水库诱发地震等。

四、工程地质测绘的一般程序及基本工作方法

(一) 工程地质测绘的一般程序

工程地质测绘从接受任务起直至最终提交测绘报告和资料为止，一般分为三个阶段，即准备阶段、现场测绘阶段和室内资料整理阶段。

1. 准备阶段

主要是开展和做好测绘前的准备工作，这些工作主要有：

(1) 收集和研究资料：包括区域地质资料、水文气象资料、遥感、地面摄影和航卫片资料、地震资料、水文地质及岩土工程勘察等资料。

(2) 现场踏勘：现场踏勘就是在搜集和研究测区已有资料基础上，到现场进行校对和查看，了解测区地质情况和问题，以便合理布置观测点和观测路线，正确选择实测地质剖面的位置，拟定野外工作方法，为测绘纲要的编制提供依据。同时，通过踏勘还可了解测区的供应、经济、气候、交通及住宿条件，以便做好测绘时所需的各种物资准备。

(3) 编制工程地质测绘纲要：测绘纲要是进行测绘的依据，其内容应尽量符合实际情况，测绘纲要的内容一般包含以下几个方面：

1) 工程任务情况：包括测绘目的、要求、面积和比例尺。

2) 测区自然地理条件：包括地理位置、交通、水文、气象、地形、地貌特征等。

3) 测区地质概况：包括地层、岩性、地质构造、地下水及不良地质作用等。

4) 测绘工作量、工作方法及精度要求。工作量包括观察点、勘察点、室内及野外测试工作。

5) 人员组成及经济预算。

6) 物资计划。

7) 工作计划及工作步骤。

8) 要求提交的各种资料及图片。

2. 现场测绘阶段

主要就是根据测绘任务和测绘纲要的要求，全面开展野外工程地质测绘与调查工作，

以查明测区的工程地质条件。

3. 室内资料整理阶段

主要就是对野外测绘资料进行校审、整理与分析，编制工程地质图件和编写工程地质测绘报告书。

（二）工程地质测绘的基本工作方法

1. 路线穿越法

沿着一定的路线，穿越测绘场地，把走过的路线正确地描绘在地形图上，并沿途详细观察地质情况，把各种地质界线、地貌界线、地质构造线、岩层产状及各种不良地质作用等标绘在地形图上。路线的起点应选择在有明显的地物或地形标志处，其方向应尽量垂直岩层走向、地质构造线方向或地貌界线。整个线路上要求露头多，覆盖层薄。此法可用于各类比例尺的工程地质测绘，尤以中、小比例尺采用较多。

2. 界线追索法

沿某种界线逐条布点追索，并将其绘于图上的工作方法。此法主要适用于地质条件复杂的中、小比例尺和一般大比例尺的工程地质测绘。

3. 布点控制法

按测绘精度要求在地形图上均匀地布置观测点和观测路线的工作方法。在第四系覆盖地段，布点处需进行人工揭露，以保证测绘精度。此法主要适用于地质条件较简单的大、中比例尺的工程地质测绘。

地质观测点的布置应有代表性，一般宜布置在：地质构造线上；不同时代、不同成因的地层界线上；不同岩性分界线上；不整合面上；不同地貌单元或微地貌单元的分界线上；各种不良地质作用分布地段且具有天然露头的地方。当天然露头不足，以至于无法控制各种地质界线时，可在适当地段布点进行人工揭露，如探坑或探槽等，以查清各种地质情况。

地质观测点在地形图上的定位，可根据不同比例尺及精度要求，分别采用目测法（适用于小比例的工程地质测绘）、半仪器法（适用于中比例尺的工程地质测绘）和仪器法（适用于大比例尺的工程地质测绘）进行。对重要的特殊地质观测点，宜采用仪器法定位。

所谓目测法就是根据地形、地物的目估或步测距离来确定点位。半仪器法是指借助罗盘、气压计等简单仪器测定方位和高程，用徒步或测绳量测距离来确定点位。仪器法是指采用经纬仪和水准仪、全站仪等精密仪器来测定观测点的位置和高程。

五、测绘资料的室内整理

在野外测绘工作完成之后，便转入测绘资料的室内整理，此阶段的主要工作有：

（一）检查和校对野外测绘资料

检查各种野外记录所描述的内容是否齐全；详细校对各种原始图件所划分的各种界线是否符合野外实际情况，在不同图件中相互间的界线是否吻合；野外所标绘的各种地质现象是否正确；整理和校对野外所采集的各种标本等。

（二）对校审后的原始资料进行综合分析，清绘草图。

（三）根据工程地质测绘目的和要求，编制有关的工程地质图表。

在工程地质测绘中，常要求提交的工程地质图表有：

1. 实际材料图

工程地质测绘实际材料图主要是用来反映在野外工作时对野外各种地质现象进行观察描述的点数和观测路线长度的图件。它一方面可以反映野外工作时的精度情况，另一方面也可以通过观测路线在一定程度上反映测绘时的工作方法及采取的一些技术措施。如是否布置有钻孔、探坑、探槽或原位测试等。同时，也为有关单位对野外工作质量进行检查和验收时提供依据。

实际材料图的编制比较简单，它就是将每天的观测路线和观测点在图上绘出并编号即可，所谓观测路线就是野外测绘时实际所走过的路线和实测的剖面线，观测点包括各种地质点、构造点、地貌点、井泉调查点及不良地质作用观察点等。若有钻孔、探槽、探坑、取样及试验时，还要用专门的符号将它们表示在图中。

2. 综合工程地质图或工程地质综合分区图

从工程的规划、设计和施工的要求出发，反映建筑场区工程地质条件并给予综合评价的地质图件称为工程地质图。其中图上既有说明工程地质条件的综合资料，又对测区工程地质条件作出综合评价的工程地质平面图称为综合工程地质图。而图中既有说明工程地质条件的综合资料，又有分区，并对各区的建筑适应性作出评价的工程地质平面图则称为工程地质综合分区图。

综合工程地质图必须能够明确地反映测区的地质条件。因此在编制时，一般应表示如下内容：

(1) 地形地貌条件：图上应划分出地貌形态的等级和地貌单元，其划分的详细程度由比例尺大小和编图目的决定，地形的起伏变化情况则用地形等高线表示。

(2) 地层岩性：按岩土体的时代、成因和工程地质类型划分工程地质单元体。各工程地质单元体之间的界线都必须在图上勾绘出来。

(3) 地质构造：图上主要标示出测区地层的产状、褶皱和断裂。可用一般地质填图的专门符号来表示。对于断裂构造，还必须反映出断裂的走向、倾向及其力学性质等。在大比例尺测绘中，还应标明其实际位置、宽度和延伸长度。

(4) 水文地质条件：图上应标示出测区含水层和隔水层的分布情况；井、泉的出露位置，水位及涌水量，地下水的埋深，化学成分和侵蚀性等。一般用符号或等值线表示。

(5) 不良地质作用：对于测区出露的各种不良地质作用，都必须在图上反映出来。若规模较大且边界较明显时，应采用专门的界线符号在图上将其圈画出来。若规模较小或边界不明显时，也可用特定符号在图上表示出来。

工程地质综合分区图与综合工程地质图不同的是，图上除了应表示上述内容外，还应进行工程地质分区，即将图区范围内按其工程地质条件及其对建筑的适宜性，划分为不同的区段并标示在图上，不同区段的工程地质条件是不同的，而同一区段内在工程的修建和使用或勘察条件上则是相似的。

综合工程地质图或工程地质综合分区图除了在图上必须明确反映测区工程地质条件外，还必须结合工程建筑的要求对测区或各分区进行综合工程地质评价，分析其主要工程地质问题，并对其建筑适宜性做出结论，以利于设计、施工等人员阅读。

3. 综合地质柱状图

综合整个测区所出露的所有地层，根据其成因类型、岩性特征、厚度及接触关系等，按时代的新老关系依次绘制而成的地层柱状图，称综合地层柱状图。其所应表示的主要内容见表 2.1-1。综合地层柱状图的绘制方法与一般地层柱状图相同。

综合地层柱状图所表示的内容　　表 2.1-1

地层			成因类型	符号	厚度（m）	岩性柱状图比例尺 1：×××	岩性描述
界	系	统					

4. 工程地质剖面图

工程地质剖面图必须能够反映沿剖切方向的地下地质结构，与平面图配合可获得对场地工程地质条件的深入了解。其编制方法与地质剖面图基本相同，其内容除了一般地质剖面图所表示的地层时代、岩性及地质构造等条件外，还应加进一些与工程建筑有关的内容，如地下水位、地貌界线、工程地质分区界线及编号等。一些大比例的工程地质剖面图上，常用数字符号说明岩层的物理力学性质指标等。

此外，在实际工程中为解决某些专门的工程地质问题时，还要求提供其他专门性的工程地质分析图件和基岩面埋深等值线图、地下水埋深等值线图等。

（四）根据工程地质测绘目的和要求，编写有关测绘资料成果的文字说明或工程地质测绘报告书。

工程地质测绘报告书是工程地质测绘工作的结晶，是测绘单位向委托单位提交的重要成果之一。工程地质测绘报告书的质量好坏，直接体现了测绘单位的技术水平并影响其社会声誉，因此，必须给予高度重视。工程地质测绘报告书一般由工程地质测绘项目技术负责人负责编写或组织编写，单位技术负责人审核，委托单位组织评审验收。由于工程地质测绘目的不同、工程建筑的类型与规模不同、勘察阶段不同，报告书的内容也不尽相同。一般情况下，工程地质测绘报告书应包括以下内容：

（1）绪言：包括工程地质测绘的目的和任务；工作区（测区）的位置、范围和测绘面积；工作方法和手段；测绘比例尺和精度要求；完成测绘工作的时间等。

（2）测区自然地理概况：包括测区的地理位置、行政区属以及交通、经济概况；测区的地形、水文及气象概况等。

（3）测区工程地质条件：包括地层岩性及其工程地质性质；地形地貌；地质构造；水文地质条件；不良地质作用以及天然建筑材料或其他有关专项调查的内容。

（4）测区工程地质条件分析与评价：包括测区工程地质分区原则与分区方案；测区各分区的工程地质条件分析与评价；工程地质测绘任务要求必须进行的有关工程地质专门评价等。必要时，应提出防治测区内各主要工程地质问题的措施建议。

（5）结束语：包括本次测绘工作完成的工作量，取得的成果和资料，尚存在的问题和以后应改进的地方，并提出后续应进一步开展哪些方面勘察工作的设想等。

（6）致谢。

（7）参考文献与资料。

最后应该指出，在成果资料整理中，还应重视对各种照片、视频资料的分析整理和保存工作，因为一旦由于科研或法律诉讼需要时，这些资料就能比较容易恢复和重现一些原有的重要背景材料。

总之，对测绘资料室内整理的总体要求是：资料要齐全、完善；图件要清晰、重点要突出、线条主次要分明；报告要论点明确、依据充分，文字简练、逻辑性、条理性好。

六、航片、卫片在工程地质测绘中的应用

随着遥感技术的发展，航片、卫片在工程地质测绘中得到广泛应用。它们能给技术人员关于地貌、地层岩性，地质构造、不良地质作用等连续的立体图像。由于像片范围广，扩大了视野，看到了测区的全貌，解决了测绘中点与点、点与线之间连图的局限性。因此，它能较真实地反映测区的地质规律，为分析和解决测区的工程地质条件奠定了基础，可在一定程度上克服传统测绘的局限性。在已有资料和踏勘的基础上，大部分地质界线可预先在室内勾绘，野外只做少量校核和补充工作，既能绘制出具有一定精度的影像地质图，又能减少野外工作，大大提高其工作效率。

（一）航片的地质判释

各种地质体或地质现象，由于它们物质成分、组织结构及物理性质上的差异，吸收和反射太阳光的光谱特征不同，不同的地质体或地质现象的影像特征也不同，航片的判释就是依据这个原理辨认和分析各种自然地质现象，判定地质体，勾绘地质界线。

1. 判释的主要标志

判释有目视判释和电子仪器判释，目前地质成图以目视判释为主，要做到准确地判释区内各种地质现象，首先应确定可靠的判释标志（即地质体或地质现象的外貌特征在像片上的表现，借助它判定地质体或地质现象的存在，说明其特点和性质）。在地质测绘中常用的标志有：

（1）形状及大小：地质体或地质现象的几何形状或它们的外貌轮廓，像片上反映它们的形状，主要是顶部形状或平面形状。

（2）色调：地质体或地质现象在像片上表现得颜色深浅程度（亮度），由于岩石自身颜色深浅、湿度、植被不同，在像片上的色调也不同，依据色调区分出不同地质体与岩层。

（3）阴影、纹影：地物大小、形状可通过阴影显现在图像上，借助它们识别地物侧面形状，纹影是细小地物在形状、色调、阴影等方面重复所构成，常表现为光滑、粗糙、参差不齐。

2. 地质特征的判释

（1）岩性标志是地质判释的基础：据地层岩性分布特征和相互关系判释。沉积岩层理影像明显，呈条带状。砾岩层理不明显，强烈切割地区常呈陡崖、陡坎。砂岩层状较明显、稳定。石灰岩、白云岩色调浅、带状分布，干旱区岩溶不发育，山坡陡峻，潮湿地区则有千奇百怪岩溶地貌。大型岩浆岩体呈浑圆状或不规则边缘的团块状，中、小型侵入岩体多呈椭圆状、透镜状，脉岩常呈条带状、链状、串珠状等，酸性花岗岩，色调浅，基性、超基性岩色调较深，呈暗黑色等。

（2）各种结构面出露线判释：水平岩层界线与地形轮廓线相比，平行等高线，易形成平顶山。直立岩层在像片上为直线，倾斜岩层介于上述二者之间，服从“V”形法则为波

曲状。褶皱构造分析，首先勾绘岩层界线，确定影像特征明显的标志层，再结合三角面关系，分水岭三角面尖端相向为背斜，反之为向斜。高角度断层出露线较平直，低角度断层出露线呈弯曲线。地层以直线状突然接触和明显断错都说明有断层存在。

3. 地貌、物理地质现象判释：一般以影像形状判释。如陡立的圆椅状，后壁色调较深，弧性错落壁，两侧冲沟深切，形成双沟同源，斜坡向低处呈突出状，沿周边有较明显的色差，呈现深色色环，多为滑坡。

（二）一般使用方法和步骤

1. 准备工作

（1）资料收集：航片、卫片，区域地质资料，转绘地质图用的地形图，区域地震资料；

（2）用品准备及像片整理：立体镜、按航带进行像片编号装袋。

2. 初步室内判释：据收集的资料建立判释标志进行概略判释。目的在于熟悉区域构造轮廓，掌握像片可判程度，编制概略地质图。

（1）判释的主要原则：必须遵循从已知到未知、先易后难的原则。已知是指判释者所熟悉的地质情况，未知是指像片上影像特征，通过已知与未知的对比，达到认识未知的目的。先易后难是指先判释影像特征突出易判释的图像，取得判释经验，积累判释标志，逐步达到解决各种疑难现象。

（2）判释步骤：一般先将松散沉积物与基岩分开，然后判释三大岩类，构造线等明显地质现象，采用规定图例、符号、颜色在航片上勾绘界线和注记，填写判释卡，圈出关键问题地段，以便野外调绘时重点研究。

初步判释工作结束后，应编写初步判释说明书。

（三）航片调绘、转绘地质图

其目的是验证、修改、补充初步判释成果。将初步判释成果、航片带到实地调绘（检验点为地质观察总数的1/3～1/2)，勾绘地质草图，定点描述地层岩性、地质构造特征。按照航片，结合实地找出不同地质体的影像特征，对明显判释标志定为标准层，用判释标志、标准层及其他影像特征，在室内用立体镜进行系统地、全面地判释，并将判释成果转绘到地形图上，然后再到实地校核修改。

最后编写判释报告及据判释成果编制地质图。

七、城市工程地质编图

现代城市是人类活动最活跃、建筑种类最多、建筑物最密集，因而也是人类向地质环境施加作用最为强烈的地区之一。在各种工程建筑荷载的持续作用下，势必会造成城市地质环境的改变，并导致主要作为各类建筑物地基的岩土体工程条件的恶化，从而引发出一系列的工程地质问题，甚至造成地质灾害，如地面沉降、塌陷等。因此如何有效地防治和预测因城市建设所在地区地质环境不良所产生的工程地质问题，减弱甚至消除地质灾害，以及如何有效地利用已有的城市地质勘察及设计资料，为城市的工程勘察、规划及设计等提供指导性的参考依据，便成为岩土工程、城市规划及土建科技工作者普遍关心的问题之一。而城市工程地质编图便是解决上述问题最为有效的方法之一，因此，目前在国内外均日益受到重视。

城市工程地质编图与一般岩土工程勘察中以工程地质测绘为基础的工程地质编图并无本质区别，但两者的编图目的及其工作方法、程序等有较大差异。城市工程地质编图的主要目的是保护城市地质环境，它是为城市的规划、建设服务的，涉及范围广，工程地质问题的类型多而复杂，且不同的城市具有不同的特点。因此，城市工程地质编图工作应结合城市的特点及城市规划要求来进行，要有明确的针对性、实用性、科学性和艺术性。所编系列图件必须能反映城市的工程地质环境质量，突出城市的特殊工程地质条件，有针对性地解决编图城市在今后建设和发展时需要解决的工程地质问题。由于一方面城市所在地区，尤其是市区几乎已全部被道路和建筑物等所覆盖，因此，它不能像一般工程地质编图那样，主要通过地表工程地质测绘来进行。同时，由于绝大多数城市均坐落在第四纪松散沉积物之上，第四纪土层多呈水平产出，兼之人类工程活动对地形地貌的巨大破坏，由地表工程地质测绘所提供的二维平面图件无法满足编图对工程地质问题评价的需要。另一方面，由于大量建筑物的兴建，城市地区已积累有大量的勘察和试验资料，有时甚至还有一些完整的长期监测资料，因此城市工程地质编图的工作方法和程序也与一般工程地质编图有所不同，概括起来，城市工程地质编图大致具有以下几个特点：

1. 城市工程地质编图资料主要通过收集得来。

由于城市已兴建有大量的建筑物且种类也比较齐全，因此，在编图区范围内一般积累有大量各类建筑物场地的工程地质和岩土工程勘察资料，只要通过收集整理便可满足某种比例尺工程地质编图的需要。当然，对于城市边缘区或新建的各种开发区等，若已有建筑物稀少，通过收集得到的资料不能满足编图精度要求时，仍需进行地表测绘调查和少量的补充勘察试验工作。

2. 城市工程地质编图涉及面广，所提交的图件多，由系列图系组成。

城市工程地质编图所提交的图件比一般工程地质测绘（或岩土工程勘察）所提交的工程地质图件要多，它除了提交前述的一般综合性工程地质图件和附图外，还需提交能反映城市地质环境基本特征和规律的基础图件，如地貌图、地质图、水文地质图等；以及专门为反映某一问题或专门为满足某一部门使用要求而编制的专门性图件，如基岩埋深等高线图，地下水位等值线图，某土层埋深等值线图，基础类型适宜性区划图，塌陷分布图等。因此，城市工程地质编图是由系列图件，即基础图件、专门性图件、综合图或称应用图件以及辅助性图件组成的图系所组成。图系结构应与编图目的一致，图件种类应服从于编图目的。

3. 城市工程地质编图的系列图件一般能反映三维空间的地质情况，因此，其对编图精度的要求也不完全相同。

城市工程地质编图除两维平面应满足精度要求外，在深度方向也应满足一定精度要求。两维平面的精度主要就是指平面上的各种地质界线在图上表示的准确程度，其要求与一般工程地质编图相同，即各种实际地质界线在图上表示的误差不能超过 3mm。深度方向的精度是指各地层（或地质现象）厚度在图上表示的准确程度。有不同的表示方法，如立体图示法，等高线表示法，文字表述法等，因此目前尚无统一精度要求。

为了达到上述精度要求，在编图时，一般可采用以下措施加以保证：

（1）勘探控制点应有足够密度，其间距可参考工程地质测绘对地质点所规定的点、线间距，但不作硬性规定，应以满足对各种地质界线的有效控制为前提。

(2) 加强对已有资料的分析和选择。由于城市拥有大量的场地勘察资料，而每一场地往往就是十几个甚至数十个钻孔，因此要将它们完全投影到图上是不可能的，因此，在编图时就必须对各勘察场地的钻孔资料进行整理及综合分析找出地层分布规律，最终选择一个具有代表性的钻孔作为该场地的一个勘探控制点表示在图上。同时由于各场地勘察资料新老不一，其技术方法和水平存在差异，因此应尽量选择新近资料作为控制点的资料。

但应该看到，由于资料分布的不均匀性和资料新旧等的差异性，城市工程系列图件在不同区域其精度可能存在着事实上的不均一性。

4. 城市工程地质编图主要是室内工作，现场实测工作往往视其需要作适量的补充。

复 习 思 考 题

1. 工程地质测绘在岩土工程勘察工作中的作用与意义。
2. 工程地质测绘的工作范围如何确定，精度要求以及测绘工作的主要内容。

第二节　勘 探 与 取 样

勘探就是采取某种方法去揭示地下岩土体（含地下水、不良地质作用等）的岩性特征及其空间分布、变化特征。取样则是为了提供对岩土的工程特性进行鉴定和各种试验所需的样品。勘探与取样也是岩土工程勘察中最基本和最重要的工作方法之一。

岩土工程勘察所采用的勘探方法主要有钻探、坑探、物探和触探。

一、钻探

钻探就是利用专门的钻探机具钻入岩土层中，以揭露地下岩土体的岩性特征、空间分布与变化的一种勘探方法。它是岩土工程勘察中所采用的一种极为重要的技术方法和手段，其成果是进行岩土工程评价、岩土工程设计与施工的基础资料和依据。

岩土工程地质钻探应符合下列要求：能为钻进的地层鉴别岩性，确定其埋藏深度与厚度；能采取符合质量要求的岩土试样、地下水试样和进行原位测试；能查明钻进深度范围内地下水的赋存与埋藏分布特征。

（一）岩土工程地质钻探的特点

与以找矿为目的地质钻探相比较，岩土工程地质钻探具有以下主要特点：

1. 勘探线网的布置不仅要考虑自然地质条件，还要结合工程的类型、规模与特点；

2. 钻探的深度一般较小，多在数米到数十米范围内；

3. 钻孔孔径变化较大，小者数十毫米，大者数千毫米。常用钻头直径为 91～150mm；

4. 钻孔多具综合目的，除了查明地层、岩性、水文地质等条件外，还要进行各种力学试验和采取试样等；

5. 对岩芯采取率要求较高，软弱夹层、岩石破碎带等也应千方百计取出岩芯；

6. 在拟做试验的孔段，要求孔壁光滑平整，以便进行测试工作；

7. 为了了解岩土天然状态下的物理力学性质，要求采取原状岩土试样，以便进行物理力学性质试验。

（二）岩土工程中常采用的钻探方法及其适用条件

岩土工程勘察中采用的钻探方法很多，根据其破碎岩土方法的不同，大致可分为回转钻探、冲击钻探、振动钻探与冲洗钻探等四大类。

回转钻探就是利用钻具回转使钻头的切削刃或研磨材料削磨岩土使之破碎而钻进。又可进一步分为孔底全面钻进和孔底环状钻进（岩芯钻进）两种，岩土工程勘察多采用岩芯钻进。

冲击钻探就是利用钻具的重力和下冲击力使钻头冲击孔底以破碎岩土而钻进。又可进一步分为钻杆锤击钻进和钢丝绳冲击钻进两种，岩土工程勘察中均有使用。

振动钻探就是将机械动力所产生的振动力通过连接杆及钻具传到圆筒形钻头周围的土中，使土的抗剪力急剧降低，圆筒形钻头依靠自身及振动器的重量切削土层而钻进。

冲洗钻探就是利用上述各种方法破碎岩土，然后利用冲洗液将破碎后的岩土携带冲出而钻进，冲洗液同时还起到护壁和润滑等作用。此法在钻孔灌注桩等岩土工程施工中使用较多，而在岩土工程勘察中使用较少。

上述钻探方法各具特色，各有自己的使用范围。实际工程中应根据钻进地层的岩土类别和勘察要求加以选用。各种钻探方法的使用范围参见表 2.2-1。

在选用钻探方法时，应符合下列要求：

1. 对要求鉴别地层岩性和取样的钻孔，均应采用回转方式钻进，遇到碎石土可以用振动回转方式钻进；

2. 地下水位以上的地层应进行干钻，不得使用冲洗液，也不得向孔内注水，但可以用能隔离冲洗液的二重管或三重管钻进取样；

3. 钻进岩层宜采用金刚石钻头，对软质岩石及风化破碎岩石应采用双层岩芯管钻头钻进。需要测定岩石质量指标时，应采用外径为 75mm 的双层岩芯管钻头；

4. 在湿陷性黄土中，应采用螺旋钻头钻进，或采用薄壁钻头锤击钻进，操作时应符合“分段钻进，逐次缩减，坚持清孔”的原则；

5. 钻探口径和钻具规格应符合现行国家标准的规定。成孔口径应满足取样、测试和钻进工艺的要求。

钻探方法的适用范围 **表 2.2-1**

钻探方法		钻进地层					勘察要求	
		黏性土	粉土	砂土	碎石土	岩石	直观鉴别、采取不扰动试样	直观鉴别、采取扰动试样
回转	螺旋钻探	++	+	+	—	—	++	++
	无岩芯钻探	++	++	++	+	++	—	—
	岩芯钻探	++	++	++	+	++	++	++
冲击	冲击钻探	—	+	++	++	—	—	—
	锤击钻探	++	++	++	+	—	++	++
振动钻探		++	++	++	+	—	+	++
冲洗钻探		+	++	++	—	—	—	—

注：++表示适用，+表示部分适用，—表示不适用。

（三）岩土工程勘察对钻探的要求

在岩土工程勘察工作中，钻探应符合下列要求：

1. 钻进深度和岩、土分层深度的量测精度，不应低于±5cm；

2. 应严格控制非连续取芯钻进的回次进尺，使分层精度符合要求；

3. 对鉴别地层天然湿度的钻孔，在地下水位以上应进行干钻；当必须加水或使用循环液时，应采用双层岩芯管钻进；

4. 岩芯钻探的岩芯采取率，对完整和较完整岩体不应低于80%，较破碎和破碎岩体不应低于65%；对需重点查明的部位（滑动带、软弱夹层等）应采用双层岩芯管连续取芯；

5. 当需确定岩石质量指标RQD时，应采用75mm口径（N型）双层岩芯管和金刚石钻头。

（四）钻探编录

在岩土工程勘察的钻探过程中，必须做好现场的钻探编录工作，把观察到的各种地质现象正确地、系统地用文字和图表表示出来。这既是工程技术人员的现场工作职责，也是保证达到钻探目的的重要环节和正确评价岩土工程问题的主要依据。

岩土工程勘察中的钻探多具综合目的，钻进过程中所进行的各种试验工作均有细则和规范要求，应认真执行。从岩土工程勘察角度出发，需要强调的是：钻进过程的观察、分析和记录，水文地质观测，岩芯鉴定及钻孔资料整理等。

1. 钻进过程中的观察和记录，即填写钻探日志。对以下情况必须认真记录：

（1）钻进方法、钻头类型及规格、更换钻头情况及原因等；

（2）钻具突然陷落或进尺变快处的起止深度，以判断洞穴、软弱夹层与破碎带的位置及规模；

（3）钻进砂层遇有涌砂现象时，应注明涌砂深度、涌升高度及所采取的措施；

（4）使用冲洗液钻进时，应注意记录其消耗量，回水颜色和冲出的混合物成分，以及在不同深度的变化情况等；

（5）发现地下水后，应量测初见水位与稳定水位、量测的日期与经历时间等；

（6）孔壁坍塌掉块、钻具振动情况、钻孔歪斜、下钻难易、钻孔止水方法及钻进中所发生的事故等；

（7）每次取出的岩芯应按顺序排列，并按有关规定进行编号、整理、装箱及保管；

（8）注明所取原状土样、岩样的数量及深度，并按有关规定包装运输；

（9）钻进中所做的各种测试与试验，应按有关规定认真填写记录。

2. 岩芯鉴定，即对所钻进的各岩土层的岩性特征进行观察、描述和记录。观察描述的内容应满足有关规程、规范的要求。现简述如下：

（1）碎石类土：应鉴定、描述土的名称、颜色、湿度、颗粒级配、颗粒形状、颗粒排列、母岩成分、风化程度，充填物的性质和充填程度，密实度及层理特征等；

（2）砂性土：应鉴定、描述土的名称、颜色、矿物组成、颗粒级配、颗粒形状、黏粒含量、湿度、密实度及层理特征等；

（3）粉土：应鉴定、描述土的名称、颜色、包含物、湿度、密实度、层理、摇振反应、光泽反应、干强度、韧性等；

（4）黏性土：应鉴定、描述土的名称、颜色、稠度状态、包含物、光泽反应、摇振反应、干强度、韧性、土层结构、土的均匀性与土质特征等；

（5）岩石（基岩）：应鉴定、描述岩石名称、颜色、矿物成分、结构、构造，节理裂隙发育特征，岩石的风化程度以及岩心采取率、RQD值等。

对于特殊性岩土，除鉴定、描述上述相应岩土内容外，尚应描述反映其特殊成分、状态和结构等内容。

3. 钻孔资料整理。主要是绘制钻孔柱状图。

钻孔编录工作应由经过专业训练的人员承担。记录应真实及时，按钻进回次逐段填写，严禁事后追记。

二、坑探

坑探是指在地表或地下所挖掘的各种类型的坑道，以揭示第四纪覆盖层分布区基岩的工程地质特征，并了解第四纪地层情况的一种勘探方法。其主要特点是便于直接观察、采取原状岩土试样和进行现场原位测试。因此，它是区域地质（断裂）构造（或称区域稳定性）、不良地质作用（或场地稳定性）岩土工程勘察中使用较为广泛的勘探方法。

（一）坑探的类型与用途

1. 试坑：深2m以内，形状不定。主要用于局部剥除地表覆土、揭露基岩和进行原位试验等。

2. 浅井：从地表垂直向下，断面为圆形或方形，深5～15m。主要用于确定覆盖层、风化层的岩性与厚度，采取原状试样和进行现场原位试验等。

3. 探槽：在地表开挖的长条形沟槽，深度不超过3～5m。主要用于追索构造线、断层，探查残积层、坡积层、风化岩层的厚度与岩性等。

4. 竖井：形状同浅井，但深度大，可超过20m，一般在较平坦地方开挖。主要用于了解覆盖层厚度、岩性与性质，构造线与岩石破碎情况，岩溶、滑坡与其他不良地质作用等情况。岩层倾角较缓时效果较好。

5. 平硐：在地面有出口的水平坑道，深度较大。适用于较陡的基岩坡，用以调查斜坡的地质构造，对查明地层岩性、软弱夹层、破碎带、风化岩层时效果较好，还可采取原状试样、做现场原位试验等。

6. 石门：没有通达地面出口的水平坑道，与其他工程配合使用。主要用于调查河底、湖底等的地质构造。

（二）坑探过程中的观察与编录

1. 坑探工程的观察描述主要内容包括：

（1）第四系的时代、成因、岩性、厚度及其空间变化；

（2）基岩的岩性、颜色、成分、结构构造、产状以及不同岩层间的接触关系；

（3）岩石的风化特点及风化壳分带；

（4）软弱夹层的岩性、厚度、产状及泥化情况等；

（5）构造断裂的组数、产状，断裂面的力学性质、延展性、平滑度、充填物，节理裂隙的间距或密度，断层破碎带的宽度、产状、性质，构造岩的特点等；

（6）地下水渗水点位置、特点、含水层性质、涌水量大小等。

以上各种现象在坑探过程中应不断观察描述，尤其在岩性软弱、破碎的地下坑道更应如此。否则，由于围岩变形破坏或经支护后使原始地质现象难以观察，达不到预期目的。

2. 坑探工程展示图

沿坑探工程的四壁及顶、底面所编制的地质断面图，按一定的制图方法绘在一起就成为展示图。用它来表示坑探原始地质成果，效果较好。目前，生产上应用较为广泛的有四面辐射展开法、四面平行展开法。如图 2.2-1～图 2.2-3 所示。

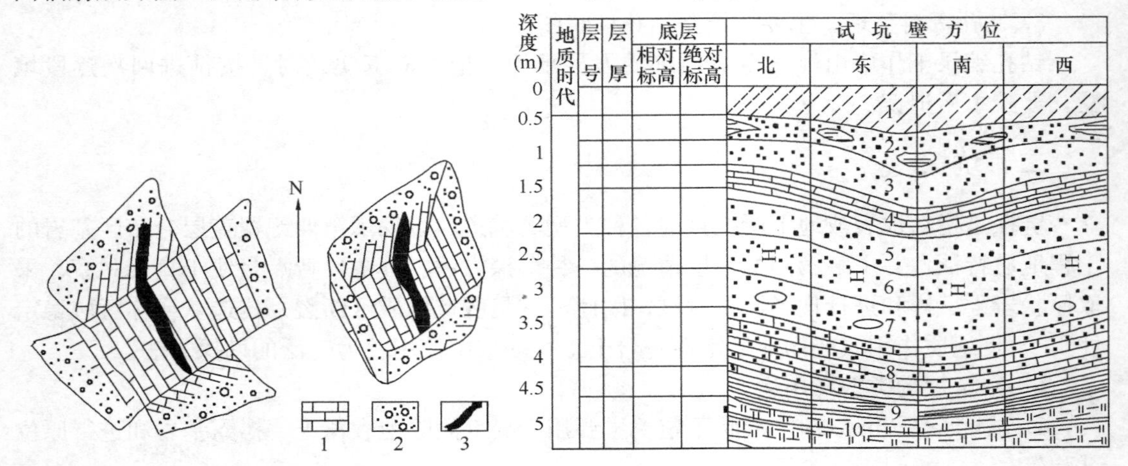

图 2.2-1　用四面辐射展开法绘制的试坑展示图　　　图 2.2-2　用四面平行展开法绘制的试坑展示图

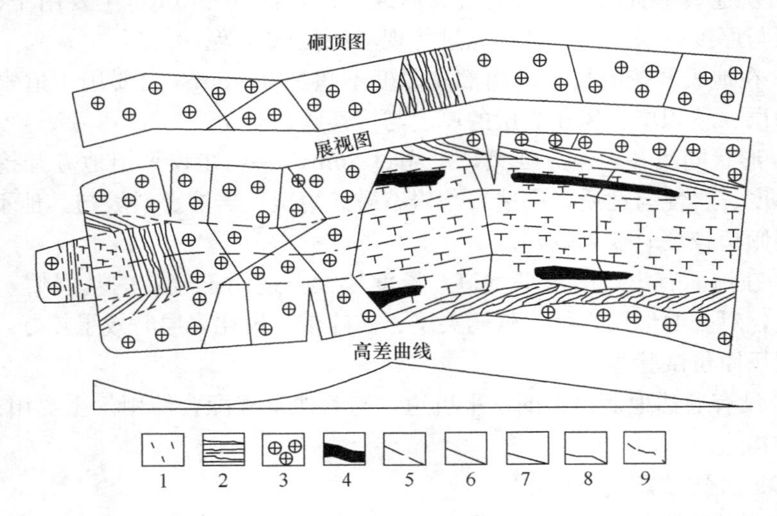

图 2.2-3　用四面平行展开法绘制的平硐展示图

三、物探（地球物理勘探）

（一）物探的基本原理

根据组成地壳的岩土体具有不同的物理性质（如电性、密度、弹性、磁性及放射性等），利用专门仪器来测定地球物理场在空间和时间的分布规律，并经分析整理后，就能判断地下岩层的位置和空间分布，解决地质构造等有关问题。这些问题主要有：

1. 第四纪松散沉积物的岩性、厚度、空间分布等，为查明建筑物地基、天然建筑材料、古河道等指示方向；

2. 基岩的埋藏深度及其起伏情况，基岩的岩性、厚度、产状及其构造特点，隐伏断裂带的位置、宽度和产状等；

3. 测定岩石风化壳的厚度，进行风化壳分带；

4. 测定岩体的动弹性模量和泊松比；

5. 调查滑坡面的位置、滑体厚度，测定滑动方向和速度；

6. 寻找地下水源，确定主要含水层分布，淡水和高矿化水的分布范围，测定地下水的埋深、流速和流向；

7. 调查岩溶发育的主导方向及随深度的变化规律，确定岩溶发育的范围和深度；

8. 判断地下工程围岩的破碎程度，确定衬砌厚度；

9. 测定泥石流的堆积厚度及高寒地区多年冻土带的分布；

10. 检验建筑物基础及地基处理的施工质量，如桩基检测、地基灌浆效果检测等。

（二）物探的主要特点

与其他勘探方法相比较，物探方法具有如下主要特点：

1. 物探的方法较多，各种方法综合运用，能较好地解决以上各项地质问题；

2. 物探方法不仅能定性解释地质现象，而且还能对地质现象给予定量解释，测定岩石的物理力学性质指标；

3. 能测得较大范围的岩土体物理场，指标可能更具代表性；

4. 装备轻便，劳动强度低，工作效益高，成本较低。

但物探受许多因素影响，其成果往往具有多解性，一般不宜直接用作设计依据。所以一般用于勘察的低级阶段或地基、基础检测等，勘察的高级阶段使用不多。

在岩土工程勘察中可在下列方面考虑采用物探：

(1) 作为钻探的先行手段，了解隐蔽的地质界线、界面或异常点；

(2) 在钻孔之间增加物探点，为钻探成果的内插、外推提供依据；

(3) 作为原位测试手段，测定岩土体的波速、动弹性模量、动剪切模量、卓越周期、电阻率、放射性辐射参数、土对金属的腐蚀性等。

应用地球物理勘探方法时，应具备下列条件：被探测对象与周围介质之间有明显的物理性质差异；被探测对象具有一定的埋藏深度和规模，且地球物理异常有足够的强度；能抑制干扰，区分有用信号和干扰信号；在有代表性地段进行方法的有效性试验。

物探的具体方法很多，各种方法的基本原理、适用范围、成果整理与应用等详细内容，可参看《工程物探》教材等资料，在此不再赘述。

四、触探

触探就是利用一种特制的探头，用动力或静力将其打入或压入土层中，根据打入或压入时所受阻力的大小，来测得土体的各种物理力学性质指标或对地基岩土进行分层等的一种勘探方法。根据打入时所施加力的方式的不同，可分为动力触探和静力触探两大类；动力触探根据探头形状的不同，又可进一步分为圆锥动力触探和标准贯入试验两种，静力触探根据探头电桥数量的不同，又可进一步分为单桥静力触探和双桥静力触探两种。各种方法的基本原理、适用范围、成果整理与应用等详细内容，可参看《岩土工程原位测试》教材、规程规范等资料，在此不再赘述。

五、取样

在岩土工程勘察过程中，对技术孔必须进行取样，并对所取试样进行室内土工试验，以测定岩土的各项物理力学性质指标。

（一）土试样的质量分级

土试样的质量应根据试验目的按表 2.2-2 分为四个等级。

土试样质量等级表　　**表 2.2-2**

级别	扰动程度	试　验　内　容
Ⅰ	不扰动	土类定名、含水率、密度、强度试验、固结试验
Ⅱ	轻微扰动	土类定名、含水率、密度
Ⅲ	显著扰动	土类定名、含水率
Ⅳ	完全扰动	土类定名

注：1. 不扰动是指原位应力状态虽已改变，但土的结构、密度和含水率变化很小，能满足室内试验各项要求；

2. 除地基基础设计等级为甲级的工程外，在工程技术要求允许的情况下可用Ⅱ级土试样进行强度和固结试验，但宜先对土样受扰动程度作抽样鉴定，判定用于试验的适宜性，并结合地区经验使用试验成果。

（二）钻孔取土器

钻孔取土器应根据土样质量级别和土层性质选用。对于采取Ⅰ级原状试样，必须选用薄壁取土器；采取Ⅱ级原状试样，可选用薄壁取土器或厚壁取土器；Ⅲ、Ⅳ级扰动试样，则不需取土器。

（三）钻孔取样技术要求

1. 对钻孔的技术要求

（1）在地下水位以上，应采用干法钻进，不得向孔内注水或使用冲洗液。土质软弱时，可采用二（三）重管回转取土器，钻进、取土合并进行；

（2）在地下水位以下的软土、粉土及砂土中钻进时，宜采用泥浆护壁。使用套管护壁时，套管的下设深度与取样位置之间应保持 3 倍管径以上的距离。为避免孔底土隆起受到扰动，应始终保持套管内的水头等于或稍高于地下水位；

（3）钻进宜采用回转方式。如采用冲击、振动、冲洗等方法钻进时，至少应在预计取样位置以上 1m 开始采用回转方式钻至取样位置；

（4）下放取土器之前应仔细清孔，孔底残留浮土厚度不应大于取土器废土段长度（活塞取土器除外）。

2. 对取土器取样的技术要求

（1）取土器应平稳下放，采取Ⅰ级原状试样应采用快速、连续的静压方式贯入取土器，贯入速度不小于 0.1m/s。采取Ⅱ级原状试样可使用间断静压方式或重锤夯击方式，重锤夯击应有良好的导向装置，避免锤击时摇晃；

（2）对软硬交替的土层，宜采用具有自动调节功能的改进型单动二（三）重管取土器采取原状试样；

（3）对硬塑以上的黏土、密实的砾砂、碎石土和软质岩石，可采用双动三重管取土器采取原状试样。

3. 土试样封装、保存及运输的要求

Ⅰ～Ⅲ级土试样的封装、保存及运输应符合下列要求：

(1) 取出土试样应及时密封，以防止湿度变化，并避免暴晒或冰冻；

(2) 土试样运输前应妥善装箱、填塞缓冲材料，运输途中避免颠簸。对易于振动液化、水分离析的土试样，宜就近进行试验；

(3) 土试样采取后至试验前的存放时间不宜超过3周。

(四) 取水样的质量要求

1. 取水试样应代表天然条件下水质情况，水试样的采取与试验项目应符合有关规程、规范的要求；

2. 水试样应及时化验，不宜放置过久。如不能立即分析，一般允许存放时间：清洁的水72h，稍受污染的水48h，受污染的水12h。

第三节 岩土工程试验

岩土工程试验就是指利用各种试验或测试技术方法来测得岩、土体的各种物理力学性质指标及其他工程特性指标的试验，它是岩土工程勘察的重要组成部分，是各阶段岩土工程勘察，尤其是高级阶段岩土工程勘察不可或缺的工作内容。其成果是岩土工程定量评价与工程设计的主要依据，应给予高度重视。根据主要试验环境的不同，岩土工程试验可分为室内试验和现场原位测试两大类。

(一) 室内试验

室内试验的具体方法、内容繁多，概括起来，大致可分为以下几类：

1. 土的物理性质试验：包括土的基本物理性质指标、界限含水率、渗透性指标、胀缩性指标等；

2. 土的力学性质试验：包括固结试验（压缩试验）、直剪试验、三轴剪切（压缩）试验等；

3. 土的动力性质试验：包括动三轴试验、动单剪试验、共振柱试验等；

4. 土的化学性质试验：主要有土的化学全分析试验等；

5. 水质分析试验；

6. 岩石试验：包括岩石成分与物理性质指标试验、抗压强度试验、抗剪强度试验和抗拉强度试验等。

在岩土工程勘察工作中，对具体试验项目和试验方法的选用，应根据工程要求和岩土性质的特点确定。当需要时应考虑岩土的原位应力场和应力历史，工程活动引起的新应力场和新边界条件，使试验条件尽可能接近实际；并应注意岩土的非均质性、非等向性和不连续性以及由此产生的岩土体与岩土试样在工程性状上的差别。选用特殊试验项目时，尚应制定专门的试验方案。

岩土性质的室内试验项目和试验方法应符合现行国家标准《岩土工程勘察规范》GB 50021的有关规定，其具体操作和试验仪器应符合现行国家标准《土工试验方法标准》GB/T 50123和《工程岩体试验方法标准》GB/T 50266的规定。岩土工程评价时所选用的参数值，宜与相应的原位测试成果或原型观测反分析成果比较，经修正后确定。

各种试验的具体试验方法、内容、技术要求、仪器设备及操作要求等，可参看现行国家标准《土工试验方法标准》GB/T 50123 和《工程岩体试验方法标准》GB/T 50266 及其他相关资料等，在此不再赘述。

此外，在进行岩土性质的室内试验时，需事先制备试样。在制备试样前，应对岩土的重要性状做肉眼鉴定和简要描述，以便与实际情况进行核对，并可对试验成果准确与否进行初步分析和判别。

（二）现场原位测试

就是在天然条件下现场测定岩土体的各种工程性质。由于原位测试是在岩土原来所处位置进行，并基本保持其天然结构、天然含水率以及原位应力状态，因此所测得的数据比较准确可靠，更符合岩土体的实际情况。岩土工程现场原位测试的具体方法很多，岩土工程勘察中常用的几种原位测试方法的主要试验目的及其使用范围如表 2.3-1 所示。

几种主要原位测试方法的试验目的与适用范围　　表 2.3-1

试验名称	试验方法	试验主要目的	适用范围
载荷试验	平板载荷试验	确定地基土的承载力、变形模量和湿陷性土的湿陷起始压力	各种地基土、填土、软质岩石以及复合地基等
	螺旋板载荷试验	确定地基土的承载力、变形模量，估算其固结系数、不排水抗剪强度	深层地基土或地下水位以下的地基土（砂土、粉土、黏性土和软土等）
	桩基载荷试验	确定单桩竖向和水平向承载力，估算地基土的水平抗力系数等	各种桩基
	动载荷试验	确定基础竖向振动力加速度和基底动压力	各种地基土
旁压试验	预钻式旁压试验	确定地基土的承载力、旁压模量	各种地基土、填土、软质岩石
	自钻式旁压试验	确定地基土的承载力、旁压模量，估算原位水平应力、不排水抗剪强度、剪切模量和固结系数	软土、黏性土、粉土和砂土
动力触探	轻型圆锥动力触探	确定黏性土和黏性素填土的承载力，检测地基处理效果	黏性土、粉土、黏性素填土
	重型圆锥动力触探	确定无黏性土的密实度和承载力，无黏性土的力学分层	砂土、中密以下的碎石土、极软岩
	超重型圆锥动力触探	确定碎石土的密实度和承载力	密实和很密的碎石土、软岩、极软岩
	标准贯入试验	确定黏性土、粉土、砂土地基承载力与变形参数，砂土的密实度，判定饱和砂土、粉土的液化	黏性土、粉土、砂土
静力触探	静力触探	确定地基土的承载力、变形参数，地基土分层，估算单桩承载力，确定软土不排水抗剪强度，判定饱和砂土、粉土地震液化可能性	软土、一般黏性土、粉土、砂土、含少量碎石的土

续表

试验名称	试验方法	实验主要目的	适用范围
扁铲侧胀试验	扁铲侧胀试验	确定地基土的侧胀模量、侧胀水平应力指数、侧胀土性指数、侧胀孔压指数	软土、一般黏性土、粉土、黄土和松散—中密的砂土
十字板剪切试验	机械式或电测式十字板剪切试验	确定软黏土的不排水抗剪强度、灵敏度和软土路基临界高度，估算地基土和单桩的承载力，判定软土固结历史	饱和软黏性土
直剪试验	直剪试验	确定地基岩土的抗剪强度、不同法向应力下的比例强度、屈服强度、峰值强度和残余强度	各种岩土地基
波速测试	单孔法或多孔法波速测试	划分场地土类型，评价岩体完整性，计算地基动弹性模量、动剪切模量、动泊松比和场地卓越周期，判定砂土液化等	各种岩土地基
岩体原位应力测试	孔壁应变法 孔径变形法 孔底应变法	可计算岩体的平面应力和空间应力；计算岩石的弹性常数	无水、完整或较完整的岩体

此外，工程上用得较多的还有基础振动测试、抽水试验、注水试验和压水试验等。上述各种原位试验的原理、方法、技术要求、资料整理和应用等具体内容，可参看《岩土工程原位测试》教材或有关的规程、规范、试验手册等。

第三章　各类岩土工程勘察基本技术要求

第一节　房屋建筑与构筑物岩土工程勘察技术要点

本节所讨论的房屋建筑与构筑物指一般建筑物、高层建筑、工业厂房以及烟囱、水塔、水池等。

一、房屋建筑与构筑物的等级划分及地基基础设计等级划分

（一）建（构）筑物等级划分

建（构）筑物是城镇建设的主体，无论何种性质和规模的城镇，总是由一系列建筑物和构筑物以及其他公共设施等所组成，有的形成建筑群，有的则为单独的建（构）筑物。

不同的建（构）筑物由于性质、规模、结构类型以及作用在地基上的荷载形式和大小不同，各场地的岩土工程条件也不相同，因此对建（构）筑物拟建场地进行岩土工程勘察时，明确建（构）筑物的工程特征及要求，是做好岩土工程勘察工作的前提和基础条件。

房屋建筑按其性质分为工业与民用建筑两大类。

工业建筑是专供实现一定的生产工艺过程作用，可分为生产用房（如生产必需的主要车间）、辅助生产用房（如修理车间、实验室等）、动力用房、仓库用房、运输车库以及其他辅助性房屋（如办公楼、食堂等）。

工业建筑物的特征主要是：

1. 有的房屋（如主要车间等）在平面和高度上，尺寸均较大，有单跨、双跨或多跨，每跨的跨度有的可达 20～30m，高度可达到 30～40m；

2. 作用在楼板、柱、墙上的荷载（静、动荷载）大；

3. 有许多部门由于工艺设备、材料或成品的堆积、运输量大等原因，常采用大跨度及较大高度的单层建筑；

4. 有的厂房由于设备、工艺要求，对地基基础沉降量甚为敏感。

民用建筑按其性质分为住宅及公共建筑（如行政办公楼、学校、医院、商业用房等）。

住宅按层数的不同，可划分为（根据《住宅设计规范》GB 50096—2011 划分）：1～3 层为低层住宅；4～6 层为多层住宅；7～9 层为中高层住宅；≥10 层为高层住宅。

由于建（构）筑物的性质、结构及使用功能各不相同，人们对其进行设计与施工时的重视程度也不完全一样。从安全角度考虑，我国《建筑结构可靠性设计统一标准》GB 50068—2018，主要根据地基损坏造成建（构）筑物破坏后果（危及人的生命，造成的经济损失和社会影响，以及修复的可能性）的严重性的不同，将其划分为三个安全等级（表 3.1-1）。上述等级的划分不仅反映在岩土工程勘察分级的条件内，也是地基基础设计要求的依据之一。

建筑结构的安全等级　　　　**表 3.1-1**

安全等级	破坏后果	建　筑　类　型
一级	很严重	重要的房屋
二级	严重	一般的房屋
三级	不严重	次要的房屋

岩土工程勘察成果是为工程建设服务的，岩土工程分析与评价必须结合工程建设的要求。对于不同的建筑结构形式，由于其受力、传力方式各不相同，因此其对地基基础的要求和调整变形的能力也各不相同。常用的建筑结构形式有：

墙承重结构：荷载通过屋架、梁板传给墙体，墙体传给基础，再由基础传给地基。如有楼板（水平方向构件），除将建筑物分层外，在结构上还增加了建筑物的空间稳定性。这类结构一般由浆砌砖石构成，刚度小、抵抗变形能力低。

框架结构：以梁、柱等线性杆件组成，荷载通过梁、柱传给基础，再由基础传给地基。其刚度较墙承重结构大，但其调整变形的能力仍然较低。

剪力墙结构：以纵、横向钢筋混凝土墙组成，荷载通过墙体传递，刚度较大，整体性好，抗震能力强。

框架-剪力墙结构：在框架结构中适当布置剪力墙，它既有框架结构的灵活性，又具有较好的整体性和刚度，也有较好的抗震能力。

筒体结构：利用剪力墙构成空间薄壁筒体，形成竖向悬臂箱形梁，如再用框架加密柱子，加强梁的刚度，则形成框筒，这种结构刚度好，整体性强。

（二）地基基础设计等级划分

建筑地基基础设计等级是按照地基基础设计的复杂性和技术难度确定的。划分时应该考虑建筑物的性质、规模、高度和体型，对地基变形的要求，场地和地基条件的复杂程度，以及由于地基问题对建筑物的安全和正常使用可能造成影响的严重程度等因素。根据《建筑地基基础设计规范》GB 50007—2011 的规定，地基基础设计应根据地基复杂程度、建筑物规模和功能特征以及由于地基问题可能造成建筑物破坏或影响正常使用的程度分为三个设计等级，设计时应根据具体情况，按表 3.1-2 选用。

地基基础设计等级　　　　**表 3.1-2**

设计等级	建筑和地基类型
甲　级	重要的工业与民用建筑物 30 层以上的高层建筑 体型复杂，层数相差超过 10 层的高低层连成一体建筑物 大面积的多层地下建筑物（如地下车库、商场、运动场等） 对地基变形有特殊要求的建筑物 复杂地质条件下的坡上建筑物（包括高边坡） 对原有工程影响较大的新建建筑物 场地和地基条件复杂的一般建筑物 位于复杂地质条件及软土地区的二层及二层以上地下室的基坑工程 开挖深度大于 15m 的基坑工程 周边环境条件复杂、环境保护要求高的基坑工程

续表

设计等级	建筑和地基类型
乙　级	除甲级、丙级以外的工业与民用建筑物 除甲级、丙级以外的基坑工程
丙　级	场地和地基条件简单、荷载分布均匀的七层及七层以下民用建筑及一般工业建筑；次要的轻型建筑物 非软土地区且场地地质条件简单、基坑周边环境条件简单、环境保护要求不高且开挖深度小于5.0m 的基坑工程

（三）建（构）筑物的地基失效

建（构）筑物的岩土工程勘察应在明确建（构）筑物的荷载特点和变形要求的基础上进行。这是因为地基土的稳定性与所受荷载特点有关。地基土受力作用后，变形总是存在的，但变形程度与受荷大小有关，与建（构）筑物的允许变形值有关。

地基土受荷载作用后主要有两种变形：

压缩变形：压缩是时间的函数，它与土的渗透性、孔隙性等有关，压缩结果是地基土变密实，强度增加。土与钢材、混凝土等材料相比，属大变形材料，地基土的压缩沉降过量或不均匀沉降差异过量（超过允许值），都认为是超过了极限状态，因此它是地基土变形计算和评价的先决条件。

剪切变形：由地基土内剪切应力的作用而产生。依据库仑定律 $\tau=\sigma\tan\varphi+c$，同一土样用不同的试验方法可得出不同的 c、φ 值。土的抗剪强度是很低的，因此地基滑移（剪切破坏）也是存在的。

由此我们可知，在建（构）筑物荷载作用下，地基失效存在下列两种情况：

1. 地基变形量过大或过量不均匀，超过允许值而引起上部结构变形（开裂），表现为：

（1）荷载过大，地基土产生塑性变形；

（2）荷载不均匀，引起地基土的不均匀变形超过允许值；

（3）在均布荷载作用下，由于地基土的不均一性，过量的不均匀沉降使结构产生弯曲变形过大而损坏；

（4）地基结构的不均一，地下水的变化（水位升降使土的有效应力发生变化、溶解、软化等作用）、生活水渗漏（使地基土软化、溶蚀、溶解等作用）引起地基土强度降低，变形增大；

（5）长期荷载作用效应，不均匀沉降引起应力调整，而使上部结构开裂。

2. 地基强度破坏的表现：

（1）斜坡上建（构）筑物未考虑长期荷载作用下引起的剪应力作用而产生滑移；

（2）水的渗漏，土的有效应力降低，使土的抗剪强度降低；

（3）地震或振动作用，饱和砂土、粉土的液化；

（4）洪水或地表水的浸泡、冲刷，使地基土软化、松散，强度降低；

（5）深基坑开挖，边坡失稳等。

荷载作用于结构，除了要求结构自身有一定的强度和刚度外，同时通过基础传递给地基，要求地基岩、土也应有足够的强度和较小的变形，以维持建筑物的稳定、安全和使用，这既是地基基础设计的任务，也是岩土工程勘察必须回答的问题。

3. 地基强度和变形问题

（1）地基强度问题

基础底面的压力，必须满足：

轴心荷载作用下：$p_k \leqslant f_a$

偏心荷载作用下：$p_k \leqslant f_a$ 及 $p_{kmax} \leqslant 1.2f_a$

式中　p_k——相应于作用的标准组合时，基础底面处的平均压力值（kPa）；

f_a——修正后的地基承载力特征值（kPa）；

p_{kmax}——相应于作用的标准组合时，基础底面边缘的最大压力值（kPa）。

（2）地基变形问题

地基变形计算是地基设计中的一个重要组成部分。当建（构）筑物地基产生过大的变形时，都可能影响正常的生产或生活，危及人们的安全，影响人们的心理状态。

表征地基变形特征的沉降量、沉降差、倾斜、局部倾斜值不应大于地基变形允许值。

由于地基不均匀，荷载差异大，建筑物体型复杂等因素引起的地基变形，对于砌体承重结构应由局部倾斜控制，对于框架结构和单层排架结构应由相邻柱基的沉降差控制，对于多层或高层建筑、高耸结构，应由倾斜值控制；必要时尚应控制平均沉降量。

在必要情况下，需要分别预估建筑物在施工期间和使用期间的地基变形值，以便预留建筑物有关部分之间的净空，选择连接方法和施工顺序。一般多层建筑物在施工期间完成的沉降量，对于碎石或砂土可认为其最终沉降量已完成80%以上，对于其他低压缩性土可认为已完成最终沉降量的50%～80%，对于中压缩性土可认为已完成20%～50%，对于高压缩性土可认为已完成5%～20%。

建筑物的地基变形允许值可按表3.1-3采用。表中未包括的其他建筑物的地基变形允许值，可根据上部结构对地基变形的适应能力和使用要求确定。

建筑物的地基变形允许值　　**表3.1-3**

变形特征	地基土类别	
	中、低压缩性土	高压缩性土
砌体承重结构基础的局部倾斜	0.002	0.003
工业与民用建筑相邻柱基的沉降差：		
（1）框架结构	0.002l	0.003l
（2）砌体墙填充的边排柱	0.0007l	0.001l
（3）当基础不均匀沉降时不产生附加应力的结构	0.005l	0.005l
单层排架结构（柱距为6cm）柱基的沉降量（mm）	（120）	200
桥式吊车轨面的倾斜（按不调整轨道考虑）		
纵向	0.004	
横向	0.003	
多层和高层建筑基础的整体倾斜　$H_0 \leqslant 24$	0.004	
$24 < H_0 \leqslant 60$	0.003	
$60 < H_0 \leqslant 100$	0.0025	
$H_0 > 100$	0.002	

续表

变形特征		地基土类别	
		中、低压缩性土	高压缩性土
体型简单的高层建筑基础的平均沉降量（mm）		200	
高耸结构基础的倾斜	$H_0<20$	0.008	
	$20<H_0\leqslant50$	0.006	
	$50<H_0\leqslant100$	0.005	
	$100<H_0\leqslant150$	0.004	
	$150<H_0\leqslant200$	0.003	
	$200<H_0\leqslant250$	0.002	
高耸结构基础的沉降量（mm）			
	$H_0\leqslant100$	400	
	$100<H_0\leqslant200$	300	
	$200<H_0\leqslant250$	200	

注：1. 本表数值为建筑物地基实际最终变形允许值；

2. 有括号者仅适用于中压缩性土；

3. l 为相邻柱基的中心距离（mm），H_0 为自室外地面算起的建筑物的高度（m）；

4. 倾斜指基础倾斜方向两端点的沉降差与其距离的比值；

5. 局部倾斜指砌体承重结构沿纵向 6～10m 内基础两点的沉降差与其距离的比值。

综上所述，勘察工作必须针对建（构）筑物的实际情况进行，才能做到目的明确，有的放矢。根据《建筑地基基础设计规范》GB 50007—2011 的有关规定，地基基础设计前应进行岩土工程勘察，并应符合下列规定：

1. 岩土工程勘察报告应提供下列资料：

（1）有无影响建筑场地稳定性的不良地质作用，评价其危害程度；

（2）建筑物范围内的地层结构及其均匀性，各岩土层的物理力学性质指标，以及对建筑材料的腐蚀性；

（3）地下水埋藏情况、类型和水位变化幅度及规律，以及对建筑材料的腐蚀性；

（4）在抗震设防区应划分场地类别，并对饱和砂土及粉土进行液化判别；

（5）对可供采用的地基基础设计方案进行论证分析，提出经济合理、技术先进的设计方案建议；提供与设计要求相对应的地基承载力及变形计算参数，并对设计与施工应注意的问题提出建议；

（6）当工程需要时，尚应提供：深基坑开挖的边坡稳定计算和支护设计所需的岩土技术参数，论证其对周边环境的影响；基坑施工降水的有关技术参数及地下水控制方法的建议；用于计算地下水浮力的设防水位。

2. 地基评价宜采用钻探取样、室内土工试验、触探、并结合其他原位测试方法进行。设计等级为甲级的建筑物应提供载荷试验指标、抗剪强度指标、变形参数指标和触探资料；设计等级为乙级的建筑物应提供抗剪强度指标、变形参数指标和触探资料；设计等级为丙级的建筑物应提供触探及必要的钻探和土工试验资料。

3. 建筑物地基均应进行施工验槽。当地基条件与原勘察报告不符时，应进行施工勘察。

二、各勘察阶段的基本技术要求

建筑物的岩土工程勘察宜分阶段进行，可行性研究勘察应符合选择场址方案的要求；初步勘察应符合初步设计的要求；详细勘察应符合施工图设计的要求；场地条件复杂或有特殊要求的工程，宜进行施工勘察。场地较小且无特殊要求的工程可合并勘察阶段。当建筑物平面布置已经确定，且场地或其附近已有岩土工程资料时，可根据实际情况，直接进行详细勘察。

（一）可行性研究（选址）勘察阶段岩土工程基本技术要求

本阶段的任务是对拟建场地的稳定性和适宜性做出评价。所谓稳定性是指拟建场地保持稳定状态的能力，从大范围来说，是指包含拟建场地在内的区域稳定性，即当今地壳的活动性及其对工程建筑和地质环境的作用和影响。从小范围说主要指不良地质作用（如滑坡、崩塌、泥石流、岩溶、土洞、断层、洪水淹没、水流冲蚀等）对场地稳定程度的影响。此外，由于工程活动（如边坡开挖、施工降水等）而导致场地稳定性变化，这些（尤其是前两项）是可行性研究（选址）阶段应予以明确回答的。所谓适宜性，主要是指场地条件（地形、地层结构、水文地质、必要时还包含建筑材料条件）对工程建设的适宜程度。因此在某些程度上稳定性和适宜性是一致的，例如：

（1）不良地质现象发育，且对场地稳定有直接或潜在威胁，或建筑物位于斜坡上，在其施工、使用过程中，斜坡将可能出现整体不稳定地段；

（2）地基岩、土性质严重不良地段；

（3）对建筑抗震不利地段（如软弱土、液化土、高耸孤立山丘、非岩质陡坡、河岸边坡边缘、条状凸出的山咀，平面分布上成因、岩性、状态明显不均匀的土层，古河道，断层破碎带，暗埋的塘、浜、沟谷及半填半挖地基，以及在地震时可能发生滑坡、崩塌、地裂、泥石流和发震断裂带上可能发生地表错位的部位等）；

（4）水文地质条件严重不良或有洪水威胁地段；

（5）地下有未开采的有价值的矿藏或不稳定的地下采空区等。

所有这些既是不稳定地段也是不适宜地段。当然这里的稳定性、适宜性是指全局性的，建筑地段的局部稳定性及适宜性则可留待下一阶段解决。存在稳定性、适宜性问题的地段，并非绝对不能建设，但上述几种情况的地段则宜避开。

过去有些建筑物，由于对拟建场地稳定性及适宜性认识不足，致使在建设或使用过程中带来不少问题，有的被迫搬迁，造成不必要的经济损失。例如某厂，修建前对场地稳定性、适宜性问题没有充分认识，将厂址放在洪积扇溢出带上，由于地下水埋藏浅，地基土实际处于饱水状态，性质软弱，承载能力很低，结果在建设过程中，花费了很大力量进行排水和地基处理，建成后又由于地基沉降量过大，机器不能正常运转，投入大量资金进行电动硅化加固。

可行性研究阶段的岩土工程勘察，应对拟建场地的稳定性和适宜性做出评价，并应符合下列要求：

（1）搜集区域地质、地形地貌、地震、矿产、当地的工程地质、岩土工程和建筑经验等资料；

（2）在充分搜集和分析已有资料的基础上，通过踏勘了解场地的地层、构造、岩性、不良地质作用和地下水等工程地质条件；

（3）当拟建场地工程地质条件复杂，已有资料不能满足要求时，应根据具体情况进行工程地质测绘和必要的勘探工作；

（4）当有两个或两个以上拟选场地时应进行比选分析。

（二）初步勘察阶段岩土工程基本技术要求

1. 任务

是在选址阶段工作的基础上，在选定的场地进一步工作，对场地内建筑地段稳定性作出岩土工程评价，为确定建筑总平面布置，选择主要建筑物地基基础方案和不良地质现象的防治对策进行论证。

2. 稳定性评价技术要求

初步勘察应对场地内拟建建筑地段的稳定性做出评价，并进行下列主要工作：

（1）搜集拟建工程的有关文件、工程地质和岩土工程资料以及工程场地范围的地形图；

（2）初步查明地质构造、地层结构、岩土工程特性、地下水埋藏条件；

（3）查明场地不良地质作用的成因、分布、规模、发展趋势，并对场地的稳定性做出评价；

（4）对抗震设防烈度等于或大于 6 度的场地，应对场地和地基的地震效应做出初步评价；

（5）季节性冻土地区，应调查场地土的标准冻结深度；

（6）初步判定水和土对建筑材料的腐蚀性；

（7）高层建筑初步勘察时，应对可能采取的地基基础类型、基坑开挖与支护、工程降水方案进行初步分析评价。

3. 勘探工作技术要求

初步勘察的勘探工作应符合下列要求：

（1）勘探线应垂直地貌单元、地质构造和地层界线布置；

（2）每个地貌单元均应布置勘探点，在地貌单元交接部位和地层变化较大的地段，勘探点应予加密；

（3）在地形平坦地区，可按网格布置勘探点；

（4）对岩质地基，勘探线和勘探点的布置，勘探孔的深度，应根据地质构造、岩体特性风化情况等按地方标准或当地经验确定；对土质地基应符合《岩土工程勘察规范》GB 50021—2001第 4.1.6 条～第 4.1.10 条的规定。

勘探线的布置应垂直地貌单元边界线、地质构造线、地层界线。勘探点的布置应考虑在每个主要地貌单元和其交接部位，以求最小的勘探工作量，获得最多的地质信息。点、线间距的要求可按表 3.1-4 确定，但在微地貌和地层变化较大的地段应予以加密，查明变化情况。如果地形平坦、第四纪地层简单，勘探点可按网格布置。勘探孔的深度据岩土工程勘察等级按表 3.1-5 确定，其中控制性勘探孔（主要是为了解场地深部地层构成情况以及是否有软弱地层存在，为场地岩土工程评价提供更可靠的地质依据）一般占勘探孔总数的 1/5 ～1/3，且每个地貌单元或每幢重要建（构）筑物均应有控制性勘探孔。

初步勘察勘探线、勘探点间距（m） **表 3.1-4**

地基复杂程度等级	勘探线间距	勘探点间距
一级（复杂）	50～100	30～50
二级（中等复杂）	75～150	40～100
三级（简单）	150～300	75～200

注：1. 表中距离不适用于地球物理勘探；

2. 控制性勘探点宜占勘探点总数的1/5～1/3，且每个地貌单元均应有控制性勘探点。

初步勘察勘探孔深度（m） **表 3.1-5**

工程重要性等级	一般性勘探孔	控制性勘探孔
一级（重要工程）	≥15	≥30
二级（一般工程）	10～15	15～30
三级（次要工程）	6～10	10～20

注：1. 勘探孔包括钻孔、探井和原位测试孔；

2. 特殊用途的钻孔除外。

在下列情况内，应适当增减勘探孔深度（同样适用于详细勘察阶段及其他勘察阶段）：

当地形起伏较大时，应据预计的场地整平标高调整孔深；

在预定深度内遇到基岩，除控制性勘探孔应进入基岩适当深度外，其他勘探孔在确认达到基岩后即可终孔；

当预计基础埋深以下有厚度超过3～5m且均匀分布的坚实土层（如碎石土、老堆积土等）存在，除控制性勘探孔应达到预定深度外，其他勘探孔深度可适当减小；

当预定深度内有软弱地层存在，则应适当加深；

进行波速测试及其他专门性用途的勘探孔深应按有关规定确定。

对于取土试样和进行原位测试的孔（井）在平面上要大致均匀分布，其数量一般为勘探孔总数的1/4～1/2，竖向间距视地层特点和土的均匀程度确定，但各层土一般均应采取试样或取得测试数据，其数量不得少于6个。

（三）详细勘察阶段岩土工程基本技术要求

1. 任务

经过选址及初步勘察两个阶段，不仅场地的稳定性及适宜问题已经解决，且为满足工程建设初步设计所需要的岩土工程资料已基本查明，因此在详细勘察阶段应按不同的建（构）筑物或建筑群提出详细的岩土工程资料和设计所需的岩土技术参数，对地基作出岩土工程分析、评价，为基础设计、地基处理、不良地质现象的防治等具体方案作出论证、结论和建议。如对一级及部分二级建筑物进行沉降变形估算及评价，对基坑开挖、降水等对邻近建筑物的影响进行论证和评价，为选择基础类型（如桩基类型、桩长、桩距以及单桩承载能力、计算群桩的沉降变形量）以及施工方法的选定，提供岩土工程参数等。

2. 工作内容基本技术要求

详细勘察应按单体建筑物或建筑群提出详细的岩土工程资料和设计、施工所需的岩土参数；对建筑地基做出岩土工程评价，并对地基类型、基础形式、地基处理、基坑支护、工程降水和不良地质作用的防治等提出建议。主要应进行下列工作：

（1）搜集附有坐标和地形的建筑总平面图，场区的地面整平标高，建筑物的性质、规模、荷载、结构特点、基础形式、埋置深度、地基允许变形等资料；

（2）查明不良地质作用的类型、成因、分布范围、发展趋势和危害程度，提出整治方案的建议；

（3）查明建筑范围内岩土层的类型、深度、分布、工程特性，分析和评价地基的稳定性、均匀性和承载力；

（4）对需进行沉降计算的建筑物，提供地基变形计算参数，预测建筑物的变形特征；

（5）查明埋藏的河道、沟浜、墓穴、防空洞、孤石等对工程不利的埋藏物；

（6）查明地下水的埋藏条件，提供地下水位及其变化幅度；

（7）在季节性冻土地区，提供场地土的标准冻结深度；

（8）判定水和土对建筑材料的腐蚀性。

3. 勘探点布置技术要求

详细勘察阶段的工作手段主要是钻探，必要时辅以地球物理勘探。勘探点的布置应按下列原则考虑：

（1）勘探点宜按建筑物周边线和角点布置，对无特殊要求的其他建筑物可按建筑物或建筑群的范围布置；

（2）同一建筑范围内的主要受力层或有影响的下卧层起伏较大时，应加密勘探点，查明其变化；

（3）重大设备基础应单独布置勘探点，重大的动力机器基础和高耸构筑物，勘探点不宜少于 3 个；

（4）勘探手段宜采用钻探与触探相配合，在复杂地质条件、湿陷性土、膨胀岩土、风化岩和残积土地区，宜布置适量探井。

4. 勘探点间距及深度技术要求

详细勘察阶段勘探点的间距可按表 3.1-6 确定，其深度按下列原则确定：

详细勘察阶段勘探点的间距　　**表 3.1-6**

地基复杂程度等级	间距（m）
一级（复杂）	10～15
二级（中等复杂）	15～30
三级（简单）	30～50

（1）勘探孔深度应能控制地基主要受力层，当基础底面宽度不大于 5m 时，勘探孔的深度对条形基础不应小于基础底面宽度的 3 倍，对单独柱基不应小于 1.5 倍，且不应小于 5m。

（2）对高层建筑和需做变形计算的地基，控制性勘探孔的深度应超过地基变形计算深度；高层建筑的一般性勘探孔应达到基底下 0.5～1.0 倍的基础宽度，并深入稳定分布的地层；一般情况下可参考表 3.1-7 确定。

控制性勘探孔深度 表 3.1-7

基础底面宽度 b (m)	勘探孔深度（m）		
	软土	一般黏性土、粉土及砂土	老堆积土、密实砂土及碎石土
$b\leqslant5$	3.5b	(3.0～3.5)b	3.0b
$5<b\leqslant10$	(2.5～3.5)b	(2.0～3.0)b	(1.5～3.0)b
$10<b\leqslant20$	(2.0～2.5)b	(1.5～2.0)b	(1.0～1.5)b
$20<b\leqslant40$	(1.5～2.0)b	(1.2～1.5)b	(0.8～1.0)b
$b>40$	(1.3～1.5)b	(1.0～1.2)b	(0.6～0.8)b

注：1. 表内数值适用均质地基，当地基为多层土时，可据表列值适当增减；
2. 对圆形基础，可用直径 d 代替 b。

（3）对仅有地下室的建筑或高层建筑的裙房，当不能满足抗浮设计要求，需设置抗浮桩或锚杆时，勘探孔深度应满足抗拔承载力评价的要求。

（4）当有大面积地面堆载或软弱下卧层时，则应适当加深勘探孔深度。

（5）在上述规定深度内当遇基岩或厚层碎石土等稳定地层时，勘探孔深度应根据情况进行调整。

钻孔深度适当与否，将影响勘察质量、费用和周期。对于天然地基，控制性钻孔的深度，原则上应满足以下几个方面：

（1）等于或略深于地基变形计算的深度，满足变形计算的要求；

（2）满足地基承载力和软弱下卧层验算的要求；

（3）满足支护体系和工程降水设计的要求；

（4）满足某些不良地质作用追索的要求。

5. 采取土试样和原位测试技术要求

详细勘察采取土试样和进行原位测试应符合下列要求：

（1）采取土试样和进行原位测试的勘探点数量，应根据地层结构、地基土的均匀性和设计要求确定，对地基基础设计等级为甲级的建筑物每栋不应少于 3 个；

（2）每个场地每一主要土层的原状土试样或原位测试数据不应少于 6 件（组）；

（3）在地基主要受力层内，对厚度大于 0.5m 的夹层或透镜体，应采取土试样或进行原位测试；

（4）当土层性质不均匀时，应增加取土数量或原位测试工作量。

（四）施工阶段岩土工程勘察基本技术要求

施工阶段岩土工程勘察是指直接为施工服务的，解决与施工有关的岩土工程问题，并为施工阶段地基基础设计的变更提出相应的岩土工程资料。因此它不是一个固定阶段，往往据工程实际需要而定。遇下列情况之一时，应配合设计、施工单位进行岩土工程勘察工作：

（1）基槽开挖后发现岩土条件与原勘察资料不符时。

（2）对安全等级为一、二级的建筑物，进行施工验槽。

（3）在地基处理或深基础施工中，进行岩土工程检验与监测。

（4）地基中岩溶、土洞较发育，应查明情况并提出处理建议；或施工中出现边坡失稳迹象时，应查明原因并进行监测和提出处理建议。

从上述可知，在施工阶段的岩土工程工作主要是：

（1）由于人为降低地下水位而增加土的有效应力，而可能引起邻近建（构）筑物的沉降，桩基产生负摩阻力，使降落漏斗周边土体向中心滑移等，因此沉降观测、测定孔隙水压力则是内容之一。

（2）深基坑开挖，边坡稳定性的监测、处理，或因坑内基底卸荷回弹、隆起、侧向位移等进行观测，及时修正、补充岩土工程施工计划及工艺。

（3）为保证地基处理与加固获得预期效果，监测施工质量、检验成果，发现问题并及时予以解决。

三、高层建筑岩土工程勘察基本技术要求

（一）高层建筑的主要特点及岩土工程问题

从岩土工程角度出发，其特点有：

（1）高度大，相应的刚度也大。高度大了，对基础稳定性、特别是对整体倾斜的要求十分严格（具体要求可见表 3.1-3）。

（2）重量大，即垂直荷载大，通常一栋高耸建（构）筑物总重量达数十万吨；同时，随高度的增加，水平荷载（如风荷载等）的作用随之增大，甚至起着控制设计的主要作用（如超高层建筑）。

（3）通常有多层地下部分（防空要求或者自身稳定性要求），因此基础埋深一般较大。如在地震区，对一般黏性土、粉土地基，基础埋深不宜小于建筑物地面以上高度的 1/12；在非地震区，基础埋深必须满足地基强度和稳定性的要求，箱形基础高度一般为建筑物高度的 1/12～1/8，且不宜小于箱基长度的 1/18～1/16，且不小于 3m 等。

我国高层建筑自 20 世纪 80 年代以来发展迅速，1980 年以前我国高层建筑都是采用钢筋混凝土框架结构、剪力墙结构或框架-剪力墙结构，由于建筑物功能、高度、层数以及抗震设防烈度的提高，上述结构体系已难满足需要，因而以空间受力为特征的筒体结构得到发展。近些年来，又出现了以整体受力为主要特点的悬挂结构、巨型框架结构、巨型桁架结构、刚性桁架结构等，更好地满足建筑物功能要求，同时在平面布置上愈来愈复杂，这也促使结构沿竖向发生形式和刚度的变化，这些都对地基基础提出了更高的要求。由于上述的特点，高层建筑的岩土工程问题也有自己的特殊性：

（1）为不至于出现整体倾斜（尤其是横向倾斜）超过允许值，则要求地基沉降量小且均匀，因而对地基的了解和认识的程度要求更高。理想的地基是均匀性好且压缩性低，否则就需要采取加固改良措施。

（2）由于荷载大，对地基承载能力要求高，对地基承载能力的确定提出了新的要求。且由于受压深度大，在同样地基土条件下，高层建筑的沉降量就大得多。此外一栋建筑物常有低层部分（附属建筑）与之配套，以及相邻建筑物的影响，这就带来了高、低，新、旧建筑物之间的差异沉降问题。在水平荷载的作用下，地基基础的稳定性（抗滑、抗倾覆）问题需要解决。为解决地基承载力的确定，地基变形及稳定性验算，对试验工作也有新的要求。

（3）由于有多层地下部分，因而基坑开挖较深，随之而来的是基坑降水、基坑边坡稳

定、基坑底回弹隆起、坑壁侧向位移、降水固结以及对相邻已有建筑物的影响等问题亦应予以解决。

（4）地基、基础与上部结构的协同作用问题。这是高层建筑结构设计和岩土工程设计的一个重大课题，这个问题如解决好了，结构设计，特别是基础设计将更合理、有据，节省投资，有助于推动结构设计与岩土工程设计的结合，推动岩土工程的发展。但要解决此问题，现实难度较大，资料尚不系统，不成熟，还有待于进一步研究。

（二）高层建筑岩土工程勘察基本技术要求

1. 高层建筑岩土工程勘察等级划分

高层建筑（包括超高层建筑和高耸构筑物）的岩土工程勘察，应根据场地和地基的复杂程度、建筑规模和特征以及破坏后果的严重性，将勘察等级分为甲、乙级。根据《高层建筑岩土工程勘察标准》JGJ/T 72—2017 的有关规定，高层建筑岩土工程勘察等级划分见表 3.1-8。

高层建筑岩土工程勘察等级划分　　表 3.1-8

勘察等级	高层建筑规模和特征、场地和地基复杂程度及破坏后果的严重程度
特级	符合下列条件之一，破坏后果很严重： 1. 高度超过 250m（含 250m）的超高层建筑； 2. 高度超过 300m（含 300m）的高耸结构； 3. 含有周边环境特别复杂或对基坑变形有特殊要求基坑的高层建筑
甲级	符合下列条件之一，破坏后果很严重： 1. 30 层（含 30 层）以上或高于 100m（含 100m）但低于 250m 的超高层建筑（包括住宅、综合性建筑和公共建筑）； 2. 体型复杂、层数相差超过 10 层的高低层连成一体的高层建筑； 3. 对地基变形有特殊要求的高层建筑； 4. 高度超过 200m，但低于 300m 的高耸结构，或重要的工业高耸结构； 5. 地质环境复杂的建筑边坡上、下的高层建筑； 6. 属于一级（复杂）场地，或一级（复杂）地基的高层建筑； 7. 对既有工程影响较大的新建高层建筑； 8. 含有基坑支护结构安全等级为一级基坑工程的高层建筑
乙级	符合下列条件之一，破坏后果严重： 1. 不符合特级、甲级的高层建筑和高耸结构； 2. 高度超过 24m、低于 100m 的综合性建筑和公共建筑； 3. 位于邻近地质条件中等复杂、简单的建筑边坡上、下的高层建筑； 4. 含有基坑支护结构安全等级为二级、三级基坑工程的高层建筑

注：1. 建筑边坡地质环境复杂程度按现行国家标准《建筑边坡工程技术规范》GB 50330 划分判定；
2. 场地复杂程度和地毯复杂程度的等级按现行国家标准《岩土工程勘察规范》GB 50021 判定；
3. 基坑支护结构的安全等级按现行行业标准《建筑基坑支护技术规程》JGJ 120 判定。

2. 高层建筑岩土工程勘察的特点

高层建筑岩土工程勘察与一般建筑物岩土工程勘察相比，有如下特点：

（1）要求更详细、更准确地了解与掌握地层结构，掌握其空间变化规律，这不仅是地基变形计算，预估整体倾斜的需要，也是基础类型选择与设计、深基坑开挖设计的需要。因此勘察工作既要满足平面控制上的要求，也要满足深部控制的要求。为达到此目的，勘探线、点间距较一般建筑物的小，勘探孔深度较一般建筑物的大，以满足掌握地层结构在空间上的变化，分析变形（尤其是整体倾斜）的可能性。孔的深度也应达到预计压缩层以下，为选择适宜的桩基持力层而需掌握足够的地层结构资料，在某些情况下，它是考虑孔深的主要因素，但压缩层深度不是决定孔深的唯一依据。

（2）在勘察工作中对水文地质资料要求更详细：详细划分透水层、确定各层的位置、厚度、颗粒成分、水位以及不同透水层之间的水力联系，通过测试工作提供各层水文地质参数。

（3）选用好各种原位测试手段，充分发挥原位测试的长处。

（4）正确选定室内试验项目和方法，尽可能结合地基工作条件和不同部位的应力状态选择试验方法。

3. 高层建筑岩土工程勘察基本技术要求

高层建筑岩土工程勘察基本技术要求除需符合前述的基本技术要求外，依据高层建筑的特点，岩土工程勘察还应满足：

（1）在详细勘察阶段应据高层建筑的特点考虑倾斜的问题，勘探点的布置应满足能掌握纵、横方向地层结构和均匀性评价要求，勘探间距一般为15～35m。单幢高层建筑的勘探点数量，对勘察等级为甲级及其以上的不应少于5个，乙级不应少于4个。控制性勘探点的数量，对勘察等级为甲级及其以上的不应少于3个，乙级不应少于2个。

（2）勘探孔应按建筑物周边布置，角点和中心点（即主要受力点）应有勘探孔，应保证每幢高层建筑物均有必要数量的控制孔供岩土工程分析之用，特殊体型的应按体型变化控制。行业标准《高层建筑岩土工程勘察标准》JGJ 72—2017规定则更为具体、明确：当高层建筑平面为矩形时应按双排布设，为不规则形状时，应在凸出部位的阳角和凹进的阴角布设勘探点；在高层建筑层数、荷载和建筑体形变异较大位置处，应布设勘探点；对勘察等级为甲级的高层建筑当基础宽度超过30m时，应在中心点或电梯井、核心筒部位布设勘探点；高层建筑群可按建筑物并结合方格网布设勘探点。相邻的高层建筑，勘探点可互相共用，控制性勘探点的数量不应少于勘探点总数的1/2。

（3）勘探点深度：控制性勘探孔深度应超过地基变形的计算深度；控制性勘探孔深度，对于箱形基础或筏形基础，在不具备变形深度计算条件时，可按式（3.1-1）计算确定：

$$d_c = d + \alpha_c \beta b \quad (3.1\text{-}1)$$

式中　d_c——控制性勘探孔的深度（m）；

d——箱形基础或筏形基础埋置深度（m）；

α_c——与土的压缩性有关的经验系数，根据基础下的地基主要土层按表3.1-9取值；

β——与高层建筑层数或基底压力有关的经验系数，对勘察等级为甲级的高层建筑可取1.1，对乙级可取1.0；

b——箱形基础或筏形基础宽度，对圆形基础或环形基础，按最大直径考虑，对不规则形状的基础，按面积等代成方形、矩形或圆形面积的宽度或直径考虑（m）。

一般性勘探孔的深度应适当大于主要受力层的深度，对于箱形基础或筏形基础可按式（3.1-2）计算确定：

$$d_g = d + \alpha_g \beta b \tag{3.1-2}$$

式中　d_g——一般性勘探孔的深度（m）；

α_g——与土的压缩性有关的经验系数，根据基础下的地基主要土层按表 3.1-9 取值。

经验系数 α_c、α_g 值　　**表 3.1-9**

勘探孔类别	碎石土	砂土	粉土	黏性土（含黄土）	软土
控制孔 α_c	0.5～0.7	0.7～0.8	0.8～1.0	1.5～2.0	1.5～2.0
一般孔 α_g	0.3～0.4	0.4～0.5	0.5～0.7	0.7～1.0	1.0～1.5

注：1. 表中范围值对同一类土中，地质年代老、密实或地下水位深者取小值，反之取大值。

2. $b \geqslant 50$m 时取小值，$b \leqslant 20$m 时，取大值，b 为 20～50m 时，取中间值。

《高层建筑岩土工程勘察标准》JGJ/T 72—2017 规定：一般性勘探孔，在预定深度范围内，有比较稳定且厚度超过 3m 的坚硬地层时，可钻入该层适当深度，以能正确定名和判明其性质；如在预定深度内遇软弱地层时应加深或钻穿；在基岩和浅层岩溶发育地区，当基础底面下的土层厚度小于地基变形计算深度时，一般性钻孔应钻至完整、较完整基岩面；控制性钻孔应深入完整、较完整基岩不小于 5m，勘察等级为甲级的高层建筑取大值，乙级取小值；专门查明溶洞或土洞的钻孔深度应深入洞底完整地层不小于 5m；评价土的湿陷性、膨胀性、砂土地震液化、确定场地覆盖层厚度、查明地下水渗透性等钻孔深度，应按有关规范的要求确定。

当采用桩（或墩）基础时，勘探点深度应满足桩（墩）基基础评价和设计要求。

（4）对可能采用箱基或桩基或桩-筏基础方案应着重查明：

①深基坑开挖后边坡稳定性及其对相邻建（构）筑物的影响，提出验算和设计所需岩土工程参数和支护方案。

②如基础埋置深度低于地下水位时，应就施工降水及对邻近建（构）筑物的保护进行渗透试验等水文地质试验，提供降水设计所需的计算参数及建议。

由于基坑深度往往较大，不但有施工降水问题，也有因降水可能引起的地面沉降的预测、坑底下承压水造成坑底隆起破坏的预防等问题，因此在勘察过程中应仔细划分透水层、确定各层的位置、厚度、颗粒成分、水位，不同透水层间的水力联系，通过试验提供各透水层特别是包含潜水在内的上部各透水层的水文地质参数如渗透系数、水量等。

（5）室内试验

为高层建筑地基计算和评价所进行的土工室内试验，有其特殊要求：

1）计算地基沉降的固结试验，其压力的确定应根据每个试样所代表的土层实际上将要承受的垂直有效应力。即其最终试验压力应大于有效覆盖压力与附加压力之和：

①压缩模量是进行地基沉降计算的最重要指标，用常规固结-压缩试验求得的压缩模量和用一维固结理论进行地基沉降计算，是目前广泛采用的一种方法。但压缩模量（压缩系数）是随压力段的取值而变化的，为正确获得计算成果，当采用压缩模量进行沉降计算时，压缩系数与压缩模量的计算应取自有效土自重压力至土自重压力与附加压力之和的压力段，即沉降计算用的各层土的压缩系数、压缩模量计算所需的 e、Δe 和 Δp 值应取自 e-lg$p$ 曲线上的上述压力段相对应的值。

如需考虑深基开挖卸荷和再加荷的影响，应写进行回弹再压缩试验，而其垂直压力的施加，应模拟实际加、卸荷时的应力状态；

②如考虑应力历史而采用固结沉降公式进行沉降计算；施加的最终（最大）压力应满足绘制 e-lg$p$ 曲线，求出前期固结压力（P_c）值，并提供 P_c 以前的回弹再压缩指数 C_e，P_c 以后的初次压缩指数 C_c 及最终回弹指数 C_r，进而有可能对超固结土（自然界大多土层是超固结状态，只是程度不同）按 e-lg$p$ 曲线的回弹再压缩和初次压缩两段，分别计算沉降并加以累计。为了消除或部分消除土样的扰动影响，要求试验在进行到刚超过土的前期固结压力后，进行一次再卸荷和再压缩回环，然后将试验做完毕。这个卸荷再压缩回环的斜率，即回弹再压缩指数 C_e。实践证明，用它计算再压缩沉降较符合实际（具体试验方法参见《土工试验方法标准》GB/T 50123—2019）。

2）地基土内有高压缩性土层且需预测建筑物的沉降历时关系时，应在沉降计算深度内选取适量土样，分别按预期应力状态求其固结系数 C_v。

3）如需考虑风、地震荷载引起的瞬时沉降，应做专门的试验设计。

4）为了计算地基承载力应进行剪切试验。由于三轴剪切（压缩）试验土样的受力条件比较清楚，在试验时，要按地基中不同部位土样的初始应力状态、应力（荷载）施加方式和速率，排水条件选择试验方法。

荷载施加速率较低，可用三轴固结不排水剪；

地基土为饱和软黏土或荷载施加速率较高，宜采用三轴不固结不排水剪；

进行深基坑边坡稳定性试验时，也可进行三轴不固结不排水剪。

(6) 采取不扰动土试样和原位测试勘探点的数量不宜少于全部勘探点总数的2/3，勘察等级为甲级的单幢高层建筑不宜少于4个。如需计算倾斜，四个角点均应取有土样。

采取岩土试样和进行原位测试应符合下列规定：每幢高层建筑每一主要土层内采取不扰动土试样的数量或进行原位测试的次数不应少于6件（组）次；在地基主要受力层内，对厚度大于0.5m的夹层或透镜体，应采取不扰动土试样或进行原位测试；当土层性质不均匀时，应增加取土数量或原位测试次数；岩石试样的数量各层不应少于6件（组）；地下室侧墙计算、基坑边坡稳定性计算或锚杆设计所需的抗剪强度试验指标，各主要土层应采取不少于6件（组）的不扰动土试样。

(7) 应充分考虑地基土的变异性，综合使用多种原位测试方法。

从工程实践经验来看，标准贯入试验、静力触探、旁压（横压）试验已成了岩土工程三大基本原位测试方法。

标准贯入试验，目前国内外广泛使用，已被公认的用途有：鉴别砂土的相对密度、黏性土的状态、确定砂土及黏性土的承载能力、计算单桩承载力，选择适宜的桩端持力层以及评价饱和砂土的地震液化势等。我国上海地区的标贯试验最大深度近100m（上海电信大楼标贯试验深度80m；希尔顿饭店场地标贯试验深度达100m）。工程中标贯试验提供钻孔的力学性质剖面（深度与锤击数关系），并为选定桩端持力层、桩长、估计单桩承载力起了重要作用。

由于标准贯入试验用途多、作用大，为保证试验工作质量，提供可靠锤击数则极为重要。实践证实，合理的钻探工艺是泥浆护壁和回转钻进相结合。用冲击法钻进，孔底试验砂层难免不受扰动，它的松动或上涌（翻砂）往往难免，从而使锤击数降低；冲击管护壁跟进，孔底待试验砂层则受振密化，锤击数偏大。

在标准贯入试验中值得研究的问题是锤击数修正。在我国，诸如饱和砂土液化势评价一样，岩土工程勘察的标准贯入试验既不受15m深度的控制，也不作杆长修正，但很多的地方建筑地基基础设计规范及一些行业规范，用于确定承载力时却要作杆长修正。近些年来，有些国家开始要求对锤击数进行修正，其办法是引进一个考虑覆盖压力的野外实测值的改正数，把不同深度的实测值一律改正到相当于有效覆盖压力为100kPa时的值。

静力触探的最大优点是能取得完全连续的数据，指标准确，其用途有：提供测试孔的力学剖面、确定承载力、计算单桩承载力、选择适宜桩端持力层以及估计诸如土层不排水剪强度、压缩模量等力学性质指标。近年来开始用于饱和砂土液化势评价。逐步推广量测土中孔隙水压力的测压静力触探。静力触探一个相对的弱点是在砂砾层中贯入能力受限制，如注意与标贯试验配合使用，相辅相成会获得好效果。

旁压（横压）试验，可以获得多种数据，但基本的是两组，一是初始压力，临塑（或流塑）压力和极限压力，另一组是旁压变形模量，由于在深孔中采取相对不扰动土样困难，土样应力释放的影响以及室内试验中模拟和掌握地基深部实际应力状态不易，载荷试验做不到如此深度，因此上述两组数据对高层建筑岩土工程评价日显重要，因此国外有的对地基深部常以旁压试验（自钻式）的强度和变形性质参数取代土样室内试验值（因旁压仪侧腔工作压力可达20MPa，工作深度较大，可对深部硬土甚至软岩进行强度和变形性质测定），从而可弥补上述两种原位测试及室内试验的不足。

4. 高层建筑地基基础设计分析、评价与预测

依据高层建筑的特点与要求，对其地基基础设计应针对下列问题进行分析评价和预测：

(1) 由于沉降量、沉降速率的差异而可能出现的高层与低层，新建与原有建筑物之间的相互影响；

(2) 应按国家标准《建筑抗震设计规范》GB 50011—2010的规定，分析、评价与预测地基土动力特征及可能产生的地震效应；

(3) 地基对风荷载、地震作用的反应；

(4) 依据地基基础与上部结构协同作用原理，选择适宜的地基计算模型。

复习思考题

1. 在初勘阶段，勘探线为什么要垂直地貌单元、地层界线以及地质构造线布置？
2. 在哪些情况下，勘探孔深应做适当调整，为什么？
3. 选址阶段岩土工程勘察的主要任务是什么？采用什么手段获取哪些信息才能达到目的？
4. 有哪些地段建筑物宜避开？为什么？
5. 初勘阶段岩土工程勘察的基本技术要求。
6. 详勘阶段岩土工程勘察基本技术要求。
7. 高层建筑有什么特点？这些特点对岩土工程勘察与评价的意义何在？
8. 高层建筑岩土工程勘察的基本技术要求，这些基本要求最终是为解决什么问题？
9. 高层建筑与一般建筑的勘探孔布置原则、孔深的确定有什么不同点？
10. 施工阶段岩土工程勘察的主要内容是哪些？

第二节　地　下　洞　室

一、概述

凡是以工程手段掘进，取走相当大体积的岩（土）体后而形成的各种几何形态的地下空间，统称为地下工程或地下洞室。据用途分为采矿巷道、交通隧道、地下电站、厂房、仓库、隐蔽所等，按受力条件分为有压及无压等。本节讨论内容仅限于无压地下洞室。

地下洞室岩土工程勘察工作贯穿在从选址到施工、运营的全过程。我国的工程实践表明，地下洞室岩土工程勘察原则上与设计阶段相适应，以减少工作的盲目性。但是据工程规模、地质条件的复杂性亦可适当简化勘察阶段。

地下洞室岩土工程勘察工作总体来说就是要解决：

1. 洞址、洞位及洞口的选定，保证洞室的稳定性。

建洞室的总体条件应是：

（1）从区域上看，地质构造稳定，第四纪以来无明显的地质构造运动，在历史上地震震级和烈度不高的地区。应避开复杂构造线或不同构造体系交接、重叠等应力集中、变形强烈地带，地震活动带、断裂活动带以及高烈度（9 度以上）地区；

（2）具有一定厚度的防护层，其厚度应满足有关规范的要求；

（3）岩体结构强度（土体强度）高，岩性较均一，坚硬，能抵抗静力、冲击荷载的作用。对岩体来说，层状岩体则其层厚应大，无软弱夹层，产状稳定；为块状岩体时，岩脉等侵入体、捕虏体则尽可能少；为可溶岩体时，则岩溶不发育；

（4）地质构造简单，无含水构造（如阻水型蓄水构造、褶皱型蓄水构造、断裂型蓄水构造、接触型蓄水构造等），无地下水影响，无断裂（或规模小）；

（5）地形完整，山体未被冲沟、山洼等负地形切割破坏，无滑坡、崩塌等破坏地形，在岩溶区，岩溶不发育；在黄土区，沟谷稳定，停止下蚀；

（6）无有害气体（如 H_2S，CH_4 等）及地温不高；

（7）其他有利因素如运输、供给、动力等条件较好。

洞口位置也应选择在条件较好的地段：

（1）洞口所在位置的山坡应是下陡（45°～55°）上缓的坡段，岩体要完整、新鲜、强度高，覆盖层（土层）要薄，岩层产状一般应反倾，以利于洞口的稳定；

（2）洞口所在位置，无不良地质作用，无地表水汇集，不受洪水淹没威胁；

（3）通风条件良好，有利于洞内、外交通和弃渣、排水、防洪。

上述条件实际上是理想条件，在自然界中是难以完全满足的，因此我们在实际工作中，应据当地条件，尽可能扬长避短，从洞口、洞体全盘考虑。洞口的选定还需考虑洞室的走向（轴线），以求洞室在满足工程条件下，有最短的穿越距离，最佳的稳定性及施工条件。洞轴线选择的最佳方案则应是与构造线、岩层走向呈大角度相交（不小于 40°），或沿山脊线布置，应尽可能避开断层破碎带、接触变质带、软弱夹层、向斜轴部以及地表水体，不穿越地下水涌水区及富水区，因为这些地段往往是岩体破碎、强度低，支护困难，于洞室稳定不利，且造价较高，同时，也往往是地下水活跃地段，施工难度大。洞室轴线的选择还应研究当地的区域构造应力场，其代表压应力的最大主应力方向是造成围岩变形、破坏的主要因素。如果是多排洞室，则洞轴线间距应满足围岩稳定要求，据工程实践可以按表 3.2-1 经验数据参照选用。

平行洞室最小间距 **表 3.2-1**

围 岩 类 别	洞室最小间距(m)
甲、乙类	(0.8～1.2)B
丙类	(1.2～2.0)B
丁类	(2.0～3.0)B

注：B 为洞空跨度，当边墙高度大于跨度时，则取其边墙高度。

为保证洞顶稳定性，洞顶上覆岩体必须有足够的厚度。据工程经验，洞室上覆岩体的必需最小厚度与岩体质量及洞室跨度有关，可参照表 3.2-2 经验数据确定。

洞室上覆岩体的最小厚度 **表 3.2-2**

围 岩 类 别	上覆岩体的最小厚度（m）
甲、乙类	(1.0～1.5)B
丙类	(1.5～2.0)B
丁类	(2.0～3.0)B

注：岩体中无地下水活动时取小值，反之取大值。

2. 进行洞室围岩分类，评价围岩稳定性。

3. 提出设计、施工参数和支护结构方案。

上述研究、评价的内容将始终贯穿在地下洞室岩土工程勘察工作中，但不同勘察阶段有所侧重，且由于洞室的介质（岩体、土体）不同，研究、评价的具体内容和方法也不相同。

二、地下洞室岩土工程勘察基本技术要求

（一）岩体地下洞室

1. 选址及初步勘察阶段

一般来说，地下洞室多属于线状工程，它既有场地位置又有其轴线延伸方位问题，因此选址及初勘阶段，即是通过对已有资料的收集，并运用遥感、工程物探以及工程地质测绘（比例尺通常选用 1∶10000～1∶5000）等手段，必要时（有地质疑点）可适当布置钻孔予以查明。初步查明各拟选方案的地质条件，进行围岩的初步分类并分析其稳定性，选择合理的洞址，为洞址的总体规划和初步设计提供依据。

由于地下洞室围岩稳定性往往取决于地质构造及其他地质结构面系统与工程开挖轴线的组合关系，因此对于地面工程地质测绘所能观察到的具有代表性的露头点，应详细地进行结构面的统计工作，在洞室埋深不大且合理的条件下，所测量的数据可以反映地下洞室相应地段的构造发育特征。轴线最佳方位是与区域构造断裂面或古构造应力场的残余最大主应力方向平行。

包含各类不良工程动力地质作用（人工、自然的）在内的区域工程地质环境要素的

组合特征，是该地区地质发展历史的现阶段表现形式，因此按其现阶段的组合特征及人工开挖活动后的发展变化趋势进行分区，是选址的基本依据。在进行选址比较时应该深刻地认识到：地质历史时期及现代表现出的工程动力作用特征是预测未来不良地质作用的关键，即运用所见到的特征，指导你分析、预测今后的发展，同时还应深刻地意识到，人类工程活动的不适当，会导致各种不良地质作用的急速发展，工程开挖过程中可能会产生各类岩土工程问题。例如，当选择在有一古滑坡存在坡段（也许未认识到这是滑坡），平行滑面走向在滑坡前缘开挖进口路堑或进口段洞身，则往往会激发古滑坡的复活，产生人为的滑坡，以致耗巨资来加固或甚至放弃原选定方案。因此，在选址时就应尽量避开不良地质条件的地段。

地形地貌条件对于选择洞室位置及轴线方向有重要意义。轴线傍山，易造成偏压，危及山坡及洞身稳定性；如果两侧围岩较厚，洞顶处较薄，则地表径流易于下渗，于洞顶稳定性不利；当洞顶板位置接近或低于河谷水位时，更应注意。

岩性或组合体对地下洞室位置的选定是极重要的。一般应选择在均一完整、强度高的岩体中，尽量避免各种破碎或软弱岩体，尤其是在减荷或遇水后产生明显体积膨胀的岩层，如果不能避免则应以最短的距离穿过。如果是软硬互层，则应使洞顶置于硬层中，洞底或洞壁置于软层中。

断层破碎带等是地下水赋存、运移的水文地质结构体，易造成地下洞室的围岩崩塌、涌水、涌砂等，使施工困难。因此洞室应选择在无此类结构与地下水相互作用的地段。

勘探点宜沿洞室外侧交叉布置，勘探点间距宜为100～200m，采取试样和原位测试勘探孔不宜少于勘探孔总数的2/3；控制性勘探孔深度，对岩体基本质量等级为Ⅰ级和Ⅱ级的岩体宜钻入洞底设计标高下1～3m；对Ⅲ级岩体宜钻入3～5m，对Ⅳ级、Ⅴ级的岩体和土层，勘探孔深度应根据实际情况确定；

初步勘察时，工程地质测绘和调查应初步查明下列问题：地貌形态和成因类型；地层岩性、产状、厚度、风化程度；裂隙和主要裂隙的性质、产状、充填、胶结、贯通及组合关系；不良地质作用的类型、规模和分布；地震地质背景；地应力的最大主应力作用方向；地下水类型、埋藏条件、补给、排泄和动态变化；地表水体的分布及其与地下水的关系，淤积物的特征；洞室穿越地面建筑物、地下构筑物、管道等既有工程时的相互影响。

2. 详细勘察阶段

详细勘察阶段的工作是在选址及初勘阶段工作基础上进行，由于已基本确定了洞室的位置，详勘阶段则是对选定的洞址作进一步工作。首先是作进一步的工程地质测绘（洞口的比例尺为1∶500～1∶200；洞区的比例尺为1∶2000～1∶1000），通过必要的勘探与测试查明所选洞口及围岩的工程地质条件，分段进行围岩分类，为最后确定洞轴线位置、设计支护结构和确定施工方案提供依据。

勘探点宜在洞室中线外侧6～8m交叉布置，山区地下洞室按地质构造布置，且勘探点间距不应大于50m；城市地下洞室的勘探点间距，岩土变化复杂的场地宜小于25m，中等复杂的宜为25～40m，简单的宜为40～80m。采集试样和原位测试勘探孔数量不应少于勘探孔总数的1/2。

第四系中的控制性勘探孔深度应根据工程地质、水文地质条件、洞室埋深、防护设计等需要确定；一般性勘探孔可钻至基底设计标高下6～10m。控制性勘探孔深度的要求，可与初勘阶段一致，对岩体基本质量等级为Ⅰ级和Ⅱ级的岩体宜钻入洞底设计标高下 1～3m；对Ⅲ级岩体宜钻入 3～5m，对Ⅳ级、Ⅴ级的岩体和土层，勘探孔深度应根据实际情况确定；如遇破碎带、溶洞、暗河等不良地质条件时，可适当加深。

地质条件复杂的大型洞室，可在洞顶部位沿轴线方向布置平洞，以查明地质条件及进行原位测试。

取样及原位测试应在洞底高程 3 倍洞径高度范围内进行，每一主要岩层和软弱层均应取样进行测试。原位测试主要在地质条件复杂或大型洞室进行，主要是进行岩体、软弱层的强度试验、波速试验及岩体应力测量等，有条件时或大型洞室，可进行室内模拟试验。对于地下水应取样进行分析，必要时应进行抽水或压水试验，以查明地下水的水力联系。当有有害气体及地温异常时，应进行有害气体成分含量或地温的测定；对高地应力地区，应进行地应力量测。

3. 施工阶段

本阶段主要是进行监测，发现问题立即解决并协助设计的修改，保证施工的正常进行。

（1）配合导洞或毛洞的开挖进行围岩岩性编录（比例尺 1∶500～1∶200）；

（2）当地质条件复杂或洞室穿越软弱岩体时，在围岩或衬砌结构中设点进行长期观测，测定围岩应力和变形及松弛范围，做好超前预报；解决施工中暴露出来的地质问题，在开挖中当发现与地质资料重大不符时，应及时提出修改设计的建议；

（3）为防止施工时可能产生的地面变形及振动对建筑物和道路等造成破坏，应对其进行监测，以便采取措施加以控制（尤其在城市地区）；

（4）地下水变化复杂时，应进行地下水动态长期观测。

（二）土体地下洞室

土体地下洞室是指在土体中明挖回填或暗挖衬砌的洞室，不包含地面建筑的地下室部分。

由于土体松散，又经常受到近代工程动力地质作用，因此土体洞室位置的选择及稳定性评价是岩土工程勘察的第一个问题，再就是土体洞室的施工条件评价及方法选择。因此土体洞室岩土工程勘察要查明洞室的稳定性、施工条件，进而为衬砌结构做出分析、评价和建议。

土体洞室位置选择应满足：

1. 洞址应选择在无滑坡、冲刷等不良地质作用的地段；

2. 洞口宜选择在地下水位以上并高于最高洪水位的地段；

3. 洞轴线宜选择在性质单一的黏性土层中，避免穿越含水的粉土、砂、砾石层，以及淤泥质土、膨胀土等不稳定地层。

选址、初步勘察阶段：土体洞室应在广泛收集已有资料的基础上结合重点地段（主要是不良地质作用发育地段）进行调查，分析其稳定性，初步选定洞室位置，为总体规划及初步设计提供依据。由于土体只有水平沉积并叠加覆盖的特点，因此收集已有资料，了解地层结构、岩性、分布、强度、地下水等则具有特殊意义。对重点地段的调查则主要是查明不良地质作用的分布、类型、成因、发展变化趋势及对洞室的影响，必要时可辅以适量的勘探工作。在城市中，还应查明地下管线及埋设物的分布情况。避免地下洞室开挖对埋设管线的损坏。

详细勘察阶段：通过勘探与测试查明洞址、洞口的岩土工程条件，为最后确定洞轴线的位置、设计衬砌结构、确定施工方案提供依据。

勘探线应沿洞轴线距洞壁外侧 1～3m 交错布置，间距为 50～100m，跨越河边部位则应 <50m，对于洞口及地质条件复杂的洞段不得少于 2～3 个孔，孔深应达到洞底设计高程以下一倍洞径，当有暗浜等不良地质条件时，可增至 2～3 倍的洞径。

每一主要土层均应取样或进行原位测试，室内试验包含土的颗粒分析、抗剪强度及变形等物理力学性质试验，膨胀土应进行膨胀试验，黄土应进行湿陷性试验。原位测试应据土层特征选用触探、旁压、十字板剪切试验等，必要时应测定土的基床系数、土压力、松动土压力、孔隙水压力等。

应查明地下水水位、水压、水量，含水层层位，测定各土层的渗透系数，并采集水样进行成分分析。

有有害气体时，也应进行成分分析。

土体松动压力是工程设计的重要参数之一，可以利用下列公式进行计算：

1. 对粉、细砂、淤泥或新回填土中浅埋洞室

$$q_v = \gamma h \tag{3.2-1}$$

$$q_h = \frac{1}{2}\gamma h(2H+h)\tan^2\left(45^\circ - \frac{\varphi}{2}\right) \tag{3.2-2}$$

式中 q_v——垂直均布土压力（kPa）；

q_h——水平均布土压力（kPa）；

H——洞室埋深（m）；

h——洞室高度（m）；

φ——土层内摩擦角（°）；

γ——土的重度（kN/m³）。

2. 对上覆盖土层性质较好的浅埋洞室（图 3.2-1）

$$q_v = \gamma h\left[1 - \frac{H}{2b}k_1 - \frac{c}{b_1\gamma}(1-2k_2)\right] \tag{3.2-3}$$

$$q_h = \frac{1}{2}\gamma h(2H+h)\tan\left(45^\circ - \frac{\varphi}{2}\right) \tag{3.2-4}$$

其中，$b_1 = b + h\tan\left(45^\circ - \frac{\varphi}{2}\right)$；$k_1 = \tan\varphi\tan^2\left(45^\circ - \frac{\varphi}{2}\right)$；$k_2 = \tan\varphi\tan\left(45^\circ - \frac{\varphi}{2}\right)$

式中 c——土层黏聚力（kPa）；

b_1——土柱宽度之半（m）；

k_1，k_2——与土层内摩擦角有关的系数；

其余符号同前，及见图 3.2-1。

3. 除饱和软黏土、淤泥、粉砂等软弱土层外，较好土层深埋洞室的土体压力，也可按压力拱理论进行计算，但计算时需对坚固性系数进行修正。

4. 黄土洞室的土体压力，可按弹塑性理论公式计算。

施工勘察阶段：主要是进行土压力、衬砌变形及地面变形监测。地下水变化复杂时，进行地下水长期观察。

土体地下洞室的施工方案，应据工程特点、地质条件、地质环境以及地下设施等进行技术经济综合分析后确定：

当地质条件较好，地面环境许可，洞室浅埋（<10m），可采用明挖法施工；

地质条件虽好，但地面环境不允许或受限制，浅埋洞室可以采用暗挖、衬砌施工但不适于淤泥、含水砂砾层及湿陷性土层中的洞室施工；

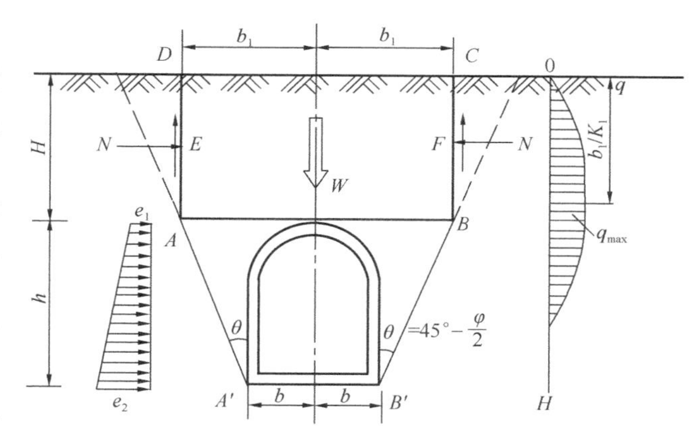

图 3.2-1 土质较好的浅埋洞室土压力计算

洞室埋深较大，轴线延伸不长（如地下储库、水池等），可采用沉井施工；

洞室埋深较大和在软土地层中，则可采用盾构法施工；

如洞室位于地下水位以下时，施工时应进行施工降水或采用空气法排水；

洞室穿越流砂、泥炭等不良地层时，可采用冻结法或其他有效方法施工等。

所有土体洞室均应衬砌，软土、地下水位以下以及跨度不大（<6.5m）的位于老黄土中的洞室可采用喷锚支护。

明挖法是目前浅埋洞室普遍使用的方法。其优点是投资少，可修建复杂的地下结构，工期较短。缺点是土方运输量大，施工场地面积大，对交通、地下管线影响大，也受地面设施的影响。且随施工深度的增大，费用增加，工期增长。据国内外工程经验，开挖深度在 10～15m，才是经济的。

明挖法其基坑可采用放坡断面或直槽支护断面。在场地狭窄时，常用后者，也可采用钻孔灌注桩、地下连续墙等进行坑壁支护。

暗挖法，仅适用于局部含潜水的具有一定强度的黏性土层。不适用于淤泥、含水砂砾层及湿陷性土层。

沉井法可用于修建地下电厂、储库、盾构拼装井、地下车站等。其优点是不必采用很深的坑壁支护，从而节约支护费用。沉井施工深度可达近百米，大型的沉井直径已达数十米，因此洞室埋深较大，而轴线延伸不长时，它是一种较经济的方法。

如采用明挖法和沉井法施工，则应按“桩（墩）与沉井岩土工程勘察”一节的内容和要求，进行岩土工程勘察工作，获取应获资料，满足设计和施工的技术要求。

盾构法，其优点是可修建外径在 2～10m 的各种隧道，对地面交通无影响，噪声小，无振动，不受或少受地面建筑、浅埋管、线等影响，穿河时不影响航运，几乎能适应各种地质条件的土体。但要求上覆土厚度$\geqslant 0.7D$，对地铁等大直径（$D>6$m）的隧道曲率半径 $R\geqslant 300$m，给水、排水、通信等小直径隧道曲率半径 $R\geqslant 150$m；两条平行交叉隧道其净距 $d\geqslant 0.75D$。

三、岩体洞室围岩分类及稳定性评价

一个好的围岩分类不仅是进行不同理论分析计算、选定围岩类别、模型和预测岩体地下洞室稳定性的基础，且还可根据分类概略确定必需的相应支护系统和适宜的支护时间。

早期的围岩分类如普氏分类，是按岩石坚固性系数（$f=f_r/100$，f_r 为岩石饱和单轴极限抗压强度）等级分类，该分类未考虑围岩普遍具有的节理构造系统的影响，因而后来就有了考虑节理间距、岩层厚度的分类，有按连续性指标及节理间距分类的，也有按岩石无侧限抗压强度的分类。我国依据工程实践，吸取了围岩分类的经验，并考虑到服务对象（一般常规跨度和边墙的岩石地下工厂、贮库 、电站、隧道、掩蔽部等）而建立，依据岩性基本质量定性特征和定量指标确定围岩质量级别，一般按照《工程岩体分级标准》GB 50218—2014。

对于围岩稳定性评价，应采用工程地质分析与理论计算相结合的综合评价方法，可选用以下计算公式：

1. 硬质、整体状结构的围岩，可采用弹性理论计算围岩压力，并进行评价。

圆形、椭圆形及矩形深埋洞室周边切向应力 σ_t：

$$\sigma_t = cp_0 \tag{3.2-5}$$

当满足式（3.2-6）时，可认为围岩稳定，不考虑围岩压力。

$$\sigma_c \leqslant \frac{f_r}{F_s}$$

$$\sigma_t \leqslant \frac{f_{tr}}{F_s} \tag{3.2-6}$$

式中　c——应力集中系数；

p_0——岩体初始垂直应力（kPa）；

σ_c——洞壁围岩切向应力（kPa）；

σ_t——洞壁围岩切向拉应力（kPa）；

f_r——岩石饱和单轴抗压强度（kPa）；

f_{tr}——岩石饱和抗拉强度（kPa）；

F_s——安全系数，一般取 2。

2. 整体状或块状岩体受结构面切割，在洞壁和洞顶可能产生分离体，当主要结构面走向平行洞轴且结构面张开或有充填时，可用式（3.2-7）、式（3.2-8）评价稳定性（图 3.2-2）。

（1）洞壁块体稳定性

$$F_s = \frac{W_2\cos\alpha\tan\varphi_1 + c_4L_4}{W_2\sin\alpha} \tag{3.2-7}$$

式中　φ_1——结构面 L_4 的内摩擦角（°）；

c_4——结构面 L_4 的黏聚力（kPa）；

α——结构面 L_4 的倾角（°）；

W_2——块体的重力（kN）。

（2）洞顶块体稳定性

$$F_s = \frac{2(c_1L_1 + c_2L_2)(\cot\alpha + \cot\beta)}{\gamma L_3^2} \tag{3.2-8}$$

式中　c_1——结构面 L_1 的黏聚力（kPa）；

c_2——结构面 L_2 的黏聚力（kPa）；

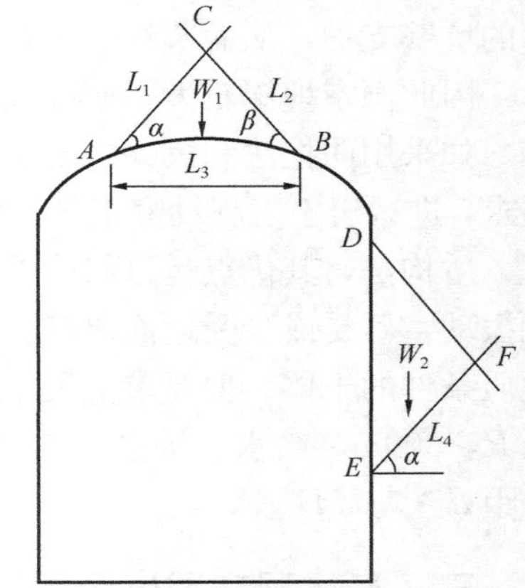

图 3.2-2　洞顶洞壁分离块体稳定性计算示意

α，β——分别为结构面 L_1、L_2 的倾角（°）；

γ——岩体重度（kN/m^3）。

$F_s \geqslant 2$，块体稳定；$F_s < 2$，块体不稳定。

3. 硬质但受多组织结构面切割的层状、碎裂状围岩，或软质整体状或块状的围岩，可用弹塑性理论计算松动围岩压力。

四、新奥法简介

洞室的衬砌支护方案与围岩稳定性、围岩压力及施工方法有很大的关系。在地下洞室施工方法中，目前较为先进的是新奥法，该方法是从生产实践中依据岩石刚性压缩特性、三向压缩应力-应变特性以及莫尔理论，同时考虑到地下洞室掘进时的空间效应和时间效应，对不同的岩体采用不同的支护结构设计及施工方法，集中体现在支护结构种类、支护结构构筑的时机、围岩压力及围岩变形这四者的关系上，并贯穿在不断变更设计、施工的过程中。

新奥法摒弃了传统的地下工程中应用厚壁混凝土结构支护的松动围岩压力理论，把岩体视为连续介质，以黏、弹、塑性理论作指导，根据岩体中开挖洞室后从变位到产生破坏要有一个时间效应的性质，适时地构筑柔性、薄壁、能与围岩紧贴的支护结构来保护围岩的天然承载力，变围岩本身为支护结构的重要成分，使围岩与构筑的支护结构共同形成坚固的支承环，共同形成一个长期稳定的洞室——利用围岩支护，使围岩本身形成支承环。它的主要支护手段是喷混凝土和锚杆。新奥法构筑地下室的主要特点是通过许多量测手段对开挖后的洞室围岩的动态进行监测，并以此来指导支护结构的设计和施工，并贯穿于全过程。

从上述概述可知，新奥法是“在岩质、土砂质介质中开挖隧道，以使围岩形成一个中空筒状支承环结构为目的的隧道设计、施工方法”（奥地利土木工程学会，1980 年），为了使围岩形成中空状支承环结构，应遵循以下原则：

（1）充分保护围岩，减少对围岩的扰动；

（2）充分发挥围岩的自承能力；

（3）尽快使支护结构闭合；

（4）加强监测，根据监测数据指导施工。

可扼要地概括为“少扰动、早喷锚、快封闭、勤测量”。

（一）新奥法理论基础

1. 岩石的残余强度和应变

（1）单向压缩时岩石的残余强度和应变：过去人们认为，当压应力值超过岩石强度极限时，岩石就发生脆性破坏，其实这是假象，从刚性压缩试验可以看出，当岩石中应力值达到岩石的强度极限后，并未完全失去抗压强度，还残存着一定的残余强度，它有一个最低值，如残余强度达到这一数值时，应变则无止境地发展，这种状态称为松动状态，随松动状态的发展，岩体才会发生崩塌现象（图 3.2-3）。

（2）三向压缩时岩石的残余强度及应变：通过三向刚性压缩试验同样可得到三向应力状态下的应力-应变曲线（图 3.2-4），从曲线可知，在三向应力状态下岩石的强度极限和超过强度极限后的残余强度及应变的变化等，均与约束压应力值有关，即对单向刚性压缩试验的自由面施加不同的约束压力值，岩石的强度极限都比约束压应力为零时的单向压缩提高，对应的相同应变值的残余强度值也随约束压力值的提高而提高。当其约束压力超过某一临界值时，这时的岩石残余强度的最低值等于强度极限。

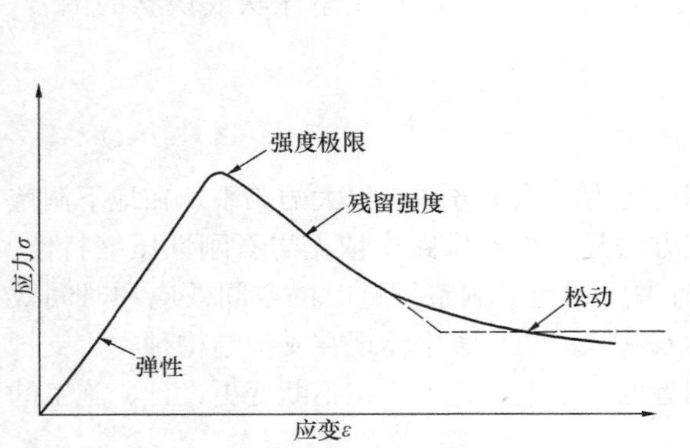

图 3.2-3　单向刚性压缩岩石应力-应变关系

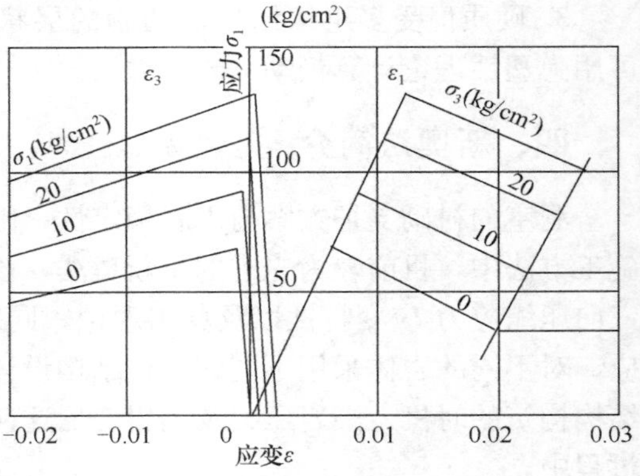

图 3.2-4　三向刚性压缩岩石应力-应变关系

在三向压缩时，最大主压应力 σ_1 与垂直最大主压应力方向产生的应变 ε_3 的关系，是 σ_1 达到峰值时，ε_3 为拉应变，在低约束压力时，拉应变 ε_3 的绝对值超过压应变 ε_1 之值时，岩石中则在垂直于最大主应力 σ_1 的方向上出现微小裂隙，岩石发生体膨胀现象，出现压裂破坏，地下开挖后，围岩向净空方向产生的变位并最后出现松动现象，就是体膨胀现象所造成。

上述的这些性质，提供了可以利用围岩本身的强度极限及残留强度所具有的承载能力来支护洞室的客观条件和依据，岩石的残留强度及应变关系的这种性质是新奥法的重要理论基础之一，它在新奥法原理中定性地体现为：构筑支护结构要有时间效应概念，要适时；支护结构应具有柔性，刚性不必过大；在不出现有害的松动条件下，允许产生一定的变位。

岩石的残留强度及应变是岩石具有普遍意义的共性，符合围岩的实际工作状态，但是对于定量的认识各类岩石的残留强度及应变，目前还未解决，对于在弹性或塑性阶段都能正确反映岩石物理、力学性质的计算模型的确定，也是一个很复杂的问题，用解析定量法解决这样的问题，目前存在较大的困难。

2. 岩体的徐变

通过对岩石（石膏、砂岩等）的试验研究，发现在单向不同的恒压应力作用下，徐变特征曲线是不同的，但是当恒定压力为某一值时，岩石的应变速度随时间增长而变缓，并最后趋于零，能使岩石徐变可以休止的最大恒定应力值，定义为“徐变限界”，每种岩石都有自己的徐变限界，而当岩石承受低于徐变限界时，徐变变位均可休止，岩石在徐变限界内的徐变特征可近似用式（3.2-9）表示：

$$X = A[1-\exp(-at)] \tag{3.2-9}$$

式中　X——不同时期的应变量；

A——时间为无限长时的总应变量；

a——与岩石黏性性质有关的常数；

t——时间。

岩石在三向应力状态下的徐变特征尚不清楚，但岩石存在的徐变特征不仅反映了在岩体中开挖之后的围岩动态与时间因素有关，还说明了围岩内的应力状态和大小，与围岩变位是否能稳定有密切的关系。从利用新奥法设计、施工取得的量测资料分析，上述认识是符合实际的，但如何确定岩石徐变限界，还未解决。确定三向应力状态下岩体的徐变，是新奥法深入发展需解决的问题。只有解决了这个问题，洞室的结构安全问题才能得到既安全又不保守的彻底解决。在目前，只能是在上述基础理论的“定性”认识指导下，通过工程类比法和在施工中对围岩动态进行系统监测来监控设计、施工这一途径解决。

3. 岩体的破坏准则

莫尔理论如图 3.2-5 所示，即：

$$\tau \leqslant \tau_s = c + \sigma \tan\varphi \qquad (3.2\text{-}10)$$

式中 τ——某一斜截面剪应力；

τ_s——岩石抗剪强度；

c——岩石黏聚力；

φ——岩石内摩擦角。

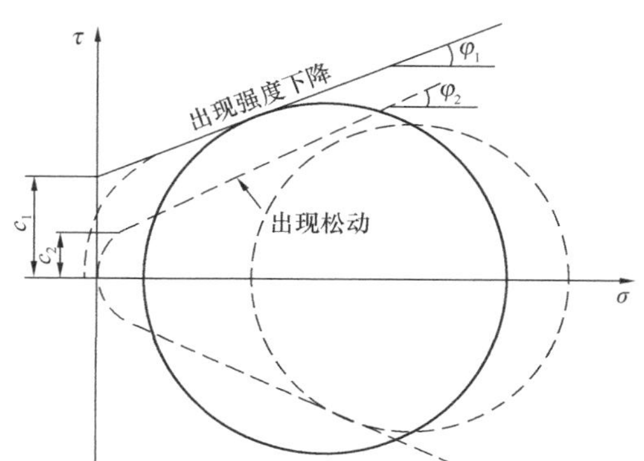

图 3.2-5 岩体出现强度下降与发生松动的条件示意图

从图 3.2-5 可知：

(1) 岩体的 c、φ 数值在强度下降区的范围是由 c_1、φ_1 逐渐变化到 c_2、φ_2；

(2) 岩体的破坏条件是据变化的 c、φ 值定出的莫尔-库仑滑动界线或类似的滑动界线与应力关系来确定的；

(3) 岩体出现强度下降或发生松动的条件，与最大、最小主应力差值有关，与中间主应力无关；

(4) 岩体一旦出现单向或双向应力状态，即 $\sigma_3=0$ 时，最大和最小主应力圆半径加大，且主应力圆与剪应力轴（τ 轴）相切，这时岩体易于破坏，易出现强度下降状态或松动状态，这是岩体非常不利的工作状态。

据莫尔理论，如果无支护结构的约束压力作用给围岩壁面，则围岩壁面就会处于非常不利的单向或双向应力状态，如壁面发生剪切破坏后，破坏层从围岩壁面向围岩内部逐渐扩展。因此，及时支护、改变围岩壁处岩体应力状态为三向应力状态，这对保护和利用岩体天然承载能力，保持洞室安全、稳定是极为重要的。

（二）支护结构设计理论

1. 开挖对围岩中应力的影响

据黏、弹、塑性理论来讨论开挖洞室引起应力再分配问题，则应视岩体为黏、弹、塑性连续介质，并假定：

岩体中原始应力只考虑受自重影响；

原始应力是按静水压力状态分布；

洞室开挖断面为圆形；

没有构筑支护结构。

(1) 岩石强度较高，原始应力较低时围岩中应力状态（图 3.2-6），可按弹性介质无限大板的问题来讨论，洞室围岩内的应力状态。

切向应力 $$\sigma_t = P_0\left(1+\frac{a^2}{r^2}\right) \tag{3.2-11}$$

径向应力 $$\sigma_r = P_0\left(1-\frac{a^2}{r^2}\right) \tag{3.2-12}$$

式中 r——围岩内讨论点的极半径；

a——洞室圆形断面半径。

从式（3.2-11）和式（3.2-12）可知，当 $r=a$ 时，$\sigma_r=0$，$\sigma_t=2P_0$，此时 σ_t 最大，在围岩内 $r>a$，随 r 值增大，σ_r 增大，σ_t 减小，最后均以 P_0 限界；在壁面上，σ_t，σ_r 与 a 无关，只要壁面上 $\sigma_t=2P_0$ 小于岩石的极限强度，围岩内应不会出现强度下降状态或松动状态，洞室半径不同，应力再分配在围岩内影响的深度范围不同。应力重分布后，σ_r 随深度（向围岩内）增加逐渐增加，反之 σ_t 逐渐减小，两者均以原始应力值为渐近线（图 3.2-7）。据计算，当 $r=4a$ 时，σ_t、σ_r 与原始应力 P_0 相差约 6%，$r=4a$ 这一深度可看作开挖引起应力再分配的影响深度。

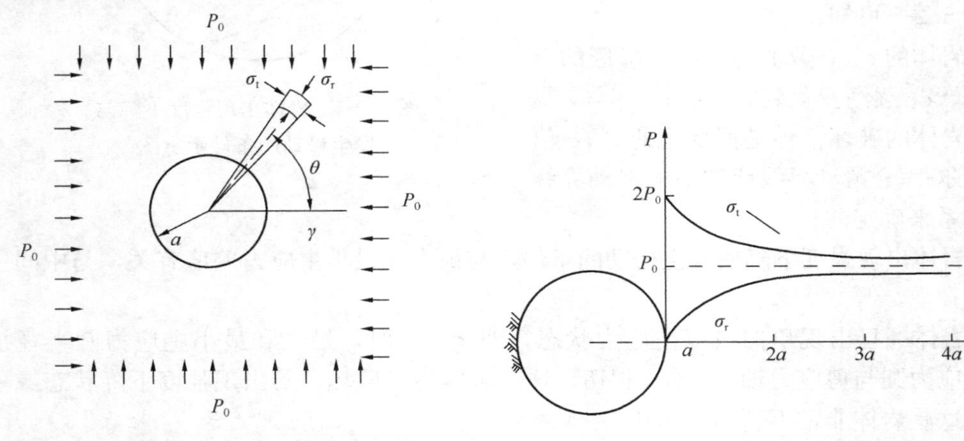

图 3.2-6 隧道围岩内应力状态示意图　　图 3.2-7 围岩应力变化示意图

（2）岩石强度较低，原始应力较高时，围岩中的应力状态

这种情况，即出现在距围岩壁某一深度范围内 σ_t 会超过岩石强度极限，而形成强度下降区或松动区，即在应力再分配的影响范围内可能形成弹性区（Ⅰ）、强度下降区（Ⅱ）及松动区（Ⅲ）。出现 σ_t 的最大位置随 P_0 值增加，从围岩壁面逐渐向内移，强度下降区范围加厚；在强度下降区内，围岩中 σ_t 值显著减少；岩石强度极限随径向约束压力增大而逐渐提高（图 3.2-8）。

（3）开挖后伴随应力的分配，围岩内的变位

变位量与岩石物理力学性能有关，与应力值有关。当围岩中一旦出现了强度下降区与松动区，围岩就要向洞室内空方向出现较大的挤出变形（图 3.2-9）。围岩向隧道内空方向总的挤出变位量的相对值为 6%，其中弹性区约占 0.5%，强度下降区约占 1.5%，松动区约占 4.5% 。Ⅰ、Ⅱ、Ⅲ分别表示围岩的弹性区、强度下降区和松动区的深度界限。

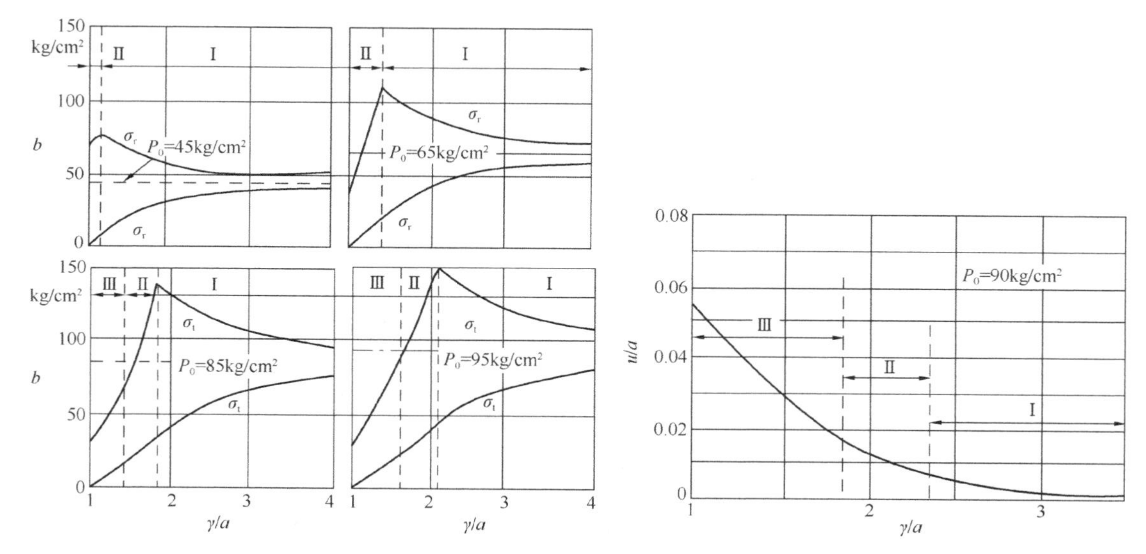

图 3.2-8　对应不同原始应力无支护圆形断面隧道围岩内应力状态

图 3.2-9　无支护圆形断面隧道围岩内变位状态

（4）围岩强度比

如何判断围岩能否出现强度下降区和松动区呢？

围岩强度比：

$$G_N = \frac{\sigma_c}{\rho h} \tag{3.2-13}$$

式中　σ_c——岩石单轴抗压强度（kPa）；

ρ——岩石重度（kN/m³）；

h——洞室埋深（m）。

在岩石强度较高、原始应力较低时，在壁面上 $\sigma_r=0$，σ_t 取最大值。

$$\sigma_t = P_0\left(1+\frac{a^2}{r^2}\right) = 2P_0$$

而
$$P_0 = \rho h$$
故
$$\sigma_t = 2\rho h$$

当围岩壁的 σ_t 值低于 σ_c 时，即：

$$\sigma_t = 2\rho h < \sigma_c$$

此时围岩不应出现强度下降状态或松动状态，因而导出：

$$G_N = \frac{\sigma_c}{\rho h} > 2$$

如在围岩壁面处 $\sigma_t \geqslant \sigma_c$，则：

$$\sigma_t = 2\rho h \geqslant \sigma_c$$

此时在围岩内则要出现强度下降或松动状态，据上式导出：

$$G_N = \frac{\sigma_c}{\rho h} \leqslant 2$$

因此围岩强度比 $G_N=2$ 是反映围岩内应力状态和稳定状态的很重要的限界性指标，

是新奥法设计施工中对岩质进行评价的很重要的定量指标，其意义：

① 当 $G_N>2$ 时，围岩内不会出现强度下降区，围岩壁面向内空方向的变位量不会很大，围岩内不会出现剪切破坏；

② 当 $G_N<2$ 时，围岩内会出现剪切破坏，出现强度下降区或松动区。

所以在新奥法设计施工中，把 $G_N=2$ 作为初选设计时，是确定支护原则、支护方式、支护参数、开挖方式等问题的限界性定量指标，然而在工程实际中，在应用 G_N 指标时，应考虑到岩体构造对岩石强度的影响，需对 σ_c 测定值进行修正，然后再计算 G_N 值。

通过前面的讨论，揭示了：尽管由于开挖作用产生应力再分配，在围岩内会形成强度下降区，但若重视岩体中的应力、应变状态，重视岩体稳定，合理地进行支护，即使在很差的地质条件，也可使围岩本身与支护结构共同形成环形支承结构。

2. 支护结构的径向约束压力对围岩中应力再分配的影响

从前面的讨论中可知：在围岩应力重分布过程中进行了支护，则当围岩壁稳定时，壁面最终变形量因支护结构的约束而减小，减小的变形量 u 与支护结构对围岩壁面施加的径向约束力 σ_r 有关，而 σ_r 受围岩物理力学性质及支护结构刚度支配，如刚度一定，则 σ_r 值随 u 值变化而变化，围岩壁面因 σ_r 的作用，在壁面变位稳定时，围岩内应力产生了新的平衡，其结果是最终制约围岩壁面变位。支护结构刚度愈大，围岩壁面变位愈困难，u 值愈大，因而 σ_r 也愈大，使岩石的抗压强度极限值提高，壁面稳定时，围岩的松动区和强度下降区范围也要减小或消失。

因此，当在一定的原始应力和一定的岩质条件下，作用于围岩壁面的径向约束压力愈大，挤出变形量愈小，采用薄壁柔性可缩可屈性的刚度较小的支护结构，比采用刚度大的支护结构，围岩壁面变形量大，但作用在支护结构上的岩压则小，或推迟支护构筑时间壁面变形量也大，作用在支护结构上的岩压也小。然而在工程中，围岩壁面位移量要有一定的控制，过大则围岩失稳。因此变形量应以不出现有害松动的最大值为原则——允许变形量（应包含安全储备），这一理论在新奥法设计结构之中，则表现为适当控制围岩壁面位移，及时构筑支护结构，恰当地选择支护结构刚度，既保证洞室安全、稳定又经济合理。

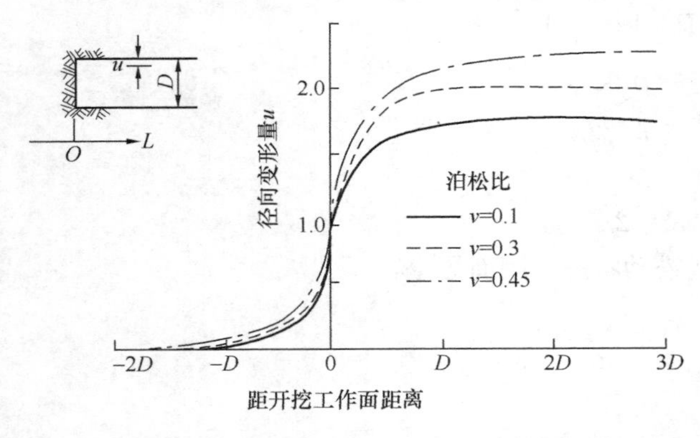

图 3.2-10　无支护圆形断面隧道在开挖工作面附近径向变位分布曲线

3. 开挖对开挖工作面附近围岩中应力状态的影响

在岩体中开挖洞室，开挖工作面的前、后方一定范围内的围岩中应力状态都要受到影响，从图 3.2-10 可以看出，在开挖工作面的前方，距开挖工作面的距离等于 2 倍洞室直径处尚未进行开挖的岩体，已经扰动而产生变形。开挖工作面的后方，距开挖工作面 1 倍洞径距离范围内，围岩径向变形量显著增加，距开挖工作面的距离为 1～3 倍洞径范围内，围岩内空变形速度逐渐减小并逐渐趋于停止。在开挖工作面外，围岩内空变形量的数值为被覆后变形停止时的变形量的 1/3 左右。开挖工作面不断前进时，不断前进的开挖工作面后方某一断面的围岩内空变位与该断面距开挖工作面的距离关系由图 3.2-11 表示，当开挖工作面在 Z_0 处时，其围岩壁面发生内空变位后被挤到点 5 的位置，当开挖面前进到 Z_1 时，Z_0 断面处岩壁面已被挤到点 5′位置，当开挖面进到 Z_2 时，Z_0 断面处岩壁被挤到点 5″位置，Z_2 至 Z_0 距离为洞室直径，此时围岩壁面变位量已接近最终值。当开挖面在 Z_0 处时，从 A 点到开挖面 Z_0 间洞室壁面变形状态用 A'、2、3、4、5 连接的曲线表示。

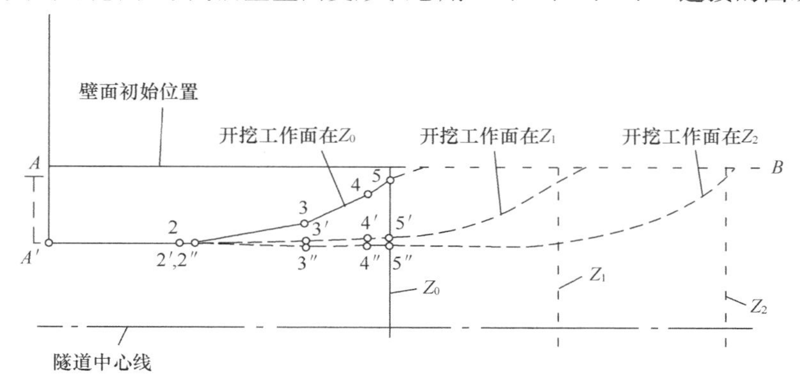

图 3.2-11 随开挖面前进围岩内空变位状态

从上述可知，在不断开挖前进的后方，距开挖工作面为洞径距离的范围内，围岩中的切向应力值比超过直径范围以外的切向应力值要低，如应力值超过了极限强度，则强度下降区和松动区范围也较小（薄），这是由于前方岩体支持了部分岩压。

在新奥法设计施工中，施工方案的选择或确定开挖方法（全断面开挖、短台开挖、多台开挖、小台开挖等），确定支护原则、支护方式、支护时机等，都必须充分考虑上述开挖工作面附近的应力变化情况及所涉及的空间效应问题，也必须考虑开挖工作前进对围岩应力状态的影响，这对于防止发生塌方，保证洞室安全、稳定有非常重要的意义。

（三）新奥法设计与施工

1. 新奥法特点

(1) 不必进行严格计算：从设计工作本身讲，需用数值法准确进行支护结构计算，但从岩体力学理论发展现状则难以解决；

(2) 工程类比是重要依据，即把本工程的地质条件与类似的已建工程进行充分分析对比，确定本工程预选设计方案；

(3) 结构设计和施工设计紧密结合；

(4) 设计方案分阶段进行：第一阶段，通过类比制定预选设计、施工方案；第二阶段，先通过施工试验段验证预选方案是否可行，再制订工程实施设计方案；

(5) 量测围岩，监控设计施工：在施工全过程中，自始至终通过对围岩动态的量测工作监控设计施工，需要时修改和变更实施设计方案。

2. 新奥法设计的一般程序

(1) 勘察：除常规要求外，要求详细进行下列工作：

① 地质剖面图除常规内容外，还应包含按弹性波纵波传播波速分带和按围岩强度比分带；

② 如地层强度比小于 2，还应测定岩石重度、天然含水率、塑性指数、流动性指数、

阳离子交换容量等反映地层有无吸水膨胀性的物理化学性能数据；

③ 地下水分布状态，有无涌水、涌水状态、涌水量、涌水压力；

④ 断层和破碎带的性质、状态；

⑤ 有无偏压、滑坡情况。

（2）制定预选设计方案

制定预选方案依据已建工程经验和本工程条件进行类比，运用类比法制定预选设计施工方案不是消极的模仿，而是在总结经验的基础上，经过类比创新。类比先从地质条件开始，本工程可能遇到的复杂的地质问题与已建工程对比，并考虑已建工程设计方案和量测资料，参考标准设计方案，以便确定工程的预选设计方案。预选设计方案是新奥法设计施工的重要环节，是编制预算的重要依据，应尽可能正确合理，尽可能符合实际情况，除特殊情况（如地质资料不准确等）外，尽量避免施工中修改变更。

预选设计方案的内容包含：

① 洞室断面形状、尺寸；

② 开挖方式、方法，主要机械设备；

③ 一次被覆的组成成分、设计参数、支护结构图、各结构成分的构筑时机；

④ 混凝土二次被覆设计参数、构筑时机；

⑤ 施工程序，一次掘进长度；

⑥ 量测断面位置，量测项目及允许内空变形量；

⑦ 复杂地质地段必须采用或可能采用的预支护、预加固、排水等辅助施工方法及机械设备。

（3）制定实施设计方案

预选设计方案经施工试验验证后才制定实施设计方案。

（4）通过施工量测修改实施设计方案。这是新奥法的主要特点，量测工作在新奥法施工过程中自始至终都要进行，在量测中一旦发现围岩有不稳定状态，应立即采取有效加固措施，并据加固后的情况修改、变更前方未开挖段的实施设计方案，同时还应按修改或变更后的设计方案对邻近连接已支护段做适当补充加固。

量测项目分为A类和B类。A类是必须进行的常规量测——隧道（洞室）内空变形、锚杆拉拔抗力以及隧道（洞室）内目测观察。这是判断围岩稳定状态，判断支护结构工作状态，指导设计施工的重要、经常性量测。B类量测是选测项目，主要对一些具有特殊意义和代表性意义的区段的补充量测，是以判断隧道（洞室）围岩松动状态、判断喷锚支护效果及为以后设计积累材料为目的，主要有围岩变形、锚杆轴向力、喷混凝土层应力、围岩压力及围岩物理力学性能等。

目测观察内容主要有：

① 开挖后尚未支护的围岩：岩质种类和分布状态，界面位置和状态，节理裂隙发育程度和方向性以及充填物质的性质和状态；开挖工作面稳定状态、顶板有无剥落现象，是否涌水，涌水量大小，涌水位置，涌水压力等。

② 已开挖支护段：有无锚杆被拉断或垫板陷入岩内的现象；喷混凝土是否产生裂隙或剥离，尤应注意是否发生剪切破坏；钢拱架有无被压屈现象，是否有底鼓现象；锚杆注浆质量和喷混凝土施工质量是否达到规定要求等。

观察中要细致，发现异常要详细记录。

3. 新奥法施工

新奥法掘进开挖方式有全断面法、台阶法、临时仰拱法、侧壁导坑法等，例如台阶式开挖见图 3.2-12。

在选择开挖方式时应考虑以下问题：

(1) 隧道（洞室）埋深、岩质状况，有无断层破碎带、涌水，岩石强度等有关围岩自稳定性问题；

(2) 隧道（洞室）总长度或分段长度、线型、断面尺寸、形状等有关环境要求问题；

(3) 机械设备、工程工期等施工条件问题。

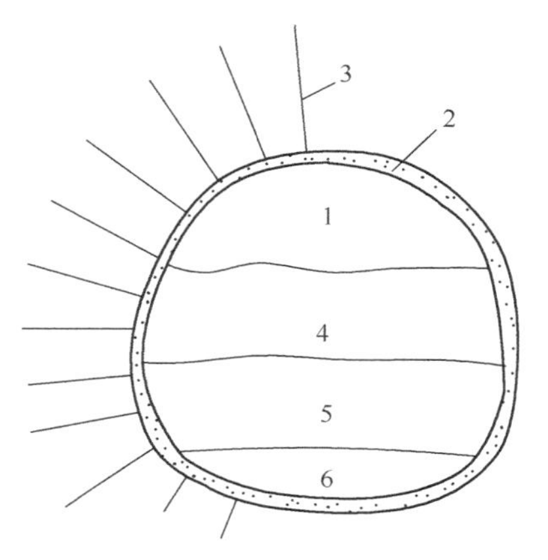

图 3.2-12　台阶式开挖

1—上半断面；2—喷混凝土；3—锚杆；4—台阶一；5—台阶二；6—仰拱

全断面开挖是一次爆破成型，其优点是减少对围岩的反复扰动，有利于保护围岩承载能力，条件是对地质条件要求严格，围岩自稳性要好。对大断面喷锚支护要有专门设备。

台阶式开挖又分为长台阶、短台阶、小台阶、多台阶等几种方式，除多台阶方式具两个以上开挖断面外，其他方式都具有上半断面和下半断面两个开挖工作面。台阶式开挖适用于所有岩质条件，故应用较多，选择哪一种方法主要据下列因素选择：

(1) 据一次被覆形成闭合断面时期的要求来考虑，断面闭合时间因岩质条件不同而不同。

(2) 据上半断面施工时所用开挖、支护、出渣等机械设备对施工场地大小要求来选择。临时仰拱开挖是短台阶开挖的一种变形，为减少施工中地表下陷量，有时采用此法。其特点是把上半断面的底段开挖成仰拱曲面，并在曲面上做喷混凝土层，以使上半断面先成闭合断面。其缺点是施工不便，工期长，造价高。侧壁导坑开挖，主要适用于城市砂质地层中构筑跨度较大的隧道（洞室），其特点是将整个断面分成两个侧壁导坑，上半断面、下半断面，仰拱等几个部分进行开挖，以便内空变形量和地表下陷量减少。

复习思考题

1. 地下洞室的洞址、洞位的选择应考虑哪些条件或因素？
2. 地下洞室各勘察阶段岩土工程基本技术要求？
3. 何谓围岩压力？松动压力？其在地下工程中的意义何在？
4. 各种围岩（土）稳定性评价方法的适用条件。
5. 新奥法的基本原理。
6. 新奥法的设计程序以及设计的实质。
7. 新奥法施工方法的适用性。
8. 地下水在地下洞室工程中的作用有哪些？如何去获得表征其作用的有关参数？

第三节　线　状　工　程

线状工程是指在平面上呈线状或条带状展布的工程，本节仅讨论管道、架空线路、公路及桥涵工程的岩土工程勘察。

一、管道工程

（一）概述

这里讨论的管道工程是指大型油（气）长输管道线路及其穿、跨越的工程，其他管道工程可类比运用。管道与后面要讨论的其他线路工程，其特点是通过的地貌单元多，各种不良地质作用和特殊岩、土都可能遇到，因此查明它们的稳定性条件是岩土工程勘察工作的核心，而线路路径的选择却占据重要位置。从管道的保护等因素来说，油（气）长输管道主要或优先采用地下埋设式（管道上覆土厚1.0～1.2m），对自然因素等条件比较复杂的特殊地段，经技术经济论证后亦可采用土堤埋设，地上敷设、水下敷设等方式。

管道工程规模分为大型（管径大于700mm，长度超过50km）、中型（管径300～700mm，长度超过50km）以及小型工程（除上述规定外的管道工程）。

管道工程岩土勘察阶段划分与设计阶段相适应，一般大型管道工程和大型穿越、跨越工程分为选线勘察、初步勘察和详细勘察三个阶段，对岩土工程条件简单或有建筑经验的，可适当简化勘察阶段；中型的分为选线及详细勘察阶段；小型的一般不分阶段，一次达到详细勘察要求。

（二）岩土工程勘察基本技术要求

1. 选线勘察阶段

本阶段是管道工程（大、中、小型工程）的一个重要阶段，过去少数工程在选线工作中，对工程地质工作不够重视，选线工作不派专业人员参加，也不进行选线勘察，结果事后发现选定的线路通过泥石流、滑坡等不良地质作用发育地段，不是不易治理，就是耗资巨大，增加工程投资；如不治理，则后患无穷；在这种情况下，不得不重新选线，造成了人力、物力、财力上的巨大浪费，延误了工期和工程效益的发挥。因此，加强选线勘察工作十分必要，且应有岩土工程人员参加。

本阶段主要是通过资料收集、测绘与调查，了解管道线路起点和必经控制点各线路方案的主要岩土工程问题，对拟选穿越、跨越段的稳定性和适宜性作出评价。

管道线路的选择应力求平直，缩短线路长度，这对于节约投资、材料和运行、管理具有重要意义。然而影响线路选择的因素是复杂的，除了应考虑节约投资、材料外、还应考虑安全和施工、管理方便，因此选择管道工程的路径应综合考虑运行、施工、交通条件和路径长度等因素。从岩土工程条件出发，应选择地形、地质条件较好，地基处理较容易，安全、经济的路径方案。在技术合理、安全经济的前提下，线路应尽量沿公路、铁路和交通方便的地方进行，以利于施工和管理，同穿越大、中型河流位置的选择结合起来，同时还应力求减少同天然或人工障碍的交叉，要避开不良地质作用和不利的地形、地貌，减少额外的工程措施；要尽量少占或不占农田好地，要考虑城镇、农田和水利规划，避开两者之间不必要的干扰或冲突，使两者协调好。为达到上述目的和要求，选择最佳的线路方案，岩土工程勘察应做好以下工作：

（1）了解沿线地形地貌、地质构造、地层岩性、水文地质等情况，阐述各线路方案通过地区的岩土工程条件；

（2）对于控制线路的越岭地段，应调查地质构造、岩性、水文地质条件和不良地质作用等情况，推荐越岭方案；

（3）对于各线路方案通过的特殊土及不良地质作用发育地段，应了解其性质、分布、调查和分析其发展趋势以及对管道修建的危害程度；

（4）对控制线路方案的河流，应了解其地层岩性、构造、河床与岸边的稳定程度，提出穿越、跨越方案的比选意见。

管道遇有河流、湖泊、冲沟等地形、地物障碍时必须穿越或跨越通过时，为输送油、气或其他物质的安全，管理方便，节省投资，据国内外经验，一般是穿越比跨越好，但线路通过的地区，各种自然条件不尽相同，有时因河床不稳，穿越管道埋藏很深，有时因沟深坡陡，管道弹性敷设工程量大，有时或因水深急流，穿越工程施工特别困难，有时或因对河流经常疏浚或渠道扩挖而影响管道的安全等等，因而往往跨越的方案好。故应据具体情况，因地制宜决定穿越、跨越方式。

穿、跨越工程是整个管道工程的一部分。小型的穿、跨越工程往往施工容易，在整个管道工程中所占比例不大，它应服从线路的总走向，但是大、中型的穿、跨越工程，由于受地形、地质、交通、施工等多方面因素影响，穿、跨越点位置不能随意选定，此时线路的局部应服从穿、跨越点选择的要求。对穿、跨越点选择是否合理，关系到设计、施工和管理这一关键问题，因此在确定穿、跨越点之前，应做好选址勘察工作，通过认真的调查研究，比选出最佳的穿、跨方案。穿、跨越点的选择，既要照顾到整个线路走向的合理性，又要考虑到岩土工程条件的适宜性。穿、跨越河流的位置应考虑河段顺直，河床与岸坡比较稳定，水流平缓，河床断面大致对称，河床岩土构成比较单一，两岸有足够施工场地等稳定、有利地段。从岩土工程角度出发，在选择穿、跨越河段时，下列河段宜予以避开：

① 河道异常弯曲，主流不稳定，经常改道的河段；

② 河床为粉、细砂土组成，冲、淤变幅大的河段；

③ 岸坡区岩、土松软，不良地质作用发育，对穿、跨越工程稳定性有直接或潜在威胁的河段；

④ 断层河谷或发震断裂。

（5）了解沿线有关大型水库的分布情况，近期及远景规划，水库水位、回水浸没、坍岸的范围及其对线路方案的影响；

（6）了解沿线矿产、文物的分布概况；

（7）了解沿线地震动参数或抗震设防烈度。

通过选线岩土工程勘察工作所获资料，进行综合分析，阐明线路各方案的岩土工程条件，提出各线路、各方案的比选和推荐意见。

2. 初步勘察阶段

本阶段工作主要是在选线勘察的基础上，进一步搜集资料，现场踏勘，进行工程地质测绘与调查，对拟选线路方案的岩土工程条件作出初步评价，协同设计人员选择最优的线路方案和合理的穿、跨越方式。

在本阶段，往往还有几个比选方案，因此，工作主要是进行测绘和调查，尽量利用天然和人工露头，一般不进行勘探与测试工作，只有在地质条件复杂、露头条件不好的地段，才进行简要的勘探工作（如槽、井探等）。管道通过河流、冲沟等障碍时，则应进行穿越或跨越工程勘察，有条件时可做工程物探测量。对地质条件复杂的大、中型河流，线路的每个穿、跨越方案可布置勘探点 1～3 个，其勘探孔深度可按详细勘察阶段的孔深要求。本勘察阶段工作内容主要是：

（1）划分沿线地貌单元；

（2）初步查明管道埋设深度内的地层成因、岩性特征和厚度；

（3）调查岩层产状和风化破碎程度及对管道有影响的全新活动断裂的性质和分布特点；

（4）调查沿线滑坡、崩塌、泥石流、冲沟等不良地质作用的范围、性质、发展趋势及其对管道的影响；

（5）调查沿线井、泉的分布，水位，水量等情况；

（6）初步查明拟穿、跨越河流的岸坡稳定性，河床及两岸的地层岩性和洪水淹没范围；

（7）调查沿线矿藏分布、开采及采空情况。

在初步勘察阶段，由于线路未最后确定，因此在确定工作内容时，只是立足于要求把岩土性质基本搞清楚，有无流砂、软土和重大不良地质作用，避免在详细勘察阶段出现本质上不同的结论。穿、跨越工程，亦是以收集资料、踏勘调查为主，但对于山区河流，由于河床第四系覆盖层厚度变化大，单纯用钻探工作手段也难以控制，因而可采用工程物探（如电法或地震勘探）了解基岩埋藏深度。大、中型的穿、跨越工程，除了地面调查和物探工作外，尚需布置少量钻探工作，每个穿、跨越方案宜布置勘探点 1～3 个，勘探孔的深度应与详细勘察要求的勘探孔深一致，以能初步查明河床地质条件为原则，勘探点间距视具体情况确定。

通过初步勘察工作，应对各方案的岩土工程条件予以论述，对穿、跨越工程地段的河床、岸坡稳定性进行初步的分析、评价，提出比较意见和合理的穿、跨越方式建议。

3. 详细勘察阶段

在初步勘察工作基础上，查明选定线路沿线的工程地质条件及地下水、地表水对金属管道的腐蚀性，提出岩土工程设计参数和建议。对于跨越工程的详细勘察要求可按架空线路的详细勘察要求进行。对于穿越工程在详细勘察阶段则应着重查明：

（1）穿越断面的地层结构、松散地层的颗粒组成及其工程地质特性；

（2）河床的冲刷深度及稳定性；

（3）岸坡的稳定性，并提出防护岸坡措施的建议及有关岩土工程设计参数。

详细勘察阶段的勘探工作应是在测绘调查的基础上布置，其间距以能掌握沿线地层分布为原则，充分利用靠近线路的地质露头点进行描述记录，对露头不好的地段才进行勘探工作，原则上是沿线每公里一个勘探点（含地质点及原位测试点）并可据地形、地质条件复杂程度适当增减。勘探点深度应达到管道埋设深度以下 1m。

对管道线路工程，勘探点间距视地质条件复杂程度而定，宜为 200～1000m，包括地质点及原位测试点，并应根据地形、地质条件复杂程度适当增减；勘探孔深度宜为管道埋设深度以下1～3m。

对于管道的穿越工程，勘探点应布置在管道中线上，移位偏离中线不应大于3m，考虑到山区和平原河流的特点，勘探点间距为30～100m，并不应少于3个点。对山区河流而言，30m的点间距，有时还难以控制地层的变化，而对平原河流，100m的点间距，甚至再大些，也可以达到控制地层变化的要求。因此，当岩面起伏变化大时，勘探点间距应适当加密，或辅以物探工作，控制地层的变化。当管道为沟埋敷设方式穿越时，孔深应达到河床最大冲刷深度以下3～5m。当管道为顶管方式穿越时，勘探点间距为15～25m，孔深应超过管道顶进线路以下2.5～3m。

管道工程如需通过抗震设防烈度6度及6度以上地区时，应进行地震效应的勘察和评价。

详细勘察工作结束后，通过对所有资料的综合分析、研究，应分段论述其岩土工程条件，提出岩土工程设计参数、设计和施工建议，对穿越工程论述应评价河床、岸坡的稳定性，提出护岸措施，对跨越工程，则应分析论述、支撑管道跨越点位的岩土工程条件，计算成果，基础方案及工程措施等建议。

二、架空线路工程

本节讨论的架空线路工程主要是指大型架空线路工程，包含220kV及其以上的高压架空线路（大型330～500kV、中型110～220kV、线路长超过250km）、大型架空索道等。大型架空线路工程的岩土工程勘察可分为两个阶段，即初步设计勘察（初勘选线）与施工图设计勘察（终勘定位）阶段，小型线路的岩土工程勘察，可简化阶段，参照技术要求一次完成。

（一）各阶段岩土工程勘察基本技术要求

1. 初步勘察（初勘选线）阶段

本阶段对应于工程的初步设计阶段。其岩土工程勘察的主要任务是取得选择线路路径方案及重大跨越段的初步勘察成果，对影响线路取舍的岩土工程问题做出评价，并推荐最优路径方案。

本阶段工作以搜集资料及踏勘调查为主，必要时可进行适当的勘探工作。岩土工程勘察人员参加选线踏勘工作，重点是调查路径跨河段的岩土工程条件和沿线不良地质作用，对各路径方案沿线的地貌、地层岩性、特殊土分布、地下水情况也应有所了解，从而为正确划分地貌、地质地段，选择地质、地貌条件较好，路径短、安全、经济、交通方便、施工方便的线路方案。对特殊设计的大跨越地段和主要塔基，应作详细的调查研究，如已有资料不能满足要求，则应做适量勘探测试工作。本阶段岩土工程勘察工作主要要求：

（1）调查沿线地形地貌、地质构造、地层岩性、特殊岩、土的分布，地下水及不良地质作用，并进行分析评价；

（2）调查沿线矿藏分布、开采及开发计划情况。线路宜避开可采矿层，对已开采区，应对采空区的稳定性进行评价；

（3）特殊设计的大跨越地段应着重查明工程地质条件，进行岩土工程评价，推荐和提出最优跨越方案；

(4) 对线路通过抗震设防烈度大于或等于7度地区，则应判别饱和土在地震时的液化势，并提出适当的工程措施。

2. 施工图设计勘察

本阶段对应工程的施工图设计阶段。本阶段的勘察工作是在初步勘察工作基础上，在已经选定的线路下进行杆塔定位，结合塔位进行工程地质调查、勘探与测试以及必要的计算工作，提出合理的地基基础和地基处理方案、施工方法。工作内容及要求主要是：

(1) 平原地区，重点查明塔基处各类土层的分布、埋藏条件、物理力学性质、水文地质条件以及地表水、地下水对混凝土和金属材料的腐蚀性。对于简单地段的直线塔可酌情放宽。

(2) 丘陵及山区，围绕塔基稳定性并以此为重点开展工作，除查明上述平原区所要求的内容外，尚应查明塔基处有无溶洞、土洞、人工洞穴，有无滑坡、崩塌、冲沟、泥石流等不良地质作用，它们对塔基稳定性影响，并做出评价及处理措施。

(3) 跨越河流、湖泊等地段，则应查明跨越段的地形地貌条件，塔基范围内地层岩性，风化破碎程度、软弱夹层情况及其物理力学性质，查明对塔基有影响的不良地质作用的性质、分布、特征，并提出措施，同时亦应查明地表水、地下水对混凝土和金属材料的腐蚀性。

对跨越地段塔位的选择，应与有关专业共同商定，对岸边和河中立塔，还需据水文调查和测试资料（百年一遇洪水，淹没范围、岸边与河床演变等）结合塔位工程地质条件对杆塔基的稳定性作出评价。如跨越河流或湖泊，宜选择在跨距较短，岩土工程条件较好的地点布设杆塔。跨越塔宜布置在地势较高，岸边稳定，地基土坚实，地下水埋藏较深的地方；在湖沼区立塔，则应将塔位布设在湖泊沼泽沉积层较薄处，着重考虑塔位地基环境水、土对基础的腐蚀性。

(4) 对特殊设计的塔基和大跨越塔基，当抗震设防烈度≥6度时，应判定饱和土的地震液化势，并提出适当的工程措施。

在施工图设计勘察阶段，对架空线路工程的转角塔、耐张塔、终端塔、大跨越塔等重要塔基及复杂地段应逐个进行塔基勘探，按支架位置，每个塔基布置一个勘探点，对直线塔或地质条件简单的地段，可每3～4个塔基布一个勘探点。勘探点的深度应据杆塔受力性质条件而定，一般为基础底面以下0.5～2倍基础宽度，亦可参照表3.3-1、表3.3-2选用。各土层应选取有代表性的不扰动土样进行物理、力学性质试验，并据需要进行抗剪强度试验。

不同类型塔基勘探（测试）深度　　**表3.3-1**

塔　型	勘探点深度（m）		
	硬塑土层	可塑土层	软塑土层
直线塔	$d+0.5b$	$d+(0.5\sim1.0)b$	$d+(1.0\sim1.5)b$
耐张塔、转塔角、跨越塔、终端塔	$d+(0.5\sim1.0)b$	$d+(1.0\sim1.5)b$	$d+(1.5\sim2.0)b$

注：1. 本表适用于均质土，如为多层或碎石土、砂土时，可据表列数据适当增减；

2. 表中符号 d 为基础埋置深度（m），b 为基础底面宽度（m）。

勘探点间距、深度表 表 3.3-2

地基类型	勘探点间距	勘探点深度（m）
架空索道	每个塔基布置一个勘探点	4～6
架空输电线路	直线塔每 3～4 个塔布置一个勘探点，其他类型塔基和重要塔基，每个塔基至少一个勘探点	3～4

注：当支架高度大于 20m 时，勘探点深度不应小于 8m；2. 如遇软土或基岩时，勘探点深度可适当增减。

（二）岩土工程分析与评价

1. 塔基稳定性评价

架空线路工程塔基础受力的基本特点是承受上拔力、下压力或者承受倾覆力。因此，应据杆塔性质（直线塔或耐张塔等）、基础受力情况、地基情况进行基础上拔稳定计算、基础倾覆计算和基础下压地基计算。具体计算方法见《送电线路基础设计规定》。

2. 塔基基础形式的选择

塔基基础形式的选择应结合岩土、施工条件，工程类型，塔杆结构形式等综合考虑。常用的基础形式有以下几种：

（1）装配式：用单个或多个部件拼装而成的预制钢筋混凝土基础，金属基础或混合结构基础。它适用于缺少砂、石、水的地区，或在严冬现场浇制有困难的地区；

（2）浇制基础：即现场浇制的混凝土、钢筋混凝土的独立基础，一般用于现场具有砂、石、水等浇制条件的地段；

（3）掏挖基础和机扩桩基础：将基础的钢筋骨架和混凝土直接浇入人工掏挖成型或机扩成型的土胎内。适用于充分利用地基强度和掏挖、灌注时无水渗入基坑的黏性土、粉土地基；

（4）爆扩桩基础：宜用于硬塑、可塑状态黏性土、粉土及中密、密实的砂土、碎石土地基；

（5）岩石锚桩基础：将锚筋或混凝土直接浇入岩孔内，适用于山区岩石裸露及覆盖层较薄的地段；

（6）钻孔灌注桩：宜用于跨越地段且上部地层较软，下部有坚硬岩、土层作基础持力层，或在技术经济上使用浅基础不合理时；

（7）联合基础：将四个塔脚的基柱用一底板连成整体，增加底板刚度，在底板上浇筑横梁与柱联结，即成整板基础，适用于荷载大，地基条件差，用其他类型基础在技术上有困难的塔位。

三、公路

（一）概述

本节所讨论的公路岩土工程勘察是指一般条件下的公路选线、填方路基和桥涵公路，对于挖方路基、隧洞工程和特殊条件下的岩土工程勘察工作，则分别按照边坡工程、地下洞室以及特殊岩、土的有关勘察要求进行。

公路岩土工程勘察依据工程项目规模、技术条件的难易和勘察设计的任务要求，一般可分为可行性研究（选线）勘察、初步勘察和详细勘察三个阶段，据不同阶段的工作深度要求进行相应深度研究的勘察工作。下面讨论的限于详细勘察阶段的技术要求，至于其他阶段的技术要求，可据技术要求深度参照实施。

公路岩土工程勘察一般是沿线两侧呈带状的范围内进行，其宽度范围以能满足各项工程设计要求，同时考虑不良地质作用、特殊岩、土以及地质构造对工程的影响范围，满足方案的优选、稳定性分析及工程措施的落实为限。

公路的选线应据确定路线的总方向、公路等级及其在公路网中的作用，结合线路经过地区的自然经济条件，通过调查研究，分析比较后确定最佳方案。从岩土工程条件的角度来说，则应据岩土工程条件全面权衡它对路基稳定、施工安全、运营养护的长期影响，确保工程稳定，运输畅通。主要是：

1. 对滑坡、崩塌、岩堆、泥石流、岩溶、沙漠、泥沼等严重不良地质地段，软土、多年冻土、膨胀岩、土等特殊性岩、土分布地区应予避开，如必须通过时，则应选择合理位置，以合理的最短距离通过，并采取切实、可靠的工程处理措施，确保稳定安全；

2. 在河谷地区应选择在地形宽阔、平坦有阶地可利用的一岸，避开陡峻斜坡、岩层破碎和软弱结构面倾向线路的长、大挖方地段；

3. 通过水库区时，应考虑水库坍岸、地下水位壅升，（路）基底沉陷等影响；

4. 穿越山岭的路线，应避免沿大断层破碎带、地下水溢水带通过。

（二）填方路基岩土工程勘察基本技术要求

填方路基的岩土工程勘察重点是查明基底问题，判定其对路堤的危害程度，并提出针对性的工程处理措施，在高、陡坡填方地段应验算路基、路堤的稳定性。勘察工作主要查明：

1. 基底一定深度内的地层结构、岩土性质、基岩面起伏形态和坡度，不利倾向（倾向路线）的软弱夹层、软弱结构面的分布、性质特征；

2. 不良地质作用的类型、性质、分布及影响；

3. 地下水类型、潜水位、毛细水饱和带深度及地下水对路堤的可能危害。

填方路基的勘探工作在充分研究已有资料及测绘调查的基础上进行，多种方法（如钻孔、洛阳铲、麻花钻等）综合利用。点间距视岩土工程条件而定，一般每公里 1～2 个点，孔深 1.5～2.0m 或达到地下水位。对于高填路堤和陡坡路堤，为查明基底或斜坡稳定性，应对代表性横剖面进行勘探，勘探点不少于 2 个，其深度以能满足稳定性分析和工程处理要求为准。验算稳定性的所需参数，应重视室内、原位测试的验证对比。对与路基工程有关的地表水、地下水，必要时结合工程措施要求取样分析或进行简易水文地质试验（如抽水、渗水试验等）获取有关参数。

对于城市道路（包含停车场、广场）岩土工程勘察则是应查明沿线各段路基的稳定性和岩土性质，为路基设计、确定路基回弹模量和适宜的路面结构组合类型、路基压实加固、路基排水设计以及不良地质作用防治等提供依据和必要的参数及相应的建议。勘察范围、宽度，应考虑不良地质条件、地质构造对工程的影响，以能满足防治工程和落实工程措施为原则，勘探孔沿道路中线布置，如条件不允许，孔位的偏移不应超出路基范围，孔深一般应达原地面以下 2～3m，挖方地段则应达地面设计高程以下 2～3m。对于高填路堤和陡坡路堤，亦应在代表性横断面上布孔，数量不少于 2 个，深度应能满足稳定性分析和工程处理的要求。采取试样则应在原地面或路面设计高程以下 1.5m 深度范围内进行，取样间距为 0.5m。

为正确划分土的类别和土基的干湿程度，全部勘探孔均应采取试样。

每个地貌单元和不同地貌交接部位均应布置勘探孔，勘探孔间距可按表 3.3-3 选用，在微地貌和地层变化较大地段应予以加密，如果道路通过含有机质的疏松杂填土、未沉实的近期回填土及软土等分布地段时，孔间距以查明其分布范围来布置，一般控制在 20～40m。广场、停车场多放在平坦地区，范围小，地层岩性在水平方向上变化不大，勘探孔可按方格网布置，但应注意可能暗埋的河、沟、坑等。

勘探孔间距（m） **表 3.3-3**

场 地 类 型	勘探孔间距（m）	
	快速路、主干路、次干路	支 路
Ⅰ类场地	<100	100～150
Ⅱ 类场地	100～150	150～200
Ⅲ 类场地	150～200	200～400

注：场地类别的划分基本可按岩土工程勘察等级中场地等级及地基等级的等级划分原则。

（三）岩土工程分析与评价

路基是道路的一个重要组成部分，它是路面的基础并协同路面一起承受行车荷载，因此，线路（铁路、公路）路基设计应满足三个要求，即：

具有足够的整体稳定性；

具有足够的强度；

具有足够的水稳性。

道路的强度和稳定性除取决于路面结构外，还直接受路基强度和稳定性的影响，而路基强度和稳定性在很大程度上取决于路基岩土性质、路基土层湿度、水文状况及气温等条件。

1. 整体稳定性评价

（1）路基边坡稳定性

路基边坡稳定性分析和计算是路基设计主要内容之一，它涉及岩土性质、边坡高度、坡率、工程质量、经济等因素。

路堑边坡据岩土种类、性质、结构、坡高和施工方法等综合确定。当地质条件良好，且土质边坡坡高≤20m、岩质边坡坡高≤30m 时，可参照表 3.3-4 及表 3.3-5 结合当地经验采用。合理的确定路堤边坡坡度，必要时还应验算路基稳定性，其稳定性系数不小于 1.25。对于土质挖方边坡高度超过 20m、岩石挖方边坡高度超过 30m 以及不良地质、特殊岩土地段的挖方边坡，应进行个别勘察设计。

土质挖方边坡坡率值 **表 3.3-4**

土 的 类 别		边 坡 坡 率
黏土、粉质黏土、塑性指数大于 3 的粉土		1∶1
中密以上的中砂、粗砂、砾砂		1∶1.5
卵石土、碎石土、圆砾土、角砾土	胶结和密实	1∶0.75
	中 密	1∶1

岩石挖方边坡坡度值　　**表 3.3-5**

边坡岩体类型	风化程度	边坡坡率	
		$H<15$m	$15\text{m}\leqslant H<30$m
Ⅰ类	未风化、微风化	1∶0.3～1∶0.1	1∶0.3～1∶0.1
	弱风化	1∶0.3～1∶0.1	1∶0.5～1∶0.3
Ⅱ类	未风化、微风化	1∶0.3～1∶0.1	1∶0.5～1∶0.3
	弱风化	1∶0.5～1∶0.3	1∶0.75～1∶0.5
Ⅲ类	未风化、微风化	1∶0.5～1∶0.3	—
	弱风化	1∶0.75～1∶0.5	—
Ⅳ类	弱风化	1∶1～1∶0.5	—
	强风化	1∶1～1∶0.75	—

路堤边坡形式和坡率应根据填料的物理力学性质、边坡高度和工程地质条件确定，参照表 3.3-6 并结合当地经验采用。对边坡高度超过 20m 或边坡坡率大于1∶2.5的路堤，以及不良地质、特殊地段的路堤，应进行个别勘察设计，对重要的路堤应进行稳定性监控。

路堤边坡坡率值　　**表 3.3-6**

填料类别	边坡坡率	
	上部高度（$H\leqslant8$m）	下部高度（$H\leqslant12$m）
细粒土	1∶1.5	1∶1.75
粗粒土	1∶1.5	1∶1.75
巨粒土	1∶1.3	1∶1.5

注：1. 对边坡高度超过 20m 的路堤，边坡形式宜用阶梯形，边坡坡率应由稳定性分析计算确定，并应进行个别设计；
2. 浸水路堤在设计水位以下的边坡坡率不宜大于 1∶1.75。

地质和水文地质条件复杂或高填深挖的路基边坡应进行稳定性分析。其分析计算方法可参照边坡工程（斜坡稳定性）中有关方法。

根据《城市道路工程设计规范》（2016 年版）CJJ 37—2012，城市路基的高度（设计高程）应据城市竖向规划来确定，与之相配套、协调，这也是与公路路基设计的主要区别。

（2）软土地基稳定性评价

软土地基临界高度的确定：所谓临界高度是指在天然条件下，不采用任何加固措施所允许的路基最大填土高度，如果填土高度 H 大于填筑临界高度 H_0，则会导致路基破坏，应对软土作挖除或加固处理。临界高度 H 可按式（3.3-1）、式（3.3-2）计算：

均质薄层软土地基
$$H_0=\frac{c}{\gamma}\cdot N_w \tag{3.3-1}$$

均质厚层软土地基
$$H_0=5.52\,\frac{c}{\gamma} \tag{3.3-2}$$

式中　c——土的黏聚力（kPa）；
γ——土的重度（kN/m^3）；

N_w——与路堤坡角 θ 和深度因素 λ 值有关的稳定因数，按图 3.3-1 采用。

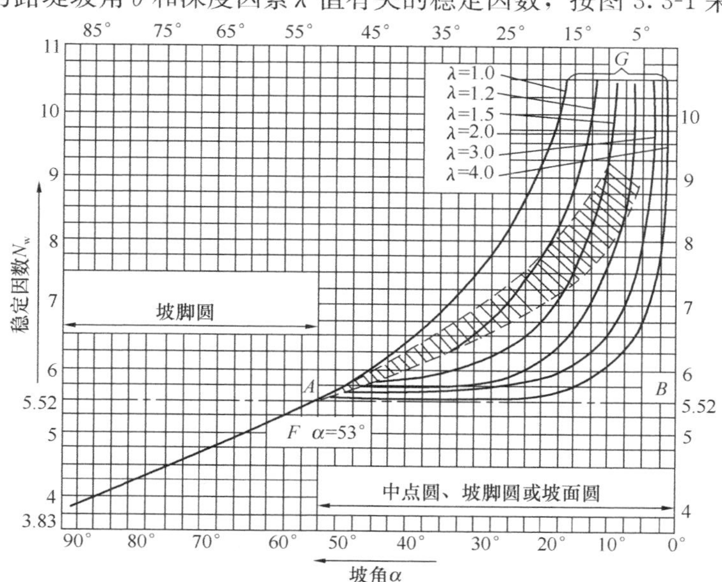

图 3.3-1 α 与 N_w 及 λ 关系图（$\varphi=0$）

软土路基稳定性计算：软土路基如失稳，其路堤滑动呈圆弧滑动面，其稳定性计算方法有条分法、$\varphi=0$ 法和总强度分析法。由于软土内摩擦角很小，一般小于 5°，可近似视为 0，因此可用中心圆法计算路基稳定性。

由于软土的抗剪强度较低，在荷载作用下可能产生侧向滑动或有较大沉降而导致路基破坏，因此，一般应采取适当的稳固措施，如软土层厚度不大，一般是清除换土，如厚度较大，则应进行加固。

在稳定性评价中，对于浸水路堤，除了承受自重及行车荷载外，还受水浮力、渗透动水压力的作用，这是不能忽视的。

2. 路基强度评价

作用于路面上的荷载，以及路面、路基的自重荷载，使路基处于受力状态，土质路基受力时，不同深度的应力分布情况，可用式（3.3-3）、式（3.3-4）计算（图 3.3-2）。

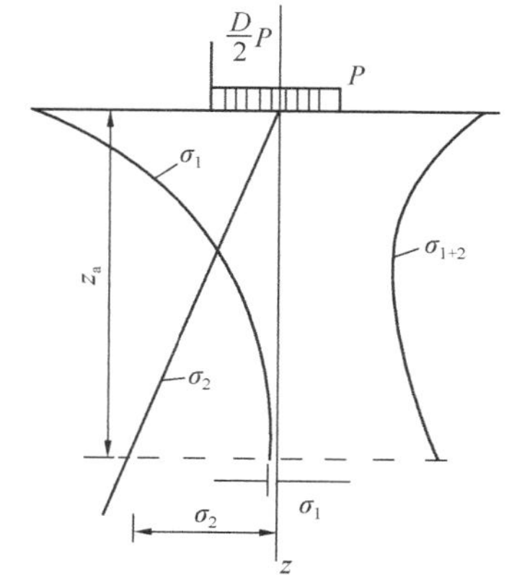

图 3.3-2 土中应力分布示意图

σ_1 车辆荷载应力：

$$\sigma_1=\frac{P}{1+2.5\left(\frac{z}{D}\right)^2} \tag{3.3-3}$$

σ_2 为自重荷载应力，其值可由式（3.3-4）计算：

$$\sigma_2=\gamma\cdot H \tag{3.3-4}$$

式中 P——车辆的单位压力（kPa）；

D——轮胎触地面积的当量直径（m）；

z——深度（m）；

γ——土的重度（kN/m^3）。

当应力作用深度 z_a 小于路基填筑高度 H，车辆荷载作用范围处于填筑高度内，路堤应按要求予以压实。当 $z_a > H$ 的路堤，此时应力作用已达到原地基，这种情况下，不仅要压实路基，还应保证原地基有足够的强度。

（1）填料的选择与压实指标

不含有害杂质的一般土，均可作路基填料。含腐殖质较多或带有草根的土，只宜填筑不大于 2m 的路堤下层，且层厚不应大于 0.5m。泥炭、淤泥、冻土和易溶盐含量超过限度的盐渍土，不宜作为填料。填土的含水率一般用最优含水率作为施工中控制填土含水率的依据。

路床填土的压实程度用压实度控制（表 3.3-7）。

从表 3.3-7 可知，在路基上部（0～80cm）应力较大，其下应力相应较小，因此上部应取较大的压实度。此外，路面等级不同，对路基土的压实度要求也不同，高级路面下的路基应取较大的压实度。

路床土最小强度和压实度　　表 3.3-7

项目分类	路面底面以下深度（m）	填料最小强度（CBR）（%）			压实度（%）		
		高速公路一级公路	二级公路	三、四级公路	高速公路一级公路	二级公路	三、四级公路
填方路基	0～0.3	8	6	5	≥96	≥95	≥94
	0.3～0.8	5	4	3	≥96	≥95	≥94
零填及挖方路基	0～0.3	8	6	5	≥96	≥95	≥94
	0.3～0.8	5	4	3	≥96	≥95	—

注：1. 表列压实度系按《公路土工试验规程》JTJ 3430—2020 重型击实试验法求得的最大干密度的压实度；

2. 当三、四级公路铺筑沥青混凝土和水泥混凝土路面时，其压实度应采用二级公路的规定值。

（2）路基土地基承载力的确定

路基土地基承载力与荷载大小、路堤宽度、埋藏深度和土的性质有关。根据《公路桥涵地基与基础设计规范》JTG 3363—2019 的有关规定，路基土地基承载力基本容许值见表 3.3-8～表 3.3-14。

岩石地基承载力基本容许值［f_{a0}］（kPa）　　表 3.3-8

坚硬程度	节理发育程度		
	节理不发育	节理发育	节理很发育
坚硬岩、较硬岩	>3000	2000～3000	1500～2000
较软岩	1500～3000	1000～1500	800～1000
软　岩	1000～1200	800～1000	500～800
极软岩	400～500	300～400	200～300

碎石土地基承载力基本容许值 $[f_{a0}]$ (kPa)　　表 3.3-9

土名	密实程度			
	密　实	中　密	稍　密	松　散
卵石	1000～1200	650～1000	500～650	300～500
碎石	800～1000	550～800	400～550	200～400
圆砾	600～800	400～600	300～400	200～300
角砾	500～700	400～500	300～400	200～300

注：1. 由硬质岩组成，填充砂土者取高值；由软质岩组成，填充黏性土者取低值；
2. 半胶结的碎石土，可按密实的同类土的 $[f_{a0}]$ 值提高 10%～30%；
3. 松散的碎石土在天然河床中很少遇见，需特别注意鉴定；
4. 漂石、块石的 $[f_{a0}]$ 值，可参照卵石、碎石适当提高。

砂土地基承载力基本容许值 $[f_{a0}]$ (kPa)　　表 3.3-10

土名	湿度	密实度			
		密　实	中　密	稍　密	松　散
砾砂、粗砂	与湿度无关	550	430	370	200
中砂	与湿度无关	450	370	330	150
细砂	水上	350	270	230	100
	水下	300	210	190	—
粉砂	水上	300	210	190	—
	水下	200	110	90	—

粉土地基承载力基本容许值 $[f_{a0}]$ (kPa)　　表 3.3-11

e	w (%)					
	10	15	20	25	30	35
0.5	400	380	355	—	—	—
0.6	300	290	280	270	—	—
0.7	250	235	225	215	205	—
0.8	200	190	180	170	165	—
0.9	160	150	145	140	130	125

老黏性土地基承载力基本容许值 $[f_{a0}]$ (kPa)　　表 3.3-12

E_s (MPa)	10	15	20	25	30	35	40
$[f_{a0}]$ (kPa)	380	430	470	510	550	580	620

注：当老黏性土 E_s<10MPa 时，承载力基本容许值 $[f_{a0}]$ 按一般黏性土确定。

一般黏性土地基承载力基本容许值 $[f_{a0}]$ (kPa)　　表 3.3-13

e	I_L												
	0	0.1	0.2	0.3	0.4	0.5	0.6	0.7	0.8	0.9	1.0	1.1	1.2
0.5	450	440	430	420	400	380	350	310	270	240	220	—	—
0.6	420	410	400	380	360	340	310	280	250	220	200	180	—
0.7	400	370	350	330	310	290	270	240	220	190	170	160	150
0.8	380	330	300	280	260	240	230	210	180	160	150	140	130

续表

e	I_L												
	0	0.1	0.2	0.3	0.4	0.5	0.6	0.7	0.8	0.9	1.0	1.1	1.2
0.9	320	280	260	240	220	210	190	180	160	140	130	120	100
1.0	250	230	220	210	190	170	160	150	140	120	110	—	—
1.1	—	—	160	150	140	130	120	110	100	90	—	—	—

注：1. 土中含有粒径大于2mm的颗粒质量超过总质量30%以上者，$[f_{a0}]$ 可酌量提高；

2. 当 $e<0.5$ 时，取 $e=0.5$，$I_L<0$ 时，取 $I_L=0$。此外，超过表列范围的一般黏性土，$[f_{a0}]$ 可取：$[f_{a0}]=57.22E_s^{0.57}$。

新近沉积黏性土地基承载力基本容许值 $[f_{a0}]$（kPa）　　表3.3-14

e	I_L		
	≤0.25	0.75	1.25
≤0.8	140	120	100
0.9	130	110	90
1.0	120	100	80
1.1	110	90	—

在选用上述表时应注意：

① 上述承载力表只适用桥涵，不适合房屋、厂房等工程建筑地基承载力确定；

② 表列的地基承载力基本容许值指在基础宽度 $b\leqslant 2$m，埋深 $d\leqslant 3$m 时的承载能力；

③ 当基础宽度 b 超过2m，埋深 d 超过3m，且 $d/b\leqslant 4$ 时，承载力应按《公路桥涵地基与基础设计规范》JTG 3363—2019 第4.3.4条进行修正。

（3）路基沉降计算

对于高度大于6m的路堤公路，应进行沉降计算，沉降计算采用分层总和法。计算公式为式（3.3-5）～式（3.3-7）：

$$S=\sum_{i=1}^{n}\left(\frac{e_{1i}-e_i}{1+e_{1i}}\right)\cdot H_i \tag{3.3-5}$$

$$S=\sum_{i=1}^{n}\frac{a_i}{1+e_{1i}}\cdot \Delta p_i H_i \tag{3.3-6}$$

$$S=\sum_{i=1}^{n}\frac{\Delta p_i}{E_{si}}H_i \tag{3.3-7}$$

式中　S——路基沉降量（cm）；

e_{1i}——第 i 层土在平均自重压力下压缩稳定性时土的孔隙比；

e_i——第 i 层土在平均自重压力和平均附加压力下压缩稳定时土的孔隙比；

H_i——第 i 层土的厚度（cm）；

a_i——第 i 层土的压缩系数（MPa^{-1}）；

Δp_i——第 i 层土顶面与底面附加应力平均值（MPa）；

E_{si}——第 i 层土的压缩模量（MPa）。

3. 水稳性评价

路基由于湿度、温度的变化影响，使路基强度和稳定性变化很大。因此我国据气候区划的分异性，道路工程的相似性以及自然气候要素既综合又有主导作用的三个原则，运用分界相对含水率作为分划指标，对公路进行自然区划（详细见《公路自然区划标准》JTJ 003—1986），利用路槽面以下 80cm 深度内平均相对含水率与分界相对含水率的关系，将土基干湿划分为四种类型（干燥、中湿、潮湿、过湿），确定不同类型的路基高度，指导正确确定路基的临界高度，以保证路基不致受地下水、毛细水、地表积水以及冰冻等作用的影响，从而使路基的强度和稳定性不降低。

四、桥涵岩土工程勘察基本技术要求

桥涵可根据其多孔跨径大小的不同分为特大桥、大桥、中桥、小桥和涵洞等 5 类，见表 3.3-15。

桥涵跨径分类 **表 3.3-15**

桥涵分类	多孔跨径总长 L（m）	单孔跨径 L_0（m）
特大桥	$L \geqslant 500$	$L_0 \geqslant 100$
大桥	$100 \leqslant L < 500$	$40 \leqslant L_0 < 100$
中桥	$30 \leqslant L < 100$	$20 \leqslant L_0 < 40$
小桥	$8 \leqslant L < 30$	$5 \leqslant L_0 < 20$
涵洞	$L < 8$	$L_0 < 5$

桥涵多是跨越负地形—低洼地带，多有水流作用，因此，其墩台基础对埋深有一定的要求：

1）无冲刷作用地段，小桥涵墩台基础埋深应在地面或河床底面以下 1m；有冲刷作用地段，基础埋深应在局部冲刷线以下 1m。

2）有冲刷的大、中桥基础埋深则在局部冲刷线以下的一定深度。可按表 3.3-16 选用。

大、中桥基底最小埋深安全值 **表 3.3-16**

冲刷总深度（m）		0	<3	≥3	≥8	≥15	≥20
最小埋深安全值（m）	一般桥	1.0	1.5	2.0	2.5	3.0	3.5
	技术复杂、修复困难的大桥、重要大桥	1.5	2.0	2.5	3.0	3.5	4.0

3）在冻土区，墩台基础埋深不应小于冻土线以下 0.25m。

4）建在岩石上的大桥，如河流冲刷较严重，墩台基础应嵌入基岩内一定深度，或采用锚固措施，使基础与基岩连成一体。

1. 小桥、涵洞地基勘察

（1）目的与任务：主要应查明地层结构、岩土性质，判明地基不均匀沉降和斜坡不稳引起的桥涵变形的可能性，提供土石工程分类及承载力。

（2）勘探点的布置：每个桥涵不少于 1 个勘探点，当桥的跨度较大、涵洞较长，或地质条件复杂，或桥涵位于陡峻的沟床上时，应适当增加勘探点。勘探深度应视土层性质确定，一般可参考表3.3-17选用。

小桥涵洞勘探点深度（m）　　表3.3-17

类型	碎石土	砂土、一般黏性土、粉土	流塑状态黏性土、粉土、淤泥、流砂等
拱涵、板涵	3～6	4～8	6～15
小桥	4～8	6～12	12～20

2. 大、中桥地基勘察

(1) 目的与任务

1) 查明河床及两岸、墩台等地段的地质构造、地层岩性。如有软弱夹层分布时，应注意其对桥基、墩台稳定性影响；

2) 查明地基岩、土的物理力学性质；

3) 查明不良地质作用的类型、分布、规模、发育程度。在岩溶区要特别注意隐伏溶洞、土洞对桥基、墩台稳定性的影响；

4) 查明河床及两岸的水文地质条件，地层的渗透性能，判明地表水、地下水对基础的腐蚀性，基坑涌水、流砂的可能性；

5) 查明河流变迁及两岸冲刷情况，提供河床最大冲刷深度。

(2) 勘探点布置

一般按桥墩、桥台布置，对主要防护构筑物亦应布置适当数量的勘探点。勘探点宜沿周边或中心点布置，岩溶发育的地基，也可在基础轮廓线外布置。孔数视基础类型及工程地质条件的复杂程度而定，简单者，每个墩台1个；如跨度小、墩多或采用群桩基础时，可隔墩台布置；复杂时，每墩台可布2～3个勘探点。下列情况还应适当加密：

1) 岩溶发育地段或有人工洞穴地段；2) 为查明涌砂、大漂石、地震液化土层及断层破碎带；3) 河床冲刷深度突变的局部地段；4) 一个墩台地基由两种以上土层组成、强度差异大的地段。

(3) 勘探点深度

一般情况下应进入持力层以下5～10m，或墩台基础底面以下(2.5～4)b（b为基底宽度）。对于深基础，则应进入持力层或桩尖以下3～5m，也可按表3.3-18选用。

大、中桥勘探点深度（m）　　表3.3-18

基础类型	土层类别	
	一般黏性土、粉土及粉、细砂	中、粗砾砂、卵石
打入桩	20～30	15～25
钻孔灌注桩	25～35	20～30
扩大基础	12～18	10～15

但应注意：

1) 钻探进入基岩时，应穿过风化带进入完整基岩面以下3～5m，对抗冲刷能力弱的岩层应适当加深；

2) 在岩溶区应钻至基岩面以下10～15m，在此范围内如遇溶洞，应钻至溶洞以下不少于 10m。

（4）试验工作

1）当基底为黏性土、粉土时，应取原状样做物理力学性质试验，必要时，应进行载荷试验；

2）当基底为基岩时，应视工程需要采取岩样做单轴饱和抗压强度试验；

3）与圬工有关的地表水和地下水应取样进行水质分析，评价其腐蚀性；

4）当室内试验确定渗透系数 K 有困难时，应进行抽水试验。

复习思考题

1. 线状工程有何特点？这些特点对岩土工程勘察有什么指导意义？
2. 管道工程岩土工程勘察技术要求。在选线时应注意什么问题？
3. 架空线路勘察工作中重点要注意哪些问题？
4. 公路的填、挖段在勘察工作中要重点查明哪些问题？
5. 线路的岩土工程勘察和评价要求。

第四节 边 坡 工 程

一、概述

本节所讨论的边坡是指各类建筑场地的边坡，如修建房屋、道路、矿山露采、港口、渠道等所涉及的自然及人工岩土边坡。

（一）按成因分类：可分为人工边坡和自然边坡

1. 人工边坡：由人工开挖或填筑施工所形成的地面具有一定斜度的地段。

2. 自然边坡：由自然地质作用形成的地面具有一定斜度的地段，形成时间一般较长。

（二）按地层岩性分类：可分为土质边坡和岩质边坡

1. 土质边坡：土层结构决定边坡的稳定性，边坡破坏形式主要为圆弧滑动和直线滑动。按边坡组成土的类型不同可分为：黏性土边坡、碎石类边坡、黄土边坡等类型。

2. 岩质边坡：边坡主要由岩石构成，其稳定性决定于岩体主要结构面与边坡倾向的相对关系、土岩界面的倾角等，破坏形式主要为滑移型、倾倒型和崩塌型。

（三）边坡岩土工程勘察的目的

查明对建（构）筑物可能有影响的边坡地段的工程地质条件，评价其稳定性。具体说来：

1. 查明天然边坡（斜坡）或人工边坡的工程地质条件，提出边坡稳定性计算参数；

2. 分析边坡的稳定性，预测因工程活动引起边坡稳定性的变化；

3. 确定人工边坡的最优开挖坡形和坡角；

4. 提出潜在不稳定边坡的整治与加固措施、监测方案。

边坡在自然条件下其破坏的形式主要是滑坡、崩塌及剥落，其特征如表 3.4-1 所示。

边坡主要破坏形式特征表 表 3.4-1

类型	主要特征
滑坡	斜坡在一定自然条件下，部分岩（土）体在重力作用下，沿着一定软弱面（带），缓慢地，整体地向下移动。缓坡一般具有蠕动变形，滑动破坏和逐渐稳定三个阶段。但有时也有高速急剧移动现象。 因下伏岩（土）层压缩，斜坡岩（土）体内较陡的软弱结构面发生整体下挫（错）位移，称为挫（错）落。 组成斜坡的岩（土），常不发展连续的滑动面，而顺斜坡方向发生塑性变形，称倾倒
崩塌	整体岩（土）块脱离母体，突然从较陡的斜坡上崩落下来，并顺斜坡猛烈翻转、跳跃、最后堆落在坡脚。规模巨大时，称为山崩，规模小时称为塌方。 悬崖陡坡上个别岩块突然下落，称为坠落或落石，有可能坠落的岩块，称为危岩
剥落	斜坡表层岩（土），长期遭受风化作用，在冲刷和重力作用下，岩（土）屑（块）不断沿斜坡滚落，堆积在坡脚

影响边坡（斜坡）稳定性的因素是多方面的，它们往往是综合作用在边坡（斜坡）体，不断改变坡体的稳定性，综合作用的结果，一旦超过边坡体保持稳定的临界值，边坡体即产生变形、破坏。

（四）边坡稳定的影响因素

边坡的稳定性受多种因素的影响，可分为内部因素和外部因素。内部因素包括岩土性质、地质构造、岩土结构、水的作用、地应力和残余应力等，外部因素包括工程荷载条件、振动、斜坡形态以及风化作用、临空条件、气候条件和地表植被发育等。

影响边坡稳定的因素有：

1. 组成边坡（斜坡）岩（土）性质：岩（土）的坚硬（密实）程度，抗风化和抗软化能力、抗剪强度、颗粒形状、大小、透水能力等；

2. 边坡（斜坡）体的结构、构造：软弱结构面的发育程度及分布规律，结构面胶结情况，软弱结构面分布、产状与边坡（斜坡）产状的相互关系；

3. 水的作用：水的渗入使岩土体质量增大，强度因软化而降低，并使孔隙水压力升高，地下水的渗流将对岩土体产生动水压力，水位升高产生浮托力，地表水对岸坡的侵蚀作用及地下水的消蚀作用使其失去稳定；

4. 风化作用：岩（土）强度的减弱，结构面增加，改变边坡的形态及坡度，使地下水易渗入而改变地下水的动态等，加速降低边坡整体性；

5. 气候条件：岩（土）风化速度、风化类型（物理、化学风化），风化层厚度等均与气候有关，尤其降水活动，往往是边坡（斜坡）失稳的主要诱发因素；

6. 地形地貌：边坡（斜坡）的高度、坡度和形态，是影响边坡（斜坡）稳定性的最重要因素；

7. 地震作用：地震使岩（土）受到地震加速度作用而增大下滑力，地震作用，使岩（土）体中的孔隙水压力增大，岩（土）体强度降低，于边坡不利；

8. 应力状态及应力历史：边坡体原始应力状态和固结程度，在边坡开挖过程中，应力释放和应力状态改变，将产生卸荷裂隙及边坡变形破坏；

9. 其他因素：如人类工程活动等因素。

上述因素对于不同物质组成的边坡（斜坡）体稳定性来说，控制程度是不同的：

（1）黏性土类边坡：均质的黏性土边坡主要取决于黏性土的性质（稠度状态、抗剪强度)、地表水及地下水的活动。对双层或多层结构的黏性土边坡，还决定于层面的性质和软弱夹层的分布情况，当有缝隙存在时，缝隙的分布规律，对稳定性亦有影响。

（2）碎石类边坡：稳定性取决于粒径大小和形状，密实程度和胶结、充填情况。在山区碎石类土一般均含有黏性土或黏性土夹层，其稳定性取决于黏性土性质、地下水活动情况。

（3）黏性土类或碎石土类与基岩组成的边坡：稳定性取决于与基岩的接触面情况、下伏基岩面的形态和坡度、地下水在接触面的活动以及基岩风化情况。

（4）黄土类边坡：稳定性取决于土层的密实程度、地层成因、年代，不同时代黄土的接触情况、地形地貌、水文地质条件，黄土自身的湿陷性和裂缝的发育程度，主要力学指标的变化情况，气候条件、河流冲刷以及地震影响等因素。

（5）岩石类边坡：稳定性主要取决于结构面的性质、发育程度、空间组合情况及与边坡产状的相互关系，结构体的性质及立体形状。这里尤应注意软弱结构的性质及强度，地下水活动情况，结构面的延展性以及密集程度。

（五）边坡工程岩土工程勘察内容

边坡工程勘察应查明下列内容：

1. 地貌形态、发育阶段及微地貌特征，当存在滑坡、崩塌、泥石流等不良地质作用时，应查明其成因及分布范围；

2. 组成边坡的岩土种类、成因、性质，软弱层的分布，在覆盖层地区还应查明覆盖厚度及下伏基岩面的形态和坡度；

3. 主要结构面的类型、产状、分布、延展情况、闭合程度、充填情况、充水状况、力学属性与组合关系，分析主要结构面与临空面的关系，是否存在外倾结构面；

4. 地下水类型、水位、水量、水压力，补给来源及动态变化，岩、土的透水性及地下水的出露情况；

5. 地区的水文、气象条件（特别是雨期、暴雨强度）、汇水面积、坡面植被、岩石风化程度、水对坡面、坡脚的冲刷情况、地震烈度，判明上述因素对坡体稳定性的影响；

6. 岩、土的物理力学性质，软弱结构面的抗剪强度。

边坡工程的岩土工程勘察阶段视工程的实际需要而定。中小型边坡工程的勘察通常与建（构）筑物的勘察同步进行，一般不做专门的边坡勘察。

对于大型边坡和已变形破坏（如滑坡）的边坡勘察宜分阶段进行，各阶段应符合下列要求：

1. 初步勘察应搜集地质资料，进行工程地质测绘和少量的勘探和室内试验，初步评价边坡的稳定性；

2. 详细勘察应对可能失稳的边坡及相邻地段进行工程地质测绘、勘探、试验、观测和分析计算，做出稳定性评价，对人工边坡提出最优开挖坡角；对可能失稳的边坡提出防护处理措施的建议；

3. 施工勘察应配合施工开挖进行地质编录，核对、补充前阶段的勘察资料，必要时，进行施工安全预报，提出修改设计的建议。

二、边坡工程岩土工程勘察基本技术要求

边坡工程岩土工程勘察方法主要是：工程地质测绘、勘探及测试。主要技术要求如下：

1. 工程地质测绘，要求参见第二章。但应着重查明边坡的形态及坡角，软弱层和结构面产状及性质，测绘的范围应包括可能对边坡稳定性有影响的所有地段，比例尺视需要确定。在有大面积岩石露头的地区，测绘线按垂直于主要地质构造线布置，线间距100～300m，但每个构造区段宜有观测线，测绘点视地质条件复杂程度而定。对重要的地质线应进行追索，在岩石露头不好的地区则应采用露头全面标绘，覆盖层薄的地段可布置槽探予以揭露。

对节理、裂隙的调查，可选代表性地段详细测绘，每条测绘线长10～30m，详细记录其性状，对于长度＜2m的节理可略去不计。

2. 在充分研究测绘资料的基础上，合理布置勘探工作量，要明确每个勘探钻孔所要查明的主要问题，有的放矢，并尽可能一孔多用。勘探线应垂直边坡走向布置，勘探点间距应根据地质条件确定。当遇有软弱夹层或不利结构面时，应适当加密。勘探孔深度应穿过潜在滑动面并深入稳定层2～5m。除常规钻探外，可根据需要，采用探洞、探槽、探井和斜孔。每个构造区均应有钻孔控制，为查明软弱面的位置、性状、宜采用与结构面成30°～60°的钻孔，并布置少量的平洞、探井或大口径钻孔。平洞走向应垂直边坡，为查明重要结构面空间方位应布置三个钻孔（品字形），孔径不得少于76mm（试验用的岩芯直径不小于54mm），并采取措施，提高岩心采取率。

3. 主要岩、土层及软弱层应取样。每层的试样对土层不应不少于6件，对岩层不应少于9件，软弱层宜连续取样。

4. 三轴剪切试验的最高围压和直剪试验的最大法向压力的选择，应与试样在坡体中的实际受力情况相近。对控制边坡稳定的软弱结构面，宜进行原位剪切试验。对大型边坡，必要时可进行岩体应力测试、波速测试、动力测试、孔隙水压力测试和模型试验。抗剪强度指标，应根据实测结果结合当地经验确定，并宜采用反分析方法验证。对永久性边坡，尚应考虑强度可能随时间降低的效应。

5. 对于大型边坡应进行监测工作。监测内容根据具体情况可包括边坡变形、地下水动态和易风化岩体的风化速度等，目的在于为边坡设计提供参数，检验所采取的防治措施（如支挡、排水疏干等）的效果并进行边坡稳定性预报。

地下水监测包含水位、水压及水量的测量。水压计应布置在代表性剖面上（如补给区、最软弱岩、土类中，设计的最陡或最高的边坡区段，以及断层分布地段等）。监测的时间取决于地质条件的复杂性、边坡的规模及地下水对边坡稳定性的重要性等，但至少持续一个水文年。边坡整治效果的水文地质监测则应持续到确认边坡稳定为止。

边坡变形的监测主要是测量坡面位移以及易风化岩体的风化速度，重点是边坡的可能不稳定地段。

上述边坡工程岩土工程勘察基本技术要求是指总体而言，在实际工作中应视边坡工程的实际规模、性质、重要性等正确选择，不可生搬硬套。对于大型的边坡工程的岩土工程初步勘察阶段，则是先收集资料，进行工程地质测绘，必要时进行少量的勘探和室内试验，初步评价边坡的稳定性。在详细勘察阶段，则对不稳定边坡及相邻地段进行工程地质测绘、勘探、试验和观测，通过分析计算作出稳定性评价。对人工边坡提出最优开挖边坡角，对可能失稳的边坡提出防护处理措施。

三、边坡工程岩土工程评价

边坡的稳定性分析和计算工作是边坡工程岩土工程评价的核心，其目的在于根据工程地质条件确定经济合理而又适应于安全需要的边坡断面尺寸即边坡容许坡角及高度，或验算拟定的尺寸是否合理和稳定程度，预测在某种条件发生改变时稳定程度可能发生的变化，同时，计算分析的结果是：边坡工程设计及拟定加固措施的依据。

边坡工程的岩土工程评价方法有：

（一）边坡稳定性定性分析

边坡稳定性定性分析是在大量搜集边坡及所在地区的地质资料基础上，综合考虑影响边坡稳定的因素，对边坡的稳定状况和发展趋势做出估计和预测，常用的定性分析法有工程地质类比法和图解分析法。

1. 工程地质类比法

工程地质类比法主要是依据工程经验和工程地质学分析方法，按照坡体介质、结构及其他条件的类比，进行边坡破坏类型及稳定性状态的定性判断。该法具有经验性及地区性的特点，在类比分析中，应对两者的自然条件，如地貌、地层、岩性、结构、水文地质，自然环境，变形主导因素及发育阶段等方面的相似性和差异性进行全面的对比分析，同时还应考虑工程的规模类型及其对边坡的特殊要求。

类比分析主要侧重以下对边坡稳定性不利的条件：

（1）边坡及其相邻地段滑坡、崩塌、陷空等不良地质现象；

（2）岩质边坡中泥岩、页岩等易风化、软化岩层或交互的不利组合；

（3）土质边坡中网状裂隙发育，有软弱夹层，或边坡体由膨胀岩土组成；

（4）软弱结构面与坡面一致，或交角小于45°，且结构面倾角小于坡角，或岩面倾向坡外，且倾角较大；

（5）地层渗透性差异大，地下水在弱透水层或基岩面上聚积流动，断层或裂隙中有承压水出露；

（6）坡上有水体漏水，水流冲刷坡脚或因河水位急剧升降引起岸坡内动水压力的强烈作用；

（7）边坡处于强烈地震区或邻近地段采取大爆破施工。

采用工程地质类比法选取的经验值如坡角、强度计算参数等仅能用于地质条件简单的中、小型边坡。

2. 图解分析法

图解法中包括赤平极射投影、实体比例投影与摩擦圆法，这类方法主要用于岩质边坡的稳定分析，它可以快速，准确而直观地判别出控制边坡稳定性的主要和次要结构面，确定出边坡结构的稳定类型，并且能判定不稳定块体的形状、规模及滑动方向。对由图解法判定为不稳定的边坡应进一步计算验证。

（1）赤平极射投影法是用赤平极射投影图来初步判别边坡稳定性，判别准则如下：

① 当结构面或结构面交线的倾向与坡面倾向相反时，边坡为稳定结构，见图3.4-1(a)、(d)。

② 当结构面或结构面交线的倾向与坡面倾向基本一致，但其倾角大于坡角时，边坡

为基本稳定结构，见图 3.4-1（b）、（e）。

③ 当结构面或结构面交线的倾向与坡面基本一致（夹角小于 45°），且倾角小于坡角时，边坡为不稳定结构，见图 3.4-1（c）、（f）。

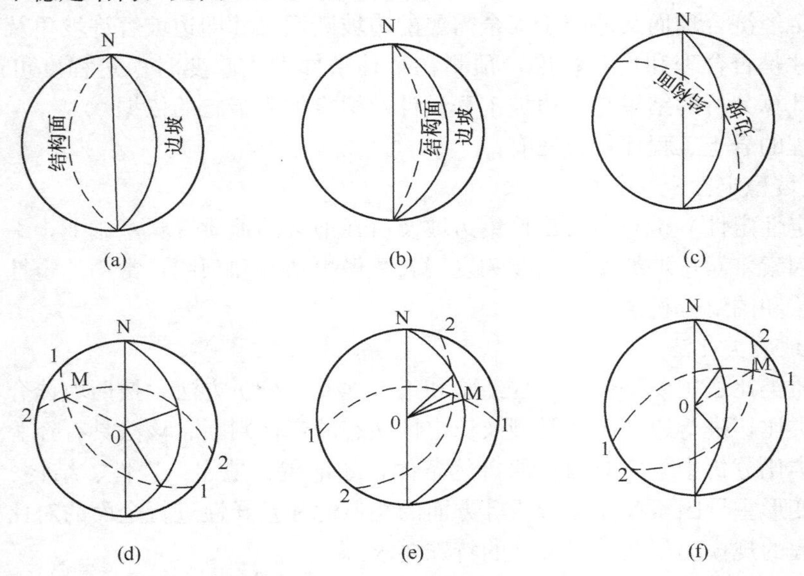

图 3.4-1　赤平极射投影图初步判别边坡稳定性

（2）实体比例投影分析

经赤平极射投影分析有不稳定结构面存在，可结合实体比例投影进一步分析，确定结构的滑动方向，形状及规模。

（3）摩擦圆分析

在赤平极射投影分析的基础上，以结构面的摩擦角的大小为半径以球心为圆心做圆，当结构面或交线的倾角 α 大于摩擦角时（即 $\beta>\alpha>\varphi$），则认为将发生滑动。

（二）边坡稳定性定量分析与计算

边坡稳定性的定性分析只能判别边坡是否稳定，而稳定的程度则必须进行定量计算才能知道结果。边坡稳定性定量计算必须在定性分析的基础上，按构造区段及不同的坡向分别进行。首先是根据每一区段定性分析中确定的岩土技术剖面，确定其可能的破坏模式，并考虑所受的不利因素如重力、水的作用、地震及爆破振动等，再选定适当的参数进行计算。

在边坡工程定量评价中，由于构成边坡的物质不同及边坡稳定性的主控因素不同，分析计算方法很多。对于土质边坡，边坡失稳破坏主要取决于边坡土体的性质，而岩质边坡的稳定性则受控于边坡体结构面的发育状况及与边坡坡面的交互关系，因此在具体的计算方法上有差异，但总体而言：定量分析的方法主要有极限平衡法、有限元法和概率法 3 种。其中极限平衡法属经典的方法，在土坡中由于利用极限平衡法建立的平衡方程是个超静定问题，为了消除部分未知数变成静定问题，各位学者处理方法不同而出现了不同的条分法，很多学者进一步研制成图解法。有限元法和概率法是随着计算机技术的发展而发展的新方法，计算量较大，但精度也较高。

常见的边坡稳定性定量计算方法，很多的手册和教材均有详细介绍，如土力学教材或

《工程地质手册》（第四版）等，在这里不作介绍。

（三）边坡稳定性分析的参数与稳定性系数取值

1. 参数取值

对边坡稳定性影响较大的岩土参数主要有3个，即重度γ、黏聚力c、内摩擦角φ。对于尚未滑动的边坡的抗剪强度指标c、φ，一般采用峰值，但对于验算未滑动的人工岩质边坡，则采用峰值强度乘以0.80的折减系数，对已滑动或有贯穿性的结构面存在时，宜采用残余强度。

2. 边坡稳定安全系数F_s的取值

边坡稳定安全系数F_s的选取，决定了边坡稳定性评价的标准，然而其取值大小较为复杂，它是勘察资料的准确性、完整性，边坡工程规模及破坏后果严重性、施工控制的可靠性以及设计参数取值等的综合表现，目前在国内外对F_s的取值尚不统一，主要有以下几种：

（1）《岩土工程勘察规范》GB 50021—2001提出如下取值原则：边坡稳定系数F_s的取值，对新设计的边坡、重要工程宜取1.30～1.50，一般工程宜取1.15～1.30，次要工程宜取1.05～1.15。采用峰值强度时取大值，采取残余强度时取小值。验算已有边坡稳定时，F_s取1.10～1.25。

（2）《建筑地基基础设计规范》GB 50007—2011规定：滑坡推力安全系数，应根据滑坡现状及其对工程的影响等因素确定，对地基基础设计等级为甲级的建筑物宜取1.30，设计等级为乙级的建筑物宜取1.20，设计等级为丙级的建筑物宜取1.10。

（3）《建筑边坡工程技术规范》GB 50330—2013规定：边坡稳定安全系数应按照该规范中的第5.3.2条确定，见表3.4-2，当边坡稳定性系数小于边坡稳定安全系数时应对边坡进行处理。

边坡稳定安全系数 **表3.4-2**

边坡类型		边坡工程安全等级		
		一级	二级	三级
永久边坡	一般工况	1.35	1.30	1.25
	地震工况	1.15	1.10	1.05
临时边坡		1.25	1.20	1.15

注：1. 地震工况时，安全系数仅适用于塌滑区内无重要建（构）筑物的边坡；
2. 对地质条件很复杂或破坏后果极严重的边坡工程，其稳定安全系数应适当提高。

国外尚有各种不同的取值方法，可参阅《岩土工程手册》；可见不同部门和地区，甚至不同学者提出的取值是不同的，但归纳起来有如下特点：

① 建议的F_s值多在1.05～1.50范围内；

② 新设计边坡F_s的取值大于已有边坡稳定验算时的F_s值；

③ 风险高的边坡F_s值大于风险低的边坡F_s值；

④ 要求长期保持稳定的边坡F_s值大于短期稳定边坡的F_s值；

⑤ 采用峰值强度指标计算时F_s取大值，采用残余强度指标计算时F_s取小值；

⑥ F_s取值时需考虑能采用的计算方法及勘察资料的可靠性。

3. 可靠性与敏感性分析

由于岩土的复杂、变异性以及在稳定分析中所涉及的因素是随机的，即使采用大于1的稳定系数也不能认为是十分可靠的，因此，对于大型边坡设计，除上述推荐的 F_s 值计算边坡稳定性外，尚宜进行边坡稳定的可靠性分析，并对影响边坡稳定性的因素进行敏感性分析。

边坡稳定性大小是由边坡体的抗滑力与下滑力之差这一安全储备来保证的，很显然当安全储备小于0时（下滑力大于抗滑力）边坡将产生破坏，而边坡的失效概率 P_f 为边坡的安全储备小于0的概率。据概率统计原理，边坡的可靠度 P_0 按下式计算：

$$P_0 = 1 - P_f$$

当可靠性指标 $\beta=1$ 时，$P_f = 15.9\%$；$\beta=2$ 时，$P_f = 2.3\%$；$\beta=3$ 时，$P_f = 0.14\%$。

然而边坡稳定性分析涉及的因素很多，边坡的范围及其在平面、剖面上的形状、岩土体质量、地下水位、边坡保持的时间等变量，边坡的可靠度则是这些变量的联合概率。边坡的可靠性分析需大量的测试数据作基础，借助于计算机手段来确定其分布。从目前来说大力推行，还存在一定困难，但应积极创造条件，有条件的应做此项工作，以提高稳定性评价质量，更好地为工程建设服务。

影响边坡稳定性的因素很多，但有些因素对边坡的稳定性影响是关键性的，例如坡高、坡角、地下水及水压、岩土的抗剪强度等，它们的微小变化都直接影响到稳定系数的变化(即不是降低下滑力，就是加大下滑力)，但这种变化必然存在一个从量变到质变的过程，因此对这些影响因素的变化趋势及对稳定性系数取值的影响程度进行分析，使得边坡的设计和处理措施，在保证边坡稳定的前提下，使其更经济合理；然而，影响因素之间是相互关联而不是独立的，也是随机的；这点在进行敏感性分析时，应充分地认识到，否则分析将陷入孤立和机械式，而不会得到预期效果。敏感性分析应与可靠性分析有机地结合起来。

四、边坡岩土工程勘察报告

中小型边坡工程一般是结合在建（构）筑物的勘察中一起进行的，无需专门的勘察报告书。但必须增加边坡稳定性评价内容，对大型边坡和已破坏边坡，则必须进行专门的勘察，因此就必须提出边坡岩工程勘察报告书，除常规岩土工程勘察报告书内容外，应侧重如下内容：

1. 边坡的工程地质条件和岩土工程计算参数；
2. 分析边坡和建在坡顶、坡上建筑物的稳定性，对坡下建筑物的影响；
3. 提出最优坡形和坡角的建议；
4. 提出不稳定边坡整治措施和监测方案的建议。

复 习 思 考 题

1. 边坡工程岩土工程勘察目的是什么？为达此目的应做哪些工作 ？
2. 岩质边坡中利用赤平极射投影方法，如何判定边坡的稳定性？
3. 边坡稳定性的影响因素总体来说有哪些？这些因素各自在边坡稳定性中起什么作用？

第五节　基坑开挖与支护工程

高层建筑及高耸构筑物多设置了地下室，甚至是多层地下室。这有利于增加建（构）

筑物的稳定性和充分利用地下空间，因而，基础埋深很大。在基坑开挖中，传统做法是放坡开挖，但是，在城市市政设施密集及场地狭窄地段，安全放坡往往得不到满足，这就要求对基坑侧壁进行支护，确保基坑内基础工程施工及邻近建筑物的安全。

对于放坡开挖的基坑，称无侧壁支护基坑，主要涉及基坑边坡的稳定性问题，一般适用于场地广阔不影响邻近建构物安全和正常使用的情况。

对基坑侧壁陡立开挖的基坑，经基坑边坡稳定性验算不能满足要求时，必须进行支护。正确且清楚地了解场地工程地质条件，掌握可靠的岩土参数，为基坑支护结构的合理选用及优化设计提供依据和资料，确保基坑施工既安全又经济，是基坑开挖与支护工程岩土工程勘察的主导思想。

一、基坑开挖与支护结构形式

基坑开挖不仅改变了地层的应力状态，破坏了坑壁处土体的平衡体系。而且伴随基坑开挖作业，抽取地下水改变地质条件，对整个场地的土体产生动态的负影响。基坑开挖一般会产生如下几种问题：（1）基坑边坡失稳；（2）坑底隆起；（3）坑壁水平蠕变变形；（4）管涌及流砂。在生产实践中，基坑支护的主要类型有以下几种类型：

1. 放坡开挖

主要用于周围场地开阔，周围无重要建筑物，基坑开挖的深度不大，只要求稳定，位移控制没有严格要求，所需成本较低。

2. 悬臂式支护结构

悬臂式支护结构是现场条件不允许天然放坡开挖，而使基坑开挖面保持稳定的结构物，广泛地使用于土质较好，如硬、可塑红黏土地基，开挖较浅的基坑工程。悬臂式支护结构是目前用得较多的一种支护方式，并常采用钻孔混凝土灌注桩。

钻孔灌注桩支护结构的特点是，施工时振动、噪声小，无挤土现象，对周围环境影响小；墙身强度高，刚度大，支护稳定性好，变形小；当工程桩也为灌注桩时，可以同步施工，从而施工有利于组织、方便、工期短；桩与桩之间主要通过桩顶冠梁和围檩连成整体，因而相对整体性较差，由于是悬臂，因此其抗弯能力较弱，当在重要地区，特殊工程及开挖深度大的基坑中应用时需要特别慎重。

3. 混合支护结构

混合支护结构是由挡墙及固定挡墙就位的组合挡土结构，挡墙一般为板桩（钢、混凝土）、混凝土灌注桩，而固定挡墙的支点主要有锚杆或支撑梁，其支点可分为单层或多层，设计方法略有不同。由于其施工相对复杂，且对周围环境有一定要求，要求锚杆施工范围内无地下管线、管道等地下设施。这种支护方式在较软弱土层地区广泛采用。

4. 水泥土重力式挡墙支护结构

水泥土重力式挡墙是采用深层搅拌机就地将土和输入的水泥浆强行搅拌，形成连续搭接的水泥土柱状加固体挡墙，常用于开挖深度不大的基坑（小于 7m）。水泥土围护墙优点是，由于一般坑内无支撑，便于机械化快速挖土；具有挡土、止水的双重功能；施工中无振动、噪声小、污染少、挤土轻微，因此在闹市区内施工更显出优越性。水泥土围护墙的缺点，首先是位移相对较大，尤其在基坑长度大时，为此可采取中间加墩、起拱等措施以限制过大的位移；其次是厚度较大，只有在红线位置和周围环境允许时才能采用，而且在水泥土搅拌桩施工时要注意防止影响周围环境。

5. 土钉墙支护

土钉首次使用是1972年在法国凡尔赛地区，国内则是1980年在山西柳弯煤矿的边坡加固。采用在土钉墙挂网的形式，并喷射一层混凝土保护面层，支护效果更佳，其经济造价较低，施工较易。

土钉墙支护，其作用与被动的挡土作用不同，它是起主动嵌固作用，增加基坑边坡的稳定性，使基坑开挖后坡面保持稳定。土钉墙主要用于土质较好地区，例如红黏土地基基坑，但它不适合砂性土的基坑支护。它具有稳定可靠、施工简便、工期较短、效果较好、经济性好的特点。

二、基坑开挖与支护工程的岩土工程勘察基本技术要求

基坑开挖与支护工程一般不进行专门的岩土工程勘察，而是结合建筑物的勘察一并进行，因而，要遵循下面基本技术要求：

1. 在建（构）筑物的初步勘察阶段应据拟建建（构）筑物的性质和特点，场地地形地貌特征和环境条件，以及场地地层结构，岩土性质与地下水特征诸条件，提供可供选择的基础类型，并据此初步判定该工程有无进行深基开挖与支护的必要性。当需要的开挖深度超过自然稳定的临界深度，须设置支护结构，且场地又不允许放坡时，在详勘阶段则进行有针对性的勘察测试工作。

2. 在基坑的附近，由于基坑开挖的影响，一定范围内的土体应力状态必然发生变化，因而有可能产生垂直和水平位移。应力变化的影响范围大小随土的性质而异，且也受施工质量的影响，同时从基坑（外撑）支护设计来看，也需了解开挖边界一定范围内土的特性。

（1）基坑工程勘察的范围和深度应根据场地条件和设计要求确定。勘察深度宜为开挖深度的2～3倍，在此深度内遇到坚硬黏性土、碎石土和岩层，可根据岩土类别和支护设计要求减少深度。勘察的平面范围宜超出开挖边界外开挖深度的2～3倍。在深厚软土区，勘察深度和范围尚应适当扩大。在开挖边界外，勘察手段以调查研究、搜集已有资料为主，复杂场地和斜坡场地应布置适量的勘探点。

（2）在受基坑开挖影响和可能设置支护结构的范围内，应查明岩土分布，分层提供支护设计所需的抗剪强度指标。土的抗剪强度试验方法，应与基坑工程设计要求一致，符合设计采用的标准，并应在勘察报告中说明。

（3）当场地水文地质条件复杂，在基坑开挖过程中需要对地下水进行治理（降水或隔渗）时，应进行专门的水文地质勘察。

（4）当基坑开挖可能产生流砂、流土、管涌等渗透性破坏时，应有针对性地进行勘察，分析评价其产生的可能性及对工程的影响。当基坑开挖过程中有渗流时，地下水的渗流作用宜通过渗流计算确定。

（5）基坑工程勘察，应进行环境状况的调查，查明邻近建筑物和地下设施的现状、结构特点以及对开挖变形的承受能力。在城市地下管网密集分布区，可通过地理信息系统或其他档案资料了解管线的类别、平面位置、埋深和规模，必要时应采用有效方法进行地下管线探测。

3. 基坑工程勘察，应根据开挖深度、岩土和地下水条件以及环境要求，对基坑边坡的处理方式提出建议。目前采用的支护措施和边坡处理方式多种多样，见表 3.5-1。

基坑边坡处理方式类型和适用条件　　**表 3.5-1**

类　型	结构种类	适用条件
设置挡土结构	地下连续墙、排桩、钢板桩、悬臂、加内支撑或加锚	开挖深度大，变形控制要求高，各种土质条件
	水泥土挡墙	开挖深度不大，变形控制要求一般，土质条件中等或较好
土体加固或锚固	喷锚支护	
	土钉墙	
放坡减载	根据土质情况按一定坡率放坡，加坡面保护处理	开挖深度不大，变形控制要求不严，土质条件较好，有放坡减载的场地条件

4. 基坑工程勘察应按照有关规范、规程的要求，针对以下内容进行计算或分析，提供有关计算参数和建议：

（1）边坡的局部稳定性、整体稳定性和坑底抗隆起稳定性；

（2）坑底和侧壁的渗透稳定性；

（3）挡土结构和边坡可能发生的变形；

（4）降水效果和降水对环境的影响；

（5）开挖和降水对邻近建筑物和地下设施的影响。

5. 土的强度指标是基坑工程设计最重要的参数之一。对土的强度指标的选用，主要应根据现场土体的排水条件及固结条件确定。三轴试验受力明确，又可控制排水条件，因此，在基坑工程中确定土的强度指标时规定应采用三轴剪切试验方法。基坑工程设计采用的土的强度指标，应符合下列规定：

（1）对淤泥及淤泥质土，应采用三轴不固结不排水剪强度指标；

（2）对正常固结的饱和黏性土应采用在土的有效自重应力下预固结的三轴不固结不排水剪强度指标；当施工挖土速度较慢，排水条件好，土体有条件固结时，可采用三轴固结不排水剪强度指标；

（3）对砂类土，采用有效强度指标；

（4）验算软黏土隆起稳定性时，可采用十字板剪切强度或三轴不固结不排水剪强度指标；

（5）灵敏度较高的土，基坑临近有交通频繁的主干道或其他对土的扰动源时，计算采用土的强度指标宜适当进行折减；

（6）应考虑打桩、地基处理的挤土效应等施工扰动原因造成对土强度指标降低的不利影响。

6. 应查明场区水文地质资料及与降水有关的参数，并应包括下列内容：

（1）地下水的类型、地下水位高程及变化幅度；

（2）各含水层的水力联系、补给、径流条件及土层的渗透系数；

（3）分析流砂、管涌产生的可能性；

（4）提出施工降水或隔水措施以及评估地下水位变化对场区环境造成的影响。

当场地水文地质条件复杂，应进行现场抽水试验，并进行水文地质勘察。

基坑工程的水文地质勘察，应查明场地地下水类型、潜水、承压水的埋置分布特点，明确含水层及相对隔水层的成因及动态变化特征。通过室内及现场水文地质实验，提供各土层的水平向与垂直向的渗透系数。对于需进行地下水控制专项设计的基坑工程，应对场地含水层及地下水分布情况进行现场抽水试验，计算含水层水文地质参数。

抽水试验的目的：评价含水层的富水性，确定含水层组单井涌水量，了解含水层组水位状况，测定承压水头；获取含水层组的水文地质参数；确定抽水试验影响范围。

抽水试验的成果资料应包括：在成井过程中，井管长度、成井井管、滤水管排列情况、洗井情况等的详细记录；绘制各抽水井及观测井的 s-t 曲线、s-lg$t$ 曲线，恢复水位 s-lg$t$ 曲线以及各组抽水试验的 Q-s 曲线和 q-s 曲线。确定土层的渗透系数，影响半径，单位涌水量等参数。

三、基坑支护设计计算

基坑支护作为一个结构体系，应要满足稳定和变形的要求，即通常工程规范的两种极限状态的要求，即承载能力极限状态和正常使用极限状态。所谓承载能力极限状态，对基坑支护来说就是支护结构破坏、倾倒、滑动或周边环境的破坏，出现较大范围的失稳。一般的设计要求是不允许支护结构出现这种极限状态的。而正常使用极限状态则是指支护结构的变形或是由于开挖引起周边土体产生的变形过大，影响正常使用，但未造成结构的失稳。因此，基坑支护设计相对于承载力极限状态要有足够的安全系数，不致使支护结构产生失稳，而在保证不出现失稳的条件下，还要控制位移量，不致影响周边建筑物的安全使用。

基坑工程支护的设计计算，从总体来说，有静力平衡法、等值梁法、弹性曲线法、有限单元法等。在 1995 年以前，国内还没有颁布基坑支护设计方面的规范或标准，工程技术人员大都是参考各种手册或教科书进行基坑支护设计，其计算方法、公式、参数取值各异，有时相差较大。后来，国内的深圳、上海、武汉、广东等地或城市相继颁布了地方设计规范，住房和城乡建设部于 2012 年颁布了《建筑基坑支护技术规程》JGJ 120—2012。目前，工程技术人员大多以住房和城乡建设部颁布的规程作为设计依据。此外，国内也还有许多基坑支护设计的软件，这些软件可用来计算支护结构内力、变形等，但其对设计参数的准确性要求较高；否则，计算结果误差较大。

四、基坑工程施工要求

1. 土方开挖

基坑开挖方式直接影响支护结构的内力和变形，对基坑的稳定和安全有重要影响。土方开挖的顺序、方法必须与支护结构的设计工况一致，并遵循开槽支撑、先撑后挖、分层开挖、严禁超挖的原则。大型深基坑开挖时，需有周密的施工方案，挖土要配合支撑施工，减少时间效应，控制围护墙变形；要保护工程桩、内支撑和降水设备；加快施工速度。

2. 基坑降（排）水

基坑降（排）水是基坑支护的一个重要的环节，一般有明沟排水及井点降水，明沟排水适于基坑深度不大，坑内水量较小的情况，多采用明沟排水方式。对于国内其他的一些地区，当基坑深度大，地下水位埋深浅，且基坑土体为弱透水性时，宜采用井点降水。目前，井点降水已有较成熟的计算方法，但对于计算中的一些关键参数取值，如土层渗透系数 K，降水影响半径 R，目前还较难准确获得，这将会直接影响计算结果。

3. 动态信息施工

鉴于深基坑的复杂性和不确定性，理论计算还难以全面准确地反映工程进行中的各种变化，所以，在理论分析指导下有目的地进行工程监测十分必要。利用其反馈的信息和数据，一方面可及时采取技术措施防止发生重大工程事故，另一方面亦可为完善计算理论提供依据。工程监测要编制监测方案，监测内容视工程规模、周围环境情况、支护结构类型等而定。一般包括：支护结构水平变位；周围建筑物、地下管线等的变形；支护墙和支撑体系的内力；立柱的变形；土体分层位移；地下水变化；土压力及抗力等。但目前，许多基坑工程并没有这样要求。其实，进行动态信息施工，及时反馈信息，及时采取技术措施，可起到事半功倍的效果。

五、当前基坑支护设计中几个热点问题

我国的基坑支护设计是近 30 年才迅速发展起来的，尽管积累了许多成功的经验，但还是有许多的设计理论需要进一步探讨摸索和改进。

1. 设计计算模式

传统基坑支护设计中的土压力计算模式，主要依赖于朗肯理论和库伦理论，国内的许多规范、手册大多倾向于朗肯土压力计算模式。朗肯土压力理论有 100 多年的历史，简单方便，但它是在弹性半无限空间前提条件下，并假设挡墙垂直、光滑等，依据极限平衡条件而推导出来的。与基坑工程的实际情况有一定的差异：基坑是具有一定的空间尺寸边界；基坑分步开挖卸荷，并非一次加载；支护结构的位移也不一定能满足朗肯理论所要求的位移等，这些都会导致用朗肯理论来计算基坑土压力产生误差。目前，国内许多基坑工程土压力实测结果与计算结果相差较大（有时相差一倍以上），这恐怕是一个主要原因。因此，寻求符合基坑工程特点，又简便实用的土压力计算模式，是非常重要与迫切的。

2. 土压力计算中的水、土分（合）算

国内长期以来，对有地下水的土压力计算，到底是采用合算，还是分算，当前还在争论之中。一般认为，对于粉土、砂土地层采用水、土分算；对于黏性土，采用水、土合算。但就目前已有的基坑工程规范或规程中，各自的规定不同，如上海市基坑支护规范，即主张各种土层都采用水、土合算。《建筑基坑工程技术规范》YB 9258—97 主张各种土层均采用水、土分算。而原《建筑基坑支护技术规程》JGJ 120—99 认为黏性土、粉土宜采用水、土合算。而《建筑基坑支护技术规程》JGJ 120—2012 第 3.4.2 条中，只提出了土压力水、土合算和水、土合算的计算方法，并没有规定哪些土层适用何种计算方法。对于各种土层到底是采用水土分算还是水土合算，各地、各行业的规范或规程没有一个统一标准，由此对设计中所带来的误差也是显然的。其总的原则应该是，若地下水能在基坑土体中自由流动，则宜水、土分算；若不能，则水、土合算。但要准确严格地划分土层中的地下水是否自由流动，目前仍十分困难，需要技术人员进行相关试验或者结合当地经验判定。

3. 土压力计算中 c、φ 值的选用

基坑土体抗剪强度 c、φ 值，是土压力计算中最重要的两个参数。土体 c、φ 值指标，

可以因不同的排水固结条件而表现为不同的数值，目前工程中常用的有三轴剪切试验的不固结不排水剪、固结不排水剪、固结排水剪，与之相对应的直接剪切试验分别是快剪、固结快剪和慢剪，基坑工程一般要求采用三轴剪切试验结果。充分了解各种不同固结排水条件的实质，在基坑工程中显得非常重要。目前，部分勘察设计人员有时拿不准针对具体的基坑工程，提出合理的三轴剪切试验类型；而有的基坑支护设计人员在计算土压力时，对勘察报告书中所提供的因不同的固结排水条件而得出不同的 c、φ 值不知如何选用。

一般来说不固结不排水剪适宜施工速度快，如机械化施工开挖，透水性差的土层；固结不排水剪适宜施工速度快，土体有一定固结的土层；而固结排水剪则适宜施工速度慢，如人工开挖，土体渗透性好，能充分固结的土层。但要给以上三种情况给出一个明确的定量界限，目前还不能做到，完全依赖于设计人员的经验及水平。还有一点，对于砂、卵石层的 c、φ 值，如桂林漓江一级阶地的砂卵石地基，由于很难采取非扰动试样进行室内试验，其 c、φ 值较难准确获得，而野外原位剪切试验实施起来较困难，因此，目前多采用经验值，这对设计人员的经验要求较高。

4. 时空效应及角落效应

时空效应最初是在上海软土地区提出并运用的，主要是解决软土的流变性对支护结构内力和变形的影响。采取分步开挖软土基坑，并减少每步开挖所暴露土层的时间，在软土地区基坑开挖中获得了成功。但目前并无一个定量的计算公式，如定量计算出每步开挖多大尺寸，开挖多长时间等，都有待于进一步研究。另外，基坑开挖后，其角落会产生应力集中，认为是危险地段；在基坑地面变形测量中发现，基坑各边中部的变形位移往往是最大，当前也无一个定量计算基坑角落应力集中及基坑中部变形的公式。

5. 基坑工程对环境影响的评价

基坑开挖及降（排）水，将会对基坑周边范围产生影响，如基坑开挖卸荷，产生地面位移开裂；基坑降（排）水，引起周围地面沉降，甚至导致邻近建筑物开裂，目前还很难准确地计算其影响范围、位移的大小、沉降的多少，大多采用信息监测施工，事后补救的被动办法。而有些基坑工程施工造成的影响是巨大的，如城市地下煤气管道因开挖变形而破裂，就十分危害，必须事先预防。

6. 基坑支护设计标准

目前，基坑工程设计还没有颁布国家标准，只是颁布了一些地方的或行业的设计规范、规程和指南。这些规范或规程指南中的计算公式、计算方法、参数取值原则，有时相差较大，即使对同一设计内容，各自的规定也不相同，如前述的土压力水、土分（合）算问题。这些都会给设计人员带来一定的困难，不知道如何选用设计计算方法。其实，不论何种规范标准，都不可能包罗万象，要制定一个适合全国各地的规范标准，这恐怕也不现实。这就要求基坑支护设计人员，充分领会各种规范、规程、指南及设计手册中的精神实质，建立适合当地实际情况的基坑支护设计方法原则。要淡化具体设计细节，多强调设计原则，部分专家学者也认为多制订设计指南，少制订规范，以强调其引导性和指导性。

六、基坑开挖与支护工程岩土工程报告书内容

对于基坑开挖与支护工程勘察报告内容除一般应具备内容外，报告中与基坑工程有关的部分应包括下列内容：

（1）与基坑开挖有关的场地条件、土质条件和工程条件；
（2）提出处理方式、计算参数和支护结构选型的建议；
（3）提出地下水控制方法、计算参数和施工控制的建议；
（4）提出施工方法和施工中可能遇到的问题的防治措施的建议；
（5）对施工阶段的环境保护和监测工作的建议。

复习思考题

1. 基坑开挖与支护工程岩土工程勘察的基本技术要求。
2. 基坑支护的主要类型有哪些？
3. 简述目前基坑支护与设计中热点问题。

第六节　深　基　础

深基础具有将荷载传递到深部土层上的功能，包括桩基础和沉井两大类。

一、桩基础

桩是竖立或微倾斜的基础构造，它的横截面尺寸比长度小得多（墩则相对于桩长度来说长度较小，截面尺寸较大），桩是被埋置土中，把作用于上部结构的荷载和力传递给地基土（基岩）。桩基础一般情况下属于深基础类型。在解决基础问题时，通常在下列情况下采用桩基础：

1. 当具有可靠承载力的土（岩）层埋藏于较大深度时；
2. 直接在结构物下面的土层有可能被侵蚀、冲刷时；
3. 当上部结构把很重的集中荷载传递给基础时；
4. 当上部结构传递下来是非常大的竖向以及（或者）水平荷载时；
5. 建（构）筑物对不均匀沉降非常敏感时；
6. 位于河岸、滨海等处的建（构）筑物；
7. 地下水位很高时。

桩的类型很多，因此应据建筑结构的类型、荷载性质，桩的使用功能、穿越土层、桩端持力层土类，地下水位、施工环境、施工设备、施工经验，制桩材料供应条件等，选择经济合理、安全使用的桩型和成桩工艺。

本节所讨论的是专指在已选定采用桩基础情况下的岩土工程勘察，不包含基础方案选择与论证的勘察内容。

1. 桩基础工程岩土工程勘察的任务和内容

桩基础岩土工程勘察应结合场地工程地质条件，针对工程性质及桩型的选定，突出重点，以满足设计、施工需要为主要原则，具体来说应是：

（1）查明场地各层岩土的类型、深度、分布、工程特性和变化规律；

（2）当采用基岩作为桩的持力层时，应查明基岩的岩性、构造、岩面变化、风化程度，确定其坚硬程度、完整程度和基本质量等级，判定有无洞穴、临空面、破碎岩体或软弱岩层；

（3）查明水文地质条件，评价地下水对桩基设计和施工的影响，判定水质对建筑材料的腐蚀性；

（4）查明不良地质作用，可液化土层和特殊性岩土的分布及其对桩基的危害程度，并提出防治措施的建议；

（5）评价成桩可能性，论证桩的施工条件及其对环境的影响。

查明基岩的构造，包括产状、断裂、裂隙发育程度以及破碎带宽度和充填物等，除通过钻探、井探手段外，尚可根据具体情况辅以地表露头的调查测绘和物探等方法。除此外，尚应查明基岩的风化程度及其厚度，确定基岩的坚硬程度、完整程度和基本质量等级。这对于选择基岩为桩基持力层时是非常必要的。查明持力层下一定深度范围内有无洞穴、临空面、破碎岩体或软弱岩层，对桩的稳定也是非常重要的。再者，打入预制桩和挤土成桩的灌注桩的振动、挤土对周围既有建筑物、道路、地下管线设施和附近精密仪器设备基础等带来的危害及其噪声等公害，故评价成桩可能性也是非常必要的。

2. 勘探点布置

由于桩基绝大多数用于高层及重大建筑物，其单位荷载大，在设计上只允许较小的不均匀沉降，为满足设计中验算地基强度和变形需要，勘察中要求查明拟建建筑物范围内地层分布规律、均匀性，勘探点应布置在柱列线位置上，群桩应据建筑物的体型布置在建筑物轮廓的角点、中心和周边位置上。勘探点的间距取决于岩、土条件的复杂程度。因桩基础设计最为疑惑的是持力层层面起伏情况及性状不明，因此勘探点的布置应以能控制持力层层面坡度、厚度、岩土性状为原则，间距可为10～30m，但相邻勘探点的持力层层面高差应小于2m，如果层面高差或坡度大于10% 或岩土性状变化较大时，则应适当加密，当岩土条件复杂时每个柱下单桩和大口径桩，可布置1个勘探点。

（1）初勘阶段可根据拟建场地形状按网格状和梅花形布置勘探孔，对高架道路、桥梁等线形工程可沿拟选轴线布置勘探孔。勘探孔间距随场地复杂程度而定，一般为50～200m。

（2）详勘阶段应根据建、构筑物的平面形状，在建、构筑物（高架道路、桥梁等架空工程的桩基承台）中心、角点或周边布置勘探孔。

勘探孔的间距取决于岩土条件的复杂程度。根据北京、上海、广州、深圳、成都等许多地区的经验，桩基持力层为一般黏性土、砂卵石或软土，勘探孔的间距多数在12～35m之间。桩基设计，特别是预制桩，最为担心的就是持力层起伏情况不清，而造成截桩或接桩。为此，应控制相邻勘探孔揭露的持力层层面坡度、厚度以及岩土性状的变化。勘探孔间距如下：

① 对端承桩宜为12～24m，相邻勘探孔揭露的持力层层面高差宜控制为1～2m；当相邻两个勘察点揭露出的桩端持力层层面坡度大于10%或持力层起伏较大、地层分布复杂时，应根据具体工程条件适当加密勘探点。

② 对摩擦桩宜为20～35m；当地层条件复杂，影响成桩或设计有特殊要求时，或者遇到土层的性质或状态在水平方向分布变化较大，或存在可能影响成桩的土层时，应适当加密勘探点。

③ 复杂地基的一柱一桩工程，宜每柱设置勘探孔。

④ 单栋高层建筑以及跨径≥100m 的桥梁主墩承台，或面积大于 400m² 的承台，勘探孔不应少于 4 个。

3. 勘探点深度

由设计要求对勘探深度的要求，既要满足选择持力层的需求，又要满足计算基础沉降的需求。因此，对勘探孔有控制性孔和一般性孔（包括钻探取土孔和原位测试孔）之分。勘探孔深度的确定如下：

（1）一般性勘探孔的深度应达到预计桩长以下（3～5）d（d 为桩径），且不得小于 3m；对大直径桩，不得小于 5m；

（2）控制性勘探孔深度应满足下卧层验算要求；对需验算沉降的桩基，应超过地基变形计算深度；控制性勘探孔宜占勘探孔总数的 1/3～1/2；对高层建筑，每栋至少应有 1 个控制性勘探孔；对甲级的建筑桩基，场地至少应布置 3 个控制性勘探孔，对乙级的建筑桩基，场地至少应布置 2 个控制性勘探孔；

（3）钻至预计深度遇软弱层时，应予加深；在预计勘探孔深度内遇稳定坚实岩土时，可适当减小；

（4）对嵌岩桩，应钻入预计嵌岩面以下（3～5）d，并穿过溶洞、破碎带、到达稳定地层；

（5）在岩溶、断层破碎带地区，应查明溶洞、溶沟、溶槽、石笋等的分布情况，钻孔应钻穿溶洞或断层破碎带进入稳定土层，进入深度应满足上述控制性钻孔和一般性钻孔的要求；

（6）对可能有多种桩长方案时，应根据最长桩方案确定。

4. 测试与试验

对于桩基础的稳定性评价所需指标在许多方面不同于一般的基础评价要求，因此室内土工试验仅作常规的试验已无法满足要求，目前常做的有三轴剪切试验、无侧限抗压强度试验、高压固结试验等，具体的试验项目应根据场地的岩土特性、桩基下卧层性质，结合工程性质及对沉降控制的要求等确定。每一主要土层均应采取不少于 6 件的土样，或原位测试不少于 6 次，但对于支承在坚硬土层或岩层上的端承桩或摩擦端承桩，桩端以上土层的土试样或原位测试可适当减少。

三轴试验的不排水抗剪强度 c_u 值，或无侧限抗压强度 q_u，主要用于估算桩侧摩擦阻力、验算桩持力层和下卧层强度。据经验，桩侧极限摩擦阻力近似等于 c_u 值。而桩端持力层和下卧层的验算要求是桩基础底部有效附加应力应小于或等于桩端持力层和下卧层的允许有效附加压力，因此桩端持力层和桩端下压缩层深度内存在黏性土（特别是软弱黏性土），则应做三轴不排水剪切试验或无侧限抗压试验。对于压缩试验应尽可能考虑土的应力历史的影响，固结试验的最终压力应大于桩端下附加压力和自重应力之和，提出完整的 e-lg$p$ 曲线，获取先期固结压力、压缩指数 C_c、回弹指数 C_s 等，用于地基固结沉降的计算方法来计算桩沉降量。对于基岩作桩端持力层，应采取岩样进行单轴干燥极限抗压强度和饱和极限抗压强度试验，对岩石进行分类和评价，确定承载能力，必要时还应进行浸水软化试验，判定岩石抗风化、耐水浸的能力。对软岩和极软岩，可进行天然湿度的单轴抗压强度试验。对无法取样的破碎和极破碎的岩石，宜进行原位测试。对需估算沉降的桩基工程，应进行压缩试验，最大压力应大于上覆自重压力与附加压力之和。

原位测试可以获得钻探取样而无法获得的指标参数，以满足桩基础设计和施工的需要。然而由于各地区地质条件差异，难以统一规定原位测试手段，恰当的做法是根据地区经验和地质条件选择合适的原位测试手段与钻探配合进行，积累和建立选择评价桩基础持力层、估算单桩极限承载力，分析沉降可能性等方面的有价值的经验和估算方法。例如，上海地区的软土地基条件，静力触探已成为桩基勘察中必不可少的测试手段，成都、北京等地区的卵石层地层中，重型动力触探为选择持力层起到了很好的作用。

《高层建筑岩土工程勘察标准》JGJ/T 72—2017 对于桩基岩土工程勘察也提出相应的技术要求。

二、桩基础岩土工程分析

（一）桩型的选择

桩基础类型的选择要综合考虑以下因素，应根据建筑结构类型、荷载性质、桩的使用功能、穿越土层、桩端持力层、地下水位、施工设备、施工环境、施工经验、制桩材料供应条件等，按安全适用、经济合理的原则选择。具体选择时可参考《建筑桩基技术规范》JGJ 94—2008 附录 A。

1. 对于框架-核心筒等荷载分布很不均匀的桩筏基础，宜选择基桩尺寸和承载力可调性较大的桩型和工艺。

2. 挤土沉管灌注桩用于淤泥和淤泥质土层时，应局限于多层住宅桩基。

3. 抗震设防烈度为 8 度及以上地区，不宜采用预应力混凝土管桩（PC）和预应力混凝土空心方桩（PS）。

4. 对于复合基础-桩箱基础，应考虑将桩布于墙下，对于梁的桩筏基础，则宜将桩布在梁下。对于柱承重的单独基础，则应是一桩一柱，或多桩一柱（多桩时，应考虑最小桩距的要求）。

5. 同一建筑应避免采用不同类型的桩（用沉降缝分开者除外）。同一基础相邻桩的桩底标高差，对于非嵌岩端承桩不宜超过相邻桩的中心距，对于摩擦桩，在相同土层中不宜超过桩长的 1/10。

（二）持力层的选择

一般应选择较硬土层作桩端持力层。桩端全断面进入持力层的深度，对于黏性土、粉土不宜小于 $2d$（桩径），砂土不宜小于 $1.5d$，碎石土不宜小于 $1.0d$。如果存在软弱下卧层时，桩基底面以下硬持力层不宜小于 $3d$，嵌岩灌注桩的周边嵌入微风化或中等风化岩体的深度，不小于 0.5m。

如果持力层较厚，且施工条件许可，桩端进入持力层的深度应可能达到桩端阻力的临界深度，以提高桩端阻力。临界深入值对于砂、砾层为（3～6）d，对于粉土、黏性土为（5～10）d。

（三）特殊地质条件下桩基

如软土、湿陷性黄土、膨胀土以及岩溶等特殊地质条件的地区，对于桩基有其自己的特殊性，在进行岩土工程分析时，除了一般通性要求外，还应注意它们的特殊性及要求。

1. 软土地基

(1) 软土中的桩基，宜选择中、低压缩性土层作为桩端持力层；

（2）桩周围软土因自重固结、场地填土、地面大面积堆载、降低地下水位、大面积挤土沉桩等原因而产生的沉降大于基桩的沉降时，应视具体工程情况分析计算桩侧负摩阻力对基桩的影响；

（3）采用挤土桩时，应采取消减孔隙水压力和挤土效应的技术措施，减小挤土效应对成桩质量、邻近建筑物、道路、地下管线和基坑边坡等产生的不利影响；

（4）先成桩后开挖基坑时，必须合理安排基坑挖土顺序和控制分层开挖的深度，防止土体侧移对桩的影响。

2. 湿陷性黄土地区

（1）基桩应穿透湿陷性黄土层，桩端应支承在压缩性低的黏性土、粉土、中密和密实砂土以及碎石类土层中；

（2）湿陷性黄土地基中，设计等级为甲、乙级建筑桩基的单桩极限承载力，宜以浸水载荷试验为主要依据；

（3）自重湿陷性黄土地基中的单桩极限承载力，应根据工程具体情况分析计算桩侧负摩阻力的影响。

3. 季节性冻土和膨胀土地基中的桩基

（1）桩端进入冻深线或膨胀土的大气影响急剧层以下的深度应满足抗拔稳定性验算要求，且不得小于 4 倍桩径及 1 倍扩大端直径，最小深度应大于 1.5m；

（2）为减小和消除冻胀或膨胀对建筑物桩基的作用，宜采用钻（挖）孔灌注桩；

（3）确定基桩竖向极限承载力时，除不计入冻胀、膨胀深度范围内桩侧阻力外，还应考虑地基土的冻胀、膨胀作用，验算桩基的抗拔稳定性和桩身受拉承载力；

（4）为消除桩基受冻胀或膨胀作用的危害，可在冻胀或膨胀深度范围内，沿桩周及承台作隔冻、隔胀处理。

4. 岩溶地区的桩基

（1）岩溶地区的桩基，宜采用钻、冲孔桩；

（2）当单桩荷载较大，岩层埋深较浅时，宜采用嵌岩桩；

（3）当基岩面起伏很大且埋深较大时，宜采用摩擦型灌注桩。

5. 坡地岸边上桩基

（1）对建于坡地岸边的桩基，不得将桩支承于边坡潜在的滑动体上。桩端应进入潜在滑裂面以下稳定岩土层内的深度应能保证桩基的稳定；

（2）建筑桩基与边坡应保持一定的水平距离；建筑场地内的边坡必须是完全稳定的边坡，当有崩塌、滑坡等不良地质现象存在时，应按现行国家标准《建筑边坡工程技术规范》GB 50330 的规定进行整治，确保其稳定性；

（3）新建坡地、岸边建筑桩基工程应与建筑边坡工程统一规划，同步设计，合理确定施工顺序；

（4）不宜采用挤土桩；

（5）应验算最不利荷载效应组合下桩基的整体稳定性和基桩水平承载力。

6. 抗震设防区桩基

（1）桩进入液化土层以下稳定土层的长度（不包括桩尖部分）应按计算确定；对于碎石土，砾、粗、中砂，密实粉土，坚硬黏性土尚不应小于 2～3 倍桩身直径，对其他非岩石土尚不宜小于 4～5 倍桩身直径；

（2）承台和地下室侧墙周围应采用灰土、级配砂石、压实性较好的素土回填，并分层夯实，也可采用素混凝土回填；

（3）当承台周围为可液化土或地基承载力特征值小于 40kPa（或不排水抗剪强度小于 15kPa）的软土，且桩基水平承载力不满足计算要求时，可将承台外每侧 1/2 承台边长范围内的土进行加固；

（4）对于存在液化扩展的地段，应验算桩基在土流动的侧向作用力下的稳定性。

7. 可能出现负摩阻力的桩

（1）对于填土建筑场地，宜先填土并保证填土的密实性，软土场地填土前应采取预设塑料排水板等措施，待填土地基沉降基本稳定后方可成桩；

（2）对于有地面大面积堆载的建筑物，应采取减小地面沉降对建筑物桩基影响的措施；

（3）对于自重湿陷性黄土地基，可采用强夯、挤密土桩等先行处理，消除上部或全部土的自重湿陷；对于欠固结土宜采取先期排水预压等措施；

（4）对于挤土沉桩，应采取消减超孔隙水压力、控制沉桩速率等措施；

（5）对于中性点以上的桩身可对表面进行处理，以减少负摩阻力。

8. 抗拔桩基的设计原则应符合下列规定：

（1）应根据环境类别及水土对钢筋的腐蚀、钢筋种类对腐蚀的敏感性和荷载作用时间等因素确定抗拔桩的裂缝控制等级；

（2）对于严格要求不出现裂缝的一级裂缝控制等级，桩身应设置预应力筋；对于一般要求不出现裂缝的二级裂缝控制等级，桩身宜设置预应力筋；

（3）对于三级裂缝控制等级，应进行桩身裂缝宽度计算；

（4）当基桩抗拔承载力要求较高时，可采用桩侧后注浆、扩底等技术措施。

（四）单桩竖向承载力特征值的确定

1. 单桩竖向承载力特征值应通过单桩竖向静载荷试验确定。在同一条件下的试桩数量，不宜少于总桩数的 1%且不应少于 3 根。

2. 当桩端持力层为密实砂卵石或其他承载力类似的土层时，对单桩竖向承载力很高的大直径端承型桩，可采用深层平板载荷试验确定桩端土的承载力特征值。

3. 地基基础设计等级为丙级的建筑物，可采用静力触探及标贯试验参数结合工程经验确定单桩竖向承载力特征值。

4. 初步设计时单桩竖向承载力特征值可按下式进行估算：

$$R_a = q_{pa} \cdot A_p + u_p \sum q_{sia} \cdot l_i \tag{3.6-1}$$

式中　A_p——桩底端横截面面积（m^2）；

q_{pa}、q_{sia}——桩端端阻力特征值、桩侧阻力特征值（kPa），由当地静载荷试验结果统计分析算得；

u_p——桩身周边长度（m）；

l_i——第 i 层岩土的厚度（m）。

5. 桩端嵌入完整及较完整的硬质岩中，当桩长较短且入岩较浅时，可按下式估算单桩竖向承载力特征值：

$$R_a = q_{pa} \cdot A_p \tag{3.6-2}$$

式中 q_{pa}——桩端岩石承载力特征值（kN）。

6. 嵌岩灌注桩桩端以下三倍桩径且不小于5m范围内应无软弱夹层、断裂破碎带和洞穴分布，且在桩底应力扩散范围内应无岩体临空面。当桩端无沉渣时，桩端岩石承载力特征值应根据岩石饱和单轴抗压强度标准值按式（3.6-3）确定，或按岩基载荷试验确定：

$$f_a = \psi_r \cdot f_{rk} \tag{3.6-3}$$

式中 f_a——岩石地基承载力特征值（kPa）；

f_{rk}——岩石饱和单轴抗压强度标准值（kPa）；

ψ_r——折减系数。根据岩体完整程度以及结构面的间距、宽度、产状和组合，由地方经验确定。无经验时，对完整岩体可取0.5；对较完整岩体可取0.2～0.5；对较破碎岩体可取0.1～0.2。

值得注意的是，折减系数ψ_r值未考虑施工因素及建筑物使用后风化作用的继续。

对于黏土质岩，在确保施工期及使用期不致遭水浸泡时，也可采用天然湿度的试样，不进行饱和处理。

三、桩基础岩土工程报告书

桩基础岩土工程勘察报告书内容，除一般的共同要求内容外，尚应包括下列内容：

1. 提供可选的桩基类型和桩端持力层；提出桩长、桩径方案的建议。应据地基土（岩）层的物理、力学性质、水文地质条件、建（构）筑物类型、荷载的类型桩（墩）的可能破坏模式，桩（墩）的设置方法以及设备、经济比较及周围环境因素综合考虑。

2. 应选择多个持力层进行技术、经济比较，推荐最理想的持力层。一般情况下，可选择具有一定厚度（不小于8倍的桩径）、强度高、压缩性较低、分布较均匀、稳定的坚实土层和岩层（如坚硬—硬塑的黏性土、粉土，中密—密实的砂土、碎石土，中等—微风化岩层等）作持力层；如无坚实土层存在，施工条件允许，可考虑选择中等强度的土（岩）层（如可塑黏性土、粉土、稍密和砂土、碎石土、强风化岩等）作为持力层，报告中还应按不同的地质剖面提出建议桩端高程，阐明持力层变化及物理力学性质以及均匀程度。

3. 据地基土（岩）物理力学特性、桩的类型、设置方法及荷载种类等因素，确定桩侧摩阻力、桩端阻力。一般可采用地区经验预估或按《建筑桩基技术规范》JGJ 94—2008等有关国家及地方的规程、规范提供的方法估算，对于重要工程应有动力触探，静力触探、标准贯入等原位测试参数进行计算。

4. 当有软弱下卧层时，验算软弱下卧层强度；对于桩距不超过$6d$的群桩基础，桩端持力层下存在承载力低于桩端持力层承载力1/3的软弱下卧层时，应该按《建筑桩基技术规范》JGJ 94—2008中第5.4.1条进行验算软弱下卧层的承载力。

5. 提出有关沉降计算指标，如压缩模量、压缩指数、回弹指数、前期固结压力等，对于深部难于取到原状土样的土层应通过有关原位测试进行综合评价，以求得计算参数；

沉降值的计算，一般采用静载荷试验结果推算，但由于群桩沉降特性与单桩有所不同，应据经验及研究资料确定。计算方法大致有：

（1）经验系数调整法；

（2）考虑地基土应力历史的固结沉降计算法；

（3）从土的应力状态出发的有限单元计算方法（由于需确定计算参数多而困难，计算繁杂，尚难以在工程中应用）。

6. 对欠固结土和有大面积堆载的工程，应分析桩侧产生负摩阻力的可能性及其对桩基承载力的影响，并提供负摩阻力系数和减少负摩阻力措施的建议。

符合下列条件之一的桩基，当桩周土层产生的沉降超过基桩的沉降时，在计算基桩承载力时应计入桩侧负摩阻力：

① 桩穿越较厚松散填土、自重湿陷性黄土、欠固结土、液化土层进入相对较硬土层时；

② 桩周存在软弱土层，邻近桩侧地面承受局部较大的长期荷载，或地面大面积堆载（包括填土）时；

③ 由于降低地下水位，使桩周土有效应力增大，并产生显著压缩沉降时。

7. 分析成桩的可能性，成桩和挤土效应的影响，并提出保护措施的建议。沉桩可能性除了与锤击能量有关外，还与桩身结构强度，垫层特性、桩群密集程度及施工顺序等诸因素有关，尤其是地基土条件影响最大，因此应在充分、准确的地基资料基础上，提出分析意见，必要时，可通过试桩进行分析，对挤土桩和少挤土桩，则因桩打入振动、挤密，超孔隙水压力的产生等作用以及泥浆污染，可能对周围建筑物、地下管线、道路等造成危害。在岩溶区，（人工）挖孔桩可能造成的地面塌陷和降水引起地面沉降等，应提出监测及防护措施意见，监测项目布置方案等具体意见。

8. 持力层为倾斜地层，基岩面凹凸不平或岩土中有洞穴时，应评价桩的稳定性，并提出处理措施的建议。

四、沉井岩土工程勘察基本技术要求

（一）概述

沉井是沉箱中的一种类型——开口沉箱。在平面上视其需要可以是任何形状的，属于深埋构筑物，它通常有切土的刃脚，通过井筒挖土，刃脚在井筒重力作用下切入土中，井筒下沉，直至预定深度。沉井在施工和使用期间，都将会受到土压力、水压力和浮力、井壁与土的摩阻力和底面反力以及沉井自重和上部结构等的作用，因此，沉井的构造，计算和施工方法与沉井所在地点的土的类型和性质、水文地质条件等有着密切关系，如在沉井下沉深度遇到块石、漂石等障碍，造成施工困难，流砂的存在或岩面高程与资料有较大出入或地层均匀性未查明等，都会延误工期，影响工程质量等。沉井可以用混凝土或钢建造，有时也可以是两者的组合。混凝土具有经济和重量上的优点，可以帮助构件下沉；然而钢在需要时便于改动。由于沉井（沉箱）的口径很大，人能进入施工、检验，所以它又类同于大口径钻孔桩（墩）。

在河流、湖泊及类似的海上地段中的桥墩、桥台沉箱应用相当广泛，但通常费用较高，多限用于主要工程。如果坚硬土层位于水面以下 12m 以内，往往竞争性不强，因为板桩围堰在此种情况下，较为经济。

沉井下沉时，会使沉井周围土体发生裂缝、沉陷等破坏现象，从而对沉井周围已有建筑物产生不利影响，沉井下沉深度愈大；影响范围也愈大，同时也与地质情况，施工方法、沉井平面尺寸，形状有关。如下沉遇流砂，其影响范围、塌陷深度则较一般情况大；用水力机械吸泥下沉，则比吊车抓土、人工挖土大；据实际工程观测，圆形沉井的破坏范围，四周相差不大，而矩形沉井，长边方向的影响范围比短边大。

无论沉井是什么类型，都必须保证沉井的竖向和水平向的正确定位，使其能落到预计的土层上。沉井的封底厚度必须能承受静水浮托力，防止封底破坏，水土内涌。此外为防止沉井漂浮，则可能需设置抗拔桩或其他锚定措施，直到沉井内浇灌混凝土或其他填料，足以使沉井稳定为止。

（二）沉井工程岩土工程勘察要求

从上述沉井的一般情况讨论可知，沉井工程的岩土工程勘察主要是解决沉井的顺利施工，保证其坐落在选定的持力层上，并有足够的稳定性；其二是预测沉井施工对相邻已有建筑物的影响。

1. 勘察基本要点

（1）查明沉井影响深度范围内各层岩土的类型、深度、分布、工程特性和变化规律；

（2）查明沉井下沉深度范围内有无地下障碍物及其埋藏情况；

（3）查明水文地质条件，潜水及承压水的埋藏情况及其对沉井施工可能造成的影响。判定水质对建筑材料的腐蚀性；

（4）查明不良地质作用，可液化土层和特殊岩土的分布及其对沉井的危害程度，并提出防治措施的建议；

（5）评价沉井施工可能性，论证沉井施工条件及其对环境的影响；

（6）对位于江河等水域内的沉井，应调查、分析可能产生的冲刷情况；

（7）提供沉井设计、施工和沉井基础稳定性验算的相关岩土参数。

2. 勘察工作的平面布置

（1）勘探孔应布置在沉井周边或角点的外侧，距沉井外壁的距离不宜大于 2m；

（2）面积在 $200m^2$ 以下的沉井，不得少于 1 个勘探孔；面积在 $200m^2$ 以上的沉井，应在四角（圆形为相互垂直两直径与圆周的交点）外侧各布 1 个勘探孔；面积在 $1000m^2$ 以上的特大型沉井，应增加勘探孔数量，勘探孔间距不宜大于 30m。

一般性勘探孔应钻至沉井刃脚下 5m，大型沉井的控制孔则应达刃脚下一倍沉井的宽度，如遇软弱土层，则应钻穿。在沉井刃脚下如遇坚硬土层即可终孔。控制性孔占勘探孔总数的 1/2。

3. 勘探孔的深度

勘探孔深度应按下式确定：

$$D \geqslant H+(0.5\sim 1.0)b \qquad (3.6\text{-}4)$$

式中 D——勘探孔的深度（m）；

H——沉井深度（m）；

b——沉井井宽或井径（m）。

按式（3.6-4）计算时，D 不得小于沉井刃脚以下 5m 的深度；当需要验算沉井基础沉降量时，D 不得小于压缩层计算深度。

（三）勘探方法的选择

1. 除常规的钻探、取样外，应有静力触探和标贯等原位测试相配合。对特大型沉井宜进行旁压试验、扁铲侧胀试验，对软黏土地基宜进行十字板剪切试验，对粉土、砂土地基宜进行现场抽（注）水试验。

2. 室内试验除应进行常规的岩土物理力学性质指标测定外，当沉井作为整体基础需作稳定性验算时，宜进行三轴不固结不排水剪切试验、无侧限抗压强度试验；对需估算沉降的沉井基础应进行压缩试验，试验最大压力应大于上覆土层自重压力与附加压力之和；当沉井底部为岩石地基时，应采取岩样进行饱和单轴抗压强度试验。

（四）沉井岩土工程评价

1. 前已述及，沉井是靠刃脚切土，随施工取土，自身下沉而至预定位置的，因此应正确确定井壁与土的摩阻力值，这对于沉井的结构计算、下沉系数和抗浮稳定性验算、施工等有直接关系。据上海等地经验，井壁与土体的侧摩阻力主要与下列因素有关：

（1）沉井地点的土的类型、物理力学性质和地下水位；

（2）施工方法（排水或不排水）；

（3）沉井的下沉深度（深度愈大，侧摩阻力愈大）；

（4）沉井的外壁形状（自上而下向外倾斜或设台阶，侧摩阻力减小）；

（5）泥浆助沉，摩阻力减小等。

当沉井深度内有多种不同土层时，单位摩阻力可取各土层厚度的单位摩阻力的加权平均值。井壁与土体之间的侧摩阻力可据沉井所在地区相似土层已有测试资料来估算，也可参考以往类似沉井设计中侧面摩阻力采用。对于下沉深度不超过 30m 的沉井。可参照表 3.6-1 的经验数据选用。

井壁与土体间的摩阻力　　**表 3.6-1**

土的名称	摩阻力(kPa)	土的名称	摩阻力(kPa)
可塑、硬塑黏性土	25～50	砂卵石	18～30
粉土、砂土	15～25	砂砾石	15～20
流塑、软塑黏性土	10～15	泥浆套	3～5

注：1. 在 5m 深度范围内，井壁阻力假定地面处为零、线性增加至 5m 深度处，5m 以下取常数；
2. 井壁外侧为阶梯式且灌砂段的摩擦力可取 7～10kPa。

沉井壁上摩阻力的分布，据工程经验，外壁不设台阶的沉井，0～5m 深度范围内，按直线分布，由零增长至最大值，深度 5m 以下，即保持常数（图 3.6-1）。

2. 沉井作为建筑物深基础时，应对地基承载力进行验算，并应满足式（3.6-5）要求，如果考虑下沉阻力、刃脚踏面、隔墙及底梁下的地基反力，承载力验算满足式（3.6-6）要求。

$$F+G\leqslant f\cdot A \tag{3.6-5}$$

$$F+G\leqslant R\cdot A+T \tag{3.6-6}$$

式中　F——作用于沉井基础顶面的竖向力设计值(kN)；

G——沉井自重设计值(kN)；
A——沉井基础底面面积(m^2)；
f——地基承载力设计值(kPa)；
R——地基承载力极限值(kPa)；
T——沉井外侧四周总摩阻力(kN)。

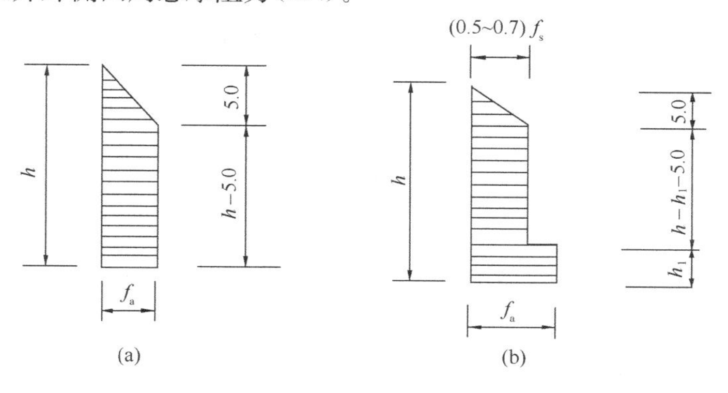

图 3.6-1 摩擦力沿井壁外侧分布图
(a) 当井壁外侧为直壁时；(b) 当井壁外侧为阶梯形时

3. 沉井下沉是靠在井内不断取土，沉井自重克服四周井壁与土的摩阻力和刃脚下土的正面阻力而实现的，为控制沉井平稳下沉至设计标高，宜根据下沉深度范围内的土层性质、施工方法和下沉深度等因素，选取适当的下沉系数。下沉系数可按下式计算：

$$K_0 = \frac{G_k - F_k - F_a}{T_f} \tag{3.6-7}$$

式中 G_k——沉体自重标准值（kN）；
F_k——下沉过程中地下水的浮力标准值（kN）；
T_f——井壁总摩阻力标准值（kN）；
F_a——沉箱内气压对顶板的上托力标准值（kN）；
K_0——下沉系数，宜在 1.05～1.25 范围内选取，位于淤泥质土层中可取大值，位于其他土层中可取小值。

为使得沉井有足够重量得以顺利下沉，在设计时一般是先估计沉井侧壁摩阻力，然后按下沉系数确定沉井壁厚度，然而有时摩阻力太大，井壁厚度也增大，为减少井壁厚度，可采用配重措施强迫下沉或减少井壁侧摩阻力助沉。因此，如果沉井下沉困难，还应提出助沉措施。

4. 当下沉系数大于 1.5 或在软弱土层下沉过程中可能发生突沉时，除在挖土时采用合理的施工措施外，宜在沉井中加设或利用井内已有的隔墙或横梁等作为防止突沉的措施，并应根据下沉深度范围内软弱土层分布的实际情况，上海地区据工程实践经验，规定了沉井在软弱土层中下沉，如有可能产生突沉，则应据施工实际情况进行下沉稳定验算：

$$K'_0 = \frac{G_k - F_k - F_a}{T_f + R} \tag{3.6-8}$$

式中　R——沉井和沉箱刃脚、隔墙和横梁下地基土反力之和（kN）；地基土反力可采用地基土极限承载力标准值；

K'_0——下沉稳定系数，通常小于1，可取0.8～0.9。

为防止突沉发生或减少突沉幅度，在设计施工上均应有相应的措施，沉井下沉至淤泥质黏土层后通过时，为防止淤泥质土大量涌入沉井中，难以下挖，并造成沉井外地面较大下沉，必要时设计按不排水条件下计算下沉系数。在沉井施工中，如“锅底”挖得愈深，突沉量也随之增加，故当沉井不沉时，应设法破坏（降低）井壁外侧摩阻力，使其下沉，而不得将“锅底”开挖过深。

5. 抗浮稳定性评价

用于桥梁墩台基础的沉井，由于面积小，重量大，沉井封底后，井筒内充填混凝土或砂、砾石、卵石等，因此抗浮稳定性问题往往不突出；而在给排水工程中，沉井往往是作为地下构筑物的围护结构，空间往往较大，内部是空的，当地下水位较高时，抗浮问题则较突出，或是沉井封底后，沉井重量小于作用在沉井上的浮力，特别是停止抽水或水位上升时或设备未安装等，易出现上浮问题。因此应对沉井不同时期（施工中沉井封底，使用期间）的实际情况进行抗浮稳定性验算，当不计井壁与土层间的摩阻力时，应满足式（3.6-9）要求：

$$\frac{G}{F_w} > 1.05 \tag{3.6-9}$$

式中　G——沉井封底后使用期的自重设计值（kN）；

F_w——沉井封底后使用期间可能出现的最高地下水位的浮托力设计值（kN）。

6. 当沉井过程中，如在地下水位以下存在粉土、砂土层时、则易产生流砂、突涌、突沉、沉井外侧发生塌陷等问题，危及地面附近建筑物、设施的稳定与安全。因此应提出防止和控制流砂现象发生的措施建议和设计，一般是采用井点降水（井外降水或井内灌水）、水下挖土或水下封底等方法。

7. 坑井下沉时，将使四周土体发生裂缝、沉陷破坏现象（作用）。据上海地区实践，在深度20m左右，土的内摩擦角很小，土体的破坏范围基本上符合土坡稳定理论，可用土坡稳定性计算公式试算。当沉井深度较大时，由于土拱的作用，当其影响不适用。然而如何进行符合实际的评价须进一步实践和研究。

8. 沉井的施工是保证沉井质量的关键之一，一般的施工方法有排水下沉法，常用于地下水补给量不大，排水不困难的沉井施工，排水方式有井内排水、井外排水或井点排水。其二是不排水下沉法，一般是沉井遇有涌砂等不稳定土层，地下水补给量丰富，排水困难时采用。如果无地下水存在，也就不存在排水不排水问题。

复习思考题

1. 桩基岩土工程勘察基本技术要求。

2. 桩基础承载能力的确定方法。

3. 桩基础岩土工程勘察报告内容与一般的岩土工程勘察有什么不同？

第七节　现有建筑物的加固与保护

一、现有建筑物加固与保护及岩土工程的研究重点

随着国民经济的发展，在大、中城市的建筑密集区进行改建、新建的高层建筑数量增加，高度也在增大，现有建筑物加层，此外兴建或计划兴建地铁，城市道路大型立交工程、深基坑、地下掘进，较深、较大面积的地下降水等，这些都将在现有建筑物地基中引起应力状态的改变，而给我们提出了一些新的特殊的岩土工程问题，在完成新建筑物兴建的同时，避免或减轻对现有建筑物可能造成的影响，保证现有建筑物的完整与安全是非常重要，因此对现有建筑物的加固与保护是岩土工程工作的一项新内容，其主要是：

1. 为评价建筑物加层、加载及邻近大面积堆载对建筑物的影响，应查明地基土承载力和加载后可能产生的附加沉降差，对建造在斜坡上的建筑物尚应验算稳定性；

2. 对现有建筑物接建或在其邻近新建高、重建筑物时，应分析、研究新建建筑物在现有地基土中引起的应力状态的改变，预测可能产生不均匀沉降及其影响；

3. 为评价基坑开挖对邻近建筑物的影响，则应研究开挖卸荷引起的基坑底和坑周围地面的不均匀回弹，坑底的破坏性隆起，坑壁及外侧土体的挠曲变形，水平位移及降水排水工程引起的地面不均匀下沉等；

4. 为评价地下工程施工对现有建筑物的影响，则应研究岩土体内的应力分布与地面下沉、挠曲等变形或破裂；施工降水引起的岩土体压缩与地面不均匀下沉；施工中可能出现的围岩变形过大或坍塌导致现有建筑物地基土的失稳等问题；

5. 为评价地下水抽降对建筑物的影响，应分析抽降引起的地基土的新固结作用和地面下沉、挠曲或破裂，预测发展趋势及对建筑物的影响；

6. 为评价相邻场地上桩基施工和地基处理对建筑物影响，应分析、研究可能引起的地面振动、土体侧挤、地基土振动液化效应等；

7. 现有建筑物地基基础事故分析与补强措施选择。

上述七个问题是重点研究问题，并非全部，但抓住了主要矛盾，使勘察、测试工作也就针对性强，所获资料、数据科学适用，使分析、评价更符合实际。但应强调在勘察工作中，系统的监测是不可少的，是重要手段之一。下面分别讨论各主要研究重点的岩土工程勘察工作的技术要求。

二、岩土工程勘察技术要求

（一）建筑物加层、加载及邻近建筑场地大面积堆载的岩土工程勘察

近些年来，一些单位为解决住房、办公用房的紧张状态，采用加层办法，另外一些工厂企业为扩大生产，改进产品，提高生产效率，采取工艺改造，引进更新设备，这种情况，意味着地基要承受更大的荷载，因此为建筑物加载（加层）而进行的岩土工程勘察，其目的就是查明地基土的实际承载能力，从而确定加层、加载所用的安全余力。为此岩土工程勘察工作应包括：

1. 分析地基土的实际受荷程度和既有建筑物结构、材料状况及其适应新增荷载和附

加沉降的能力；

2. 勘探点应紧靠基础外侧布置，有条件时宜在基础中心线布置，每栋单独建筑物的勘探点不宜少于 3 个；在基础外侧适当距离处，宜布置一定数量勘探点；

3. 勘探方法除钻探外，宜包括探井和静力触探或旁压试验；取土和旁压试验的间距，在基底以下一倍基宽的深度范围内宜为 0.5m，超过该深度时可为 1m；必要时，应专门布置探井查明基础类型、尺寸、材料和地基处理等情况；

4. 压缩试验成果中应有 e-lg$p$ 曲线，并提供先期固结压力、压缩指数、回弹指数和与增荷后土中垂直有效压力相应的固结系数，以及三轴不固结不排水剪切试验成果；当拟增层数较多或增载量较大时，应作载荷试验，提供主要受力层的比例界限荷载、极限荷载、变形模量和回弹模量；

5. 岩土工程勘察报告应着重对增载后的地基土承载力进行分析评价，预测可能的附加沉降和差异沉降，提出关于设计方案、施工措施和变形监测的建议。

建筑加层、加荷而进行的岩土工程勘察，目的是查明地基土的实际承载能力，查明地基承载力的潜力，因此地基土的实际承载力不宜用查表法获取，这是因为：

(1) 承载力表是建立在数理统计回归基础上的，它只符合一定的安全保障概率值，它并不反映地基土强度和变形特性，更不是强度与变形关系上的特性点；

(2) 承载力表使用是有条件的，一般建筑物可用，但作为岩土工程师不应只是知道承载力即可，而应充分了解最终控制与衡量条件是允许变形（沉降、倾斜、挠曲等）。

因此，试验方法（室内、原位）的选取，取决于能否比较直接地反映地基土强度和变形特性。应以其成果能直接显示地基土的应力-应变的变化、发展和有关力学特性点的量为最佳。

（二）建筑物接建、邻建的岩土工程勘察

建筑物接建、邻建所带来的主要岩土工程问题是新建建筑物所引起，在紧邻新建部分地基中应力叠加，从而导致现有建筑物地基土的不均匀附加压缩和建筑物的相对挠曲变形，以至破裂。因此，这类情况的岩土工程勘察工作亦以获得地基土强度和变形参数为目的，以便分析接建、邻建建筑物部分地基土在新的应力条件下的稳定程度，特别是预测地基土不均匀附加沉降和现有建筑物将承受的局部相对变形或挠曲。

该类岩土工程勘察工作内容，

1. 应该分析地基土的实际受荷程度和既有建筑物结构、材料状况及其适应新增荷载和附加沉降的能力，还应评价建筑物的结构和材料适应局部挠曲的能力；

2. 除按本章第一节的有关要求对新建建筑物布置勘探点外，尚应为研究接建、邻建部位的地基土、基础结构和材料现状布置勘探点，其中应有探井或静力触探孔，其数量不宜少于 3 个，取土间距宜为 1m；

3. 压缩试验成果中应有 e-lg$p$ 曲线，并提供先期固结压力、压缩指数、回弹指数和与增荷后土中垂直有效压力相应的固结系数，以及三轴不固结不排水剪切试验成果；

4. 岩土工程勘察报告应评价由新建部分的荷载在既有建筑物地基土中引起的新的压缩和相应的沉降差；评价新基坑的开挖、降水、设桩等对既有建筑物的影响，提出设计方案、施工措施和变形监测的建议。

（三）基坑开挖对邻近建筑物影响的岩土工程勘察

深基坑开挖是高层建筑常有的岩土工程问题之一，有些大型工业厂房，高耸构筑物及生产设备等也需将基础深埋，因而也有深基坑问题。深基坑开挖对相邻现有建筑物的影响主要表现在：

1. 基坑边坡变形、位移，甚至失稳的影响；

2. 基坑开挖卸荷引起的四邻地面的回弹、挠曲；

3. 施工降水引起的相邻建筑物软基的压缩或粗粒土地基部分土粒的流失而造成的地面不均匀沉降、破裂，在岩溶区的土洞、地面塌陷的产生等。

因此此类岩土工程勘察则是以分析上述影响产生的可能性及程度，采取何种预防、保护措施为目的。岩土工程勘察工作应包括：

1. 搜集分析既有建筑物适应附加沉降和差异沉降的能力，与拟挖基坑在平面与深度上位置关系和可能采用的降水、开挖与支护措施等资料；

2. 查明降水、开挖等影响所及范围内的地层结构，含水层的性质、水位和渗透系数，土的抗剪强度、变形参数等工程特性。

依据所获资料，预测坑底、坑外地面变形对地面建筑物的影响，提出基坑的支撑方式，计算参数，支护结构设计的建议，提出合理的开挖、降水，抽水方法及步骤。在开挖、降水过程中，应对坑底、坑外地面的升降动态、水平位移以及建筑物的反映等监测工作提出要求。监测工作可以弥补岩土工程分析和预测的不足，也为提高今后的分析水平提供资料。

（四）地下开挖对建筑物影响的岩土工程勘察

随着经济建设的发展，用地日趋紧张，向地下要使用空间，是解决用地的途径之一。然而地下开挖则对地面已有建筑物产生影响，主要表现为：

1. 地下开挖（如通道）引起的沿工程轴线的地面下沉和轴线两侧地面的对倾及挠曲。这种变形则导致地面建筑物倾斜，挠曲以至破坏。为防止这类破坏后果的出现，岩土工程勘察则是收集和分析已有勘察资料，调查需要保护和加固的建筑物结构特点，荷载、基础类型、埋深、材料等资料，预测工程轴线可能出现的地面沉降，轴线两侧或四周的地面变形，提出合理的开挖施工方法、步骤及保护现有建筑物的专门措施及监测要求。如果已有勘察资料不能满足分析、预测要求时，则进行必要的补充勘察工作（缺什么，补什么）。

2. 地下开挖施工降水的影响，可以按上述（三）的有关要求进行。

这里需强调的是地下开挖，监测工作极为重要。因为通过系统的监测不但可以验证我们的分析、预测及采取的措施是否正确，而且还可以对其（支护结构、岩土体）的性状变化直接跟踪，帮助判断演变的趋势以便及时采取措施；其次为提高今后类似预测水平，提供资料。监测主要是地面变形、地下开挖工程的围岩应力。状态的变化以及现有建筑物的应力、变形的系统监测。

（五）抽取地下水对现有建筑物影响的岩土工程勘察

在国内外，城市或工厂地区开采地下水或以疏干为目的地降低地下水位所引起的地面沉降、挠曲、破裂的实例日益增多，这种抽水引起的沉降（地面变形）严重时，可导致沿江海城市的供水淹没范围的扩大或海水倒灌，成群、成带的建筑物沉降、倾斜、裂损，一些采空区或岩溶区产生地面塌陷。

抽降地下水引起的地面变形不仅发生在软弱黏性土地区，在土的压缩性不高，但厚度巨大的土层也会产生可观的地面沉降与挠曲。由于抽降地下水造成的作用在土层上有效应力的增大是大范围的，因此土层的压缩可以涉及很深的土层，一个地区或城市的地下土层如巨厚且不均，或存在有先期的潜隐裂隙，地下水抽降引起的地面沉降变形会以地面的显著倾斜、挠曲，以至有方向性的破裂为特征。

国内外抽降地下水引起的地面沉降实例表明，其共同的特点是他们都位于厚度巨大的松散堆积物，主要是第四纪堆积物之上，沉降的部位几乎无一例外地都在较细粒砂和黏性土互层之上，含水层上覆黏性土层厚度较大，性质松软时，更易造成较大的沉降量。

针对其特点，岩土工程勘察工作应是：

1. 收集场地及其附近地区的地下水开采、水位变化、地面沉降、地裂缝及场地地层及压缩性试验资料，对地面沉降变形的发生、发展及其与地下水的开采（抽降）关系做出评价；对于尚未发生地面沉降的，则是预测可压缩性土层和含水层、预测可能性和估算沉降量，预测发展速度，提出保护现有建筑物措施（控制抽降水）。

预估沉降量可应用分层总和法及《建筑地基基础设计规范》GB 50007—2011 推荐的方法进行，也可应用单位变形量法。

单位变形量法：以已有地面观测资料为依据（一般据预测期前 3～4 年的实测资料）计算土层某一特定时段（水位上升或下降）内，含水层水头每变化 1m 时，其相应的变形量。

水位上升：$I_s = \dfrac{\Delta S_s}{\Delta h_s}$

水位下降：$I_c = \dfrac{\Delta S_c}{\Delta h_c}$

式中　Δh_s、Δh_c——同时期水位升降幅度（m）；

ΔS_s、ΔS_c——分别为相应于该水位变幅下的土层变形量（mm）。

已知预期水位升降幅度和土层厚度，土层预测沉降量：

$S_s = I_s \cdot \Delta h = I'_s \cdot \Delta h \cdot H$；$I'_s = \dfrac{\Delta S_s}{\Delta h_s \cdot H}$（比单位变形量）

$S_c = I_c \cdot \Delta h = I'_c \cdot \Delta h \cdot H$；$I'_c = \dfrac{\Delta S_s}{\Delta h_c \cdot H}$

S_s、S_c 分别为水位上升或下降 Δh（m）时，厚度为 H（mm）的土层预测沉降量。

预测地面沉降的发展趋势，在水位升降已经稳定不变的情况下，土层变形量与时间变化关系，可以参考有关土力学教材。

2. 勘探孔深度应考虑由抽降地下水引起的地层中垂直有效压力的增加，应超过可压缩地层的下限，并应取土试验或进行原位测试。

3. 压缩试验的最终压力应大于预期抽降水条件下将作用于各土层的有效自重压力，结果应以 e-lg$p$ 曲线整理，提出土的前期固结压力、压缩指数、回弹指数、固结系数，以及三轴不固结不排水剪切试验成果。

4. 岩土工程勘察报告应分析预测场地可能产生地面沉降、形变、破裂及其影响，提出保护既有建筑物的措施。

（六）地基基础事故的岩土工程勘察

地基基础事故发生的原因是多方面的，有自然的，也有人为的，如地面水排泄，地下水位的变化，不合理的加荷，环境水、土对基础的腐蚀，邻近的深开挖，地下工程施工，地基土的浸水软化、失水，斜坡不适当的开挖，滑坡复活，振动效应等。因此岩土工程勘察则是收集已有的全部资料-场地地质资料、建筑物结构特点、荷载、材料性状、基础类型、埋深，上、下水管道的布置、材料，使用维护情况，地下水位的变化，水化学成分，建筑物沉降，裂缝的大小、分布、数量、力学属性、序次等。依据已有资料分析事故的原因，对疑点布置适当的勘探测试工作予以查明，进行论证评价（定量为主），并针对性提出防治措施及监测方案。

复习思考题

1. 现有建筑物的加固与保护，其岩土工程研究应该着重于哪些问题？
2. 在现有建筑物的加荷加载岩土工程勘察工作中，其核心问题是什么？如何解决？
3. 现有建筑物接建、邻建，会带来什么岩土工程问题？其机理是什么？如何解决？
4. 抽降水会引起哪些岩土工程问题？它们形成的原因是什么？
5. 深基坑开挖对邻近建筑物有什么影响？如何解决？

第四章　场地稳定性岩土工程勘察

前一章是针对各类岩土工程讨论其勘察工作的基本技术要求，可以认为它是总论，而本章及下一章将要讨论的内容，则是针对在各类岩土工程勘察工作中影响到稳定性及适宜性的问题作出专门讨论，因此，它们又可以视为第三章中某些问题的专论，彼此之间相互联系。换句话说，在进行各类岩土工程勘察中，要把它们有机地结合起来，综合起来运用。例如，要建一幢高层建筑，场地是岩溶区，亦是红黏土分布区，在进行勘察时，工作既要按高层建筑勘察要求，同时又要结合岩溶、红黏土对场地、建筑物稳定性的影响，把要查明和研究的工作融贯到勘察工作中。

第一节　岩　　溶

一、概述

岩溶是一种形态奇特、分布复杂的自然地质现象，对人类工程活动、建筑场地、地基稳定性等方面，它往往是以不稳定性的一面起作用。就内容来说，岩溶的影响，不仅仅是浅埋的洞体、裂隙、土洞以及地表塌陷对稳定性的影响，还包括了由于岩溶作用造成岩面起伏大，上覆土层厚度变异以及岩面上覆软弱土层的影响。在岩溶地区，岩溶的发育和分布在宏观上（区域或较大范围的区段）有一定的规律，在“微观”（具体场地，小范围里）它却是变异的，虽受宏观规律控制，可以指导我们认识场地内岩溶特点，但却并无规律可循；因此在勘察工作中必须是始终坚持认真对待、循序渐进的原则。再者，从环境保护角度来看，岩溶地质环境是一个脆弱的开放环境，它与外界是联通的，极易接受外界的污染和破坏，因此应该注意施工对环境的影响。第三，岩溶区往往又是旅游资源区，因此同时还应该注意对旅游资源的保护。

岩溶的存在，直接影响到地基稳定性，工程实践经验表明，下列问题对场地和地基的稳定性影响极大，直接危害建（构）筑物的稳定和安全：

1. 石芽、溶沟、溶槽发育，基岩面凹凸不平，高低起伏大，上覆土层厚薄不一，岩面低洼处常有软弱土分布，从而导致地基土的不均匀性极为明显；

2. 在自重及荷载作用下可能发生不稳定溶洞的洞顶塌落；

3. 在一定的地质和水文地质条件下，上覆土层中的土洞，可因自重、外荷作用或人为改变地下水动态等影响或作用而造成地表塌陷；或土洞潜伏，造成隐患；

4. 排泄地表水的漏斗、落水洞以及其他岩溶通道被堵，造成季节性涌水，场地被淹；

5. 岩溶水一般无统一水面，水位及水量随季节变化大，当补给位置较高时，在雨季往往有较大的动水压力而造成对建（构）筑物的破坏。

对上述问题的研究，始终应予以充分的注意，但在一个场地不一定全都存在，它们可是其中的一个或几个。对于一般建筑物来说，尤其应注意上覆土层中的隐伏土洞，它们往往分布在压缩层的深度内，而直接关联到地基基础的稳定。

由于岩溶发育具有严重的不均匀性，为区别对待不同岩溶发育程度场地上的地基基础设计，将岩溶场地划分为岩溶强发育、中等发育和微发育三个等级，用以指导岩土工程勘察、设计与施工。据《建筑地基基础设计规范》GB 50007—2011，岩溶发育程度等级的划分，见表 4.1-1。

岩溶发育程度 **表 4.1-1**

等 级	岩溶场地条件
岩溶强发育	地表有较多岩溶塌陷、漏斗、洼地、泉眼 溶沟、溶槽、石芽密布，相邻钻孔间存在临空面，且基岩面高差大于 5m 地下有暗河、伏流 钻孔见洞隙率大于 30%或线岩溶率大于 20% 溶槽或串珠状竖向溶洞发育深度达 20m 以上
岩溶中等发育	介于强发育和微发育之间
岩溶微发育	地表无岩溶塌陷、漏斗 溶沟、溶槽较发育 相邻钻孔间存在临空面，且基岩面相对高差小于 2m 钻孔见洞隙率小于 10%或线岩溶率小于 5%

二、岩溶区岩土工程勘察的基本技术要求

在岩溶区进行岩土工程勘察，对大型、重要的建（构）筑物一般可划分为可行性研究（选址）勘察阶段、初步勘察阶段、详细勘察阶段及施工勘察阶段。对一般建（构）筑物，选址阶段一般不存在（因建筑物场地已定）。经过初勘、详勘工作，有时甚至到施工阶段，挪动建筑物位置是常有的情况，这表明岩溶区岩土工程工作的复杂性。

各勘察阶段的岩土工程工作基本要求及工作方法，主要是：

可行性研究或选址阶段：查明洞隙、土洞的发育条件，对其危害程度及发展趋势作出判断，对场地稳定性、适宜性作出初步评价；

初勘阶段：查明洞隙及其伴生的土洞、地表塌陷的分布、发育程度和规律，按场地稳定性、适宜性进行分区，为建筑物总平面布置提供依据；

详勘阶段：查明建筑物范围内或有影响地段的各种岩溶、土洞形态、位置、埋深、规模、岩溶岩体及堆填物性状，地下水特征等，评价地基稳定性和建筑条件，为地基基础设计计算和工程处理提供参数和建议；

施工阶段：是针对某一地段或尚待查明的专门问题进行补充勘察。

如建筑物基础采用大直径嵌岩桩或墩基时，则应进行专门的桩（墩）勘察。

1. 工作方法及要求

可行性研究及初勘阶段：采用工程地质测绘及综合物探方法，互相验证。在测绘与物探异常地段选择代表性部位，布孔验证，在初步划定的各岩溶分布区或较大规模地下洞隙地段适当增加勘探孔进行验证，划分范围，或为进行地下水动态观测，以满足工程评价和稳定性评价，控制孔深度应超过表层岩溶发育带，但一般<30m。

详勘阶段：沿建筑物轴线布置物探线，并采用多种方法确定异常地段及性质。测点（线）间距应先疏后密，在建筑物基础下和近旁的典型异常点，或基础顶面荷载＞2000kN的单独基础，均应布验证孔；当发现有危及工程安全的洞体则应加密钻孔或采用电磁波透视、井下电视、波速测试等手段进一步查证其规模、性质，必要时采取顶板及洞内堆积物进行测试。勘探工作应符合下列要求：

(1) 勘探线应沿建筑物轴线布置，勘探点间距不应大于第三章相关内容的规定，条件复杂时每个独立基础均应布置勘探点；

(2) 勘探孔深度除应符合第三章相关内容的规定外，当基础底面下的土层厚度不符合"基础底面以下土层厚度大于独立基础宽度的3倍或条形基础宽度的6倍，且不具备形成土洞或其他地面变形的条件"时，应有部分或全部勘探孔钻入基岩；

(3) 当预定深度内有洞体存在，且可能影响地基稳定时，应钻入洞底基岩面下不少于2m，必要时应圈定洞体范围；

(4) 对一柱一桩的基础，宜逐柱布置勘探孔；

(5) 在土洞和塌陷发育地段，可采用静力触探、轻型动力触探、小口径钻探等手段，详细查明其分布；

(6) 当需查明断层、岩组分界、洞隙和土洞形态、塌陷等情况时，应布置适当的探槽或探井；

(7) 物探应根据物性条件采用有效方法，对异常点应采用钻探验证，当发现或可能存在危害工程的洞体时，应加密勘探点；

(8) 凡人员可以进入的洞体，均应入洞勘查，人员不能进入的洞体，宜用井下电视等手段探测。

施工阶段：应根据岩溶地基设计和施工要求布置。在土洞、塌陷地段，可在已开挖的基槽内布置触探或钎探。对重要或荷载较大的工程，可在槽底采用小口径钻探，进行检测。对大直径嵌岩桩，勘探点应逐桩布置，勘探深度应不小于底面以下桩径的3倍并不小于5m，当相邻桩底的基岩面起伏较大时应适当加深。

综上所述，在岩溶区进行岩土工程勘察工作，由于岩溶场地的特殊性，决定了岩土工程勘察工作有别于其他场地。其工作方法应据勘察阶段、岩溶发育特征、建（构）筑物等级、荷载大小等因素综合选定。

2. 岩溶区岩土工程勘察工作应突出工程地质研究，由于岩溶的多变性，基本地质研究及岩溶规律的宏观研究，对一个小范围场地，相对于一个大范围场地已不极为重要（但并不是不重要），场地稳定性研究仍需有地质背景资料为基础，轻视场地基本地质研究及岩溶规律的工程地质分析，把岩溶形态的查明仅寄希望于钻探手段是不实际的。应通过工程地质测绘与调查，在平面上与剖面上，将场地初步划分出若干对建（构）筑物影响程度不同的区段，为深入研究与勘探提供依据。在岩溶区进行工程地质测绘与调查，其工作重点应是：

(1) 查明岩溶时，应标明已出露的各类形态的位置、高程、大小、形状、埋深、延伸方向、顶板形态、底部坡度、洞体岩（土）堆积物性状，土洞塌陷时间、因素等，进行素描、录像或断面实测。

(2) 查明岩溶发育与地层岩性、结构、厚度、不同岩性组合的关系。结合不同层位上岩溶特征与数量分布，划分不同的岩溶岩组。

(3) 了解岩溶形态、分布、发育强度与所处地质构造部位、产状的联系，阐明岩溶分布对其的依存性、相关性，为洞体围岩稳定性分析提供背景资料。

(4) 岩溶发育与地貌发展历史，当地水文网分布与相对高程的关系，充分重视对微地貌的调查与研究，划分岩溶微地貌类型，说明不同地貌部位上岩溶发育及强度的差异性，提出岩溶在水平及垂向上的分带。

(5) 查明岩溶地下水类型、位置、高程、所在岩溶岩组层位、流向、流量、动态、埋藏与连通条件及与地面水体的联系，进而阐明岩溶水文地质环境，水动力条件，水质情况，污染源及污染情况，判定其冲蚀能力，消水或涌水造成场地暂时淹没的可能性。

(6) 查明土洞及其地面变形的成因、形态、规模、分布密度与土层厚度、下伏基岩岩溶特征。地表水、地下水活动动态及与自然、人为因素的关系，划分地面变形及土洞发育区段。下列地段易发育形成土洞或土洞群：

土层较薄，土中"裂隙"及下伏岩体洞隙发育；

岩面张裂隙发育，石芽或外露的岩体交接部位；

两组构造裂隙交汇或宽大裂隙带上；

隐伏溶沟、溶槽、溶斗等负岩面地段，其上有软弱土分布地段；

降落漏斗中心部位，当岩溶导水性相当均匀时，漏斗中地下水流向的上游部位；当水呈集中渗流时，地下水流向的下游部位；

地势低洼，地面水体附近。

(7) 在场地及其附近如有人工降水过程，则应着重了解降水的各项水文地质参数及其在时间、空间上的动态，并据此分析塌陷位置与水位降深、地下水流向、降落漏斗与塌陷范围的关系。

(8) 调查访问土洞发育历史，已有建筑物使用情况，设计、施工经验教训，不同地基处理的技术经济指标与效果等。

3. 对岩溶规律的研究与勘察应坚持由面到点，先地表后地下，先定性后定量，先控制后一般，先疏后密的工作原则；即以宏观为基础，由表及里，由此及彼的工作原则和认识过程。

4. 探测对象和情况的不同，有针对性选择探测手段，重点地段适当布置勘探工作；如岩性是控制岩溶发育因素且基底浅埋时，可采用探槽；为查明浅层土洞可用钎探，深埋者可用静力触探；为查明隐伏洞隙的联系可做连通试验；评价洞隙稳定性，可采取洞顶板、洞内充填物的试样作物理力学性质试验，条件允许可做洞顶板载荷试验；为查明土层性状差异与土洞形成关系，可作湿化、胀缩，或可溶性、剪切试验；为查明地下水动力条件、潜蚀作用，地表水与地下联系，预测土洞和塌陷的发生、发展时，可进行流速、流向测定和水位、水质的长期观测等。

勘探深度的确定，取决于对场地岩溶发育规律的分析和认识，以保证建筑物安全和稳定计算所需的岩、土层厚度为原则。

5. 采用综合物探方法（电测探法、电剖面法、自然电场法、频率探测法、无线电波透视法、重力法等）相互印证。但未经验证的物探成果一般不宜作为施工图设计及地基处理的依据。

三、岩溶地基稳定性分析评价常用方法

在岩溶区的岩土工程实践中，岩溶地基稳定性评价分析的常用方法，主要采用以下定性评价和定量评价方法。

1. 岩溶地基稳定性定性评价

影响含溶洞岩石地基稳定性的因素很多，有岩体的物理力学性质、构造发育情况（褶皱、断裂等)、结构面特征、地下水赋存状态、溶洞的几何形态、溶洞顶板承受的荷载(工程荷载及初始应力)、人为影响因素等，它们是地基稳定性分析评价的重要依据。

（1）断裂构造

岩溶地基失稳的主要表现形式是岩溶塌陷，可溶性基岩中的断裂、裂隙的力学性质、构造岩的胶结特性、裂隙发育程度、规模及其与其他构造的组合关系等，在一定程度上控制了岩溶地基的稳定性。断裂构造的存在，总体来说对岩溶地基稳定性不利。断裂构造的力学性质、规模、构造岩的胶结特征、裂隙发育程度及与其他构造的组合关系，在一定的程度上决定了岩溶地基的稳定性。

张性或张扭性断裂的断裂面较粗糙，裂口较宽，构造岩多为角砾岩、碎裂岩等，且多呈棱角状，粒径相差大，胶结较差，结构较松散，孔隙较大，透水性强，对岩溶地基稳定性不利，如桂林市西城区许多岩溶地基的塌陷失稳，均分布在张性或张扭性断裂带上或其附近；而压性或压扭性断裂的裂面较平直、光滑、裂口闭合、胶结较好、结构较致密、透水性差，不利于地下水活动，对地基稳定性影响较小。

（2）褶皱构造

在纵弯褶皱作用下，较易在褶皱转折端处形成空隙——虚脱现象，同时在褶皱核部易形成共轭剪节理及张节理，这些部位的空隙及裂面粗糙，胶结较差，地下水活动较频繁，对含溶洞岩石地基稳定性不利；而平缓的大型褶皱，对地基稳定性影响较小。

（3）结构面

当含溶洞岩石地基中存在结构面，如节理等，对其稳定性不利。结构面的性质、成因发展、空间分布及组合形态，是影响稳定性的重要因素。一般来说，次生破坏夹层比原生软弱夹层的力学性质差得多，如再发生泥化作用，则性质更差。若溶洞周边处出现两组或两组以上倾向不同斜交的结构面，就极有可能产生坍落或滑动，例如 2002 年 8 月，位于桂林理工大学附近的屏风山，山体靠近建干路一侧，发育有一洞高约 3m 的溶洞，该溶洞顶部由于存在多组斜交的结构面，顶部突然坍落直径数米、重达数十吨的石灰岩块石。

（4）岩石

当石灰岩呈厚层块状、质纯、强度高时，并且岩石的走向与溶洞轴线正交或斜交，角度平缓，对地基稳定性影响较小；反之，对地基稳定性不利。桂林市区中心的石灰岩多呈厚层块状、质纯、强度较高的泥盆纪融县组灰岩；市区北面和西面分别分布有少量石炭纪泥质灰岩和石炭纪硅质灰岩，这两类岩石较少岩溶发育。

（5）溶洞洞体

当溶洞埋藏较深，覆盖层较厚，洞体较小（与基础尺寸比较），溶洞呈单体分布，且呈圆形时，对地基稳定性影响较小；反之，对地基稳定性不利。另外，当溶洞内有充填物时，也对地基稳定性有利。

（6）地下水

地下水是影响含溶洞地基稳定性的重要因素，地下水的活动将降低岩体结构面的强度。当水位变化较大或有承压水时，也可改变地基溶洞周围的应力状态，从而影响地基的稳定性。桂林漓江水位的升降变化，是影响漓江两岸一级阶地岩溶塌陷最重要的影响因素。

（7）其他因素

人工爆破、人为大幅度降水、交通工具加载或振动、地下工程施工及基坑开挖等产生临空面而改变溶洞周围应力状态、地震（水库诱发地震）等，都有可能引起溶洞地基的塌陷失稳。

2. 岩溶地基稳定性定量评价

定量评价法是在取得详细的岩土工程勘察资料和岩土体分布情况、物理力学参数的情况下采用的评价方法，一般先由假定条件建立相应的物理力学模型或数学模型，再进行分析计算，依据结果对溶洞顶板稳定性作出评价和判断。

在工程实践中，目前常用的方法中，其一般力学机制，可认为是溶洞上部的岩土体整体往下塌陷，即为整体破坏形式。通过溶洞发育规律及溶洞塌陷体的形状分析还发现，其破坏机制除整体破坏形式以外还有溶洞洞壁内部破坏的形式。

假定溶洞岩石地基呈整体下塌失稳，稳定性评价计算，可按下面方法综合进行：

（1）根据溶洞顶板坍塌自行填塞洞体所需厚度进行计算

洞体顶板被裂隙切割呈块状、碎块状，顶板塌落后体积松胀，当塌落向上发展到一定高度，洞体可被松胀物自行堵塞。在没有地下水搬运的情况下，可以认为洞体空间已被支撑而不再向上扩展了。设洞体空间体积为 V_0，塌落体体积 V，此时塌落高度 H 可由下式确定。

$$V \cdot m = V_0 + V$$

即：

$$V_0 = V(m-1)$$

式中 m——顶板岩石的松胀系数，对岩石取 1.1～1.3，视塌落后块度定；对土取 1.05～1.1。

设洞体顶板为中厚灰岩，洞体截面积为 F，洞高 H_0，假定塌落前后洞体均为圆柱形。

则：$V_0 = F \cdot H_0$，$V = F \cdot H$

那么，自行堵塞洞体所需的溶洞顶板安全厚度为：

$$H = \frac{H_0}{m-1}$$

如高度 H 以上还有外荷载，则还应加以荷载所需的厚度，才是洞体顶板的安全厚度。

（2）根据顶板裂隙分布情况，分别对其进行抗弯、抗剪验算

① 当顶板跨中有裂缝，顶板两端支座处岩石坚固完整时，按悬臂梁计算：$M = \frac{1}{2}pl^2$

② 若裂隙位于支座处，而顶板较完整时，按简支梁计算：$M = \frac{1}{8}pl^2$

③ 若支座和顶板岩层均较完整时，按两端固定梁计算：$M = \frac{1}{12}pl^2$

抗弯验算：$\frac{6M}{bH^2} \leqslant \sigma$，化简后即 $H \geqslant \sqrt{\frac{6M}{b\sigma}}$

抗剪验算：$\frac{4f_s}{H^2} \leqslant S$

以上各式中　M——弯矩（kN·m）；

p——顶板所受总荷重 $p = p_1 + p_2 + p_3$；

p_1——顶板厚为 H 的岩体自重（kN/m）；

p_2——顶板上覆土层重量（kN/m）；

p_3——顶板上附加荷载（kN/m）；

l——溶洞跨度（m）；

σ——岩体的计算抗弯强度（石灰岩一般为允许抗压强度的1/8）（kPa）；

f_s——支座处的剪力（kN）；

S——岩体的计算抗剪强度（石灰岩一般为允许抗压强度的1/12）（kPa）；

b——梁板的宽度（m）；

H——顶板岩层厚度（m）。

适用范围：顶板岩层比较完整，强度较高，层理厚，而且已知顶板厚度和裂隙切割情况。

④ 根据极限平衡条件，按顶板能抵抗受荷载剪切的厚度计算

$$F + G = U \cdot H \cdot S$$

式中　F——上部荷载传至顶板的竖向力（kN）；

G——顶板岩土自重（kN）；

U——洞体平面的周长（m）；

S——顶板岩体的抗剪强度，对灰岩一般取抗压强度的1/12。

⑤ 递线交会法

在剖面上从基础边缘按30°～45°扩散角向下作应力传递线，当洞体位于该线所确定的应力扩散范围之外时，可认为洞体不会危及基础的稳定。由定性评价中的洞体顶板厚跨比（H/L）可知，当集中荷载作用于洞体中轴线，H/L 为0.5时，应力扩散线为顶板与洞壁交点的连线，它与水平面夹角相当于混凝土的应力扩散角45°；当 H/L 为0.87时，相当于松散介质的应力扩散角30°。

⑥ 规范法

根据《建筑地基基础设计规范》GB 50007—2011的第6.6节规定进行判定。这也是当前岩土工程勘察中用得较多的方法之一。

⑦ 含溶洞岩石地基局部破坏形式稳定性分析

上述岩溶地基的稳定性评价计算方法，都是假定含溶洞地基产生整体破坏为前提，且它们没有考虑溶洞断面形态、地下水等的影响。在工程实践中发现，许多含溶洞地基的破坏往往是由局部破坏进而发展到整体破坏，由溶洞内部破坏再发展到外部塌陷失稳。利用弹性理论，推导岩石地基中溶洞周围的应力状态，利用格里菲斯强度理论，对含溶洞岩石地基的稳定性进行定量计算判别。并且基础底面尺寸、溶洞顶板厚度、溶洞跨度（直径）、溶洞的断面形状对地基稳定性的影响很大，而地下水产生的“真空吸蚀作用”对地基稳定

性的影响很小，洞内充填物对地基稳定的作用不明显。

四、岩溶场地岩土评价

当前岩溶场地的岩土工程评价现状是经验多于理论，宏观多于微观，定性多于定量，抽象多于具体。根据工程经验，下列情况之一，可判定对工程不利，一般应绕避或舍弃：

1. 浅层洞体或溶洞群，其洞径大，且不稳定的地段（顶板破碎且可见变形迹象，洞底有新近塌落物）。

2. 隐伏的漏斗、洼地、槽谷等规模较大的浅埋岩溶形态，其间和上覆为软弱土体或地面已出现明显变形。

3. 地表水沿土中缝隙下渗或地下水自然升降使上覆土层被冲蚀，出现成片（带）土洞塌陷地带。

4. 覆盖土地段抽水降落漏斗中最低动水位高于岩土交界面的区段。

5. 岩溶通道排泄不畅，可能导致暂时淹没的地段。

如有下列情况之一的地基，对安全等级二级及以下的建筑物可不考虑岩溶稳定性的不利影响：

1. 基础底面以下土层厚度大于 3 倍单独基础宽度或 6 倍条基宽度，且不具备形成土洞或其他地面变形的条件。

2. 基础底面与洞体顶板间土层厚度虽小于上述基础的倍数，但是如能满足下列条件之一也可不考虑岩溶稳定性的不利影响：

（1）洞隙或岩溶漏斗被密实的沉积物充填且无被水冲蚀的可能；

（2）洞体为“微风化”岩石（基本质量等级为Ⅰ级或Ⅱ级岩体），顶板岩体厚度≥洞跨；

（3）洞体较小，基础底面积大于洞的平面尺寸，并有足够的支承长度；

（4）宽度（长径）小于 1m 的竖向溶蚀裂隙、落水洞、漏斗近旁地段。

如不符合上述情况，则应据洞体大小、顶板形状、岩体结构及强度、洞内堆积物及岩溶水活动等因素进行洞体地基稳定性分析：

（1）顶板不稳定，但洞内为密实堆积物充填且无流水活动时，可认为堆填物受力，按不均匀地基进行评价；

（2）当能取得计算参数时，可将洞体顶板视为结构自承重体系进行力学分析；

（3）有工程经验的地区，可按类比法进行稳定性评价；

（4）在基础近旁有洞隙和临空面时，应验算向临空面倾覆或沿裂面滑移的可能；

（5）当地基为石膏、岩盐等易溶岩时，应考虑溶蚀继续作用的不利影响；

（6）对不稳定的岩溶洞隙可建议采用地基处理或桩基础。

从上述可知，解决稳定性问题，关键是查明岩溶形态与状况及有关计算参数，但在隐伏岩溶区，它埋藏地下，无法量测，只能凭借施工开挖，边揭露边处理；尽管如此，仍经常不能完全弄清情况，而使评价处理带来一定的盲目性。

工程实践告诉我们，覆盖型岩溶区的土洞会发展成为地表塌陷，其对工程的危害程度远大于岩体中的洞隙，尤其是人为改变地下水动力条件时，将促使和加速土洞的形成和发展。因此在地基稳定性评价中，对土洞的形成、存在、发展应特别予以注意。对非碳酸盐岩岩溶（如石膏、盐岩）进行稳定性评价时，还应考虑溶蚀作用的不利因素。

五、岩溶地基基础设计应注意的几个问题

根据工程实践，在岩溶地区进行地基基础设计时，应注意以下几个方面的问题：

1. 对于重要的建筑物，宜避开岩溶强烈发育区。

2. 对不稳定的岩溶洞隙地基处理，应根据其形态大小、埋深，采用清爆换填、浅层换土填塞、洞底支撑、梁板跨越、调整柱距等方法。

3. 对岩溶地下水的处理宜疏不宜堵。

4. 在未经有效处理的隐伏土洞或地表塌陷影响范围内，不应采用天然地基。对土洞、塌陷的处理宜采用地表截流，防渗堵漏，挖、填、堵岩溶通道、通气降压等方法，同时采用梁板跨越。对重要建筑物则可优先采用桩（墩）基础或嵌岩桩，但是：

（1）桩（墩）底下3倍桩径范围内应无倾斜或水平状岩溶洞隙。对浅层洞隙可按冲剪条件验算稳定性；

（2）桩（墩）底应力扩散范围内应无临空面或倾向临空面的裂隙，对于存在不利于稳定的倾角裂隙面，可按滑移条件验算稳定性；

（3）如桩（墩）底面起伏大，则应清除不稳定的石芽及其间的充填物，桩（墩）嵌岩深度应确保其底部与岩体有良好的接触。

5. 当地基含有石膏、岩盐等易溶盐时，应考虑溶蚀继续作用的不利影响。

6. 防止地下水排拽通道堵截造成动水压力对基坑底板、地坪及道路等不良影响，以及泄水、涌水对环境的污染影响。

复习思考题

1. 岩溶区岩土工程的特点（特殊性）。
2. 岩溶区岩土工程各勘察阶段的工作要求；对场地和地基稳定性有直接影响的因素有哪些？
3. 岩溶区岩土工程勘察工作的原则。
4. 岩溶区岩土工程评价及设计的要求。

第二节　滑　坡

一、概述

滑坡是自然界中常见的一种地质现象，也是边坡失稳破坏主要形式之一。大者，可以影响整个山体稳定，给人类造成极大的灾害。如甘肃省洒勒山滑坡，1983年3月7日，时间仅1min，滑坡土方量达5000万m^3，并把地面下深约60m的黏土掀翻到地面，造成重大人员伤亡。长江沿岸云阳县的鸡扒子滑坡，由于水的渗入，造成老滑坡复活，1982年7月17～18日，约有1/3滑体滑入长江，使附近河床填高30m，而影响航行。滑坡规模不等，小的到基坑边坡滑动，体积仅几立方米不等；滑坡真可谓屡见不鲜。

滑坡的形成必须具备三个条件：（1）有位移的空间；（2）有适宜的岩、土体结构；

(3) 有驱使发生位移的力。三个条件缺一不可。因此对滑坡进行岩土工程勘察就是要查明这三个条件，查明它们之间的内在联系，同时还应考虑对滑坡体的防治对策或整治设计。

滑坡的岩土工程勘察阶段不一定与具体工程的设计阶段相一致，而是视滑坡的规模、性质及对拟建工程的可能潜在危害而定。一般可分阶段进行，必要时也可一次连续完成。

地下水的作用在滑坡的形成与发展过程中。是一个极为活跃而重要的消极因素，在勘察工作中，必须要高度重视和充分研究。

二、滑坡体的岩土工程勘察基本技术要求

对滑坡体的岩土工程勘察，其技术要求是查明滑坡范围、规模、地质背景、性质、危害程度，分析滑坡产生的主、次要条件和原因，判定稳定程度，预测发展趋势，提出防治对策或整治设计。

地质背景是我们正确认识滑坡体的基础条件，它是指滑坡存在的地质条件——岩、土性质，软弱结构面，地形地貌，地下水特征等。在以往不少的滑坡体勘察工作中，对地下水特征研究重视不够，因而未能进行有效的防治。在勘察工作中对地下水问题的研究主要是查明含水层数，含水层厚度及物质成分，地下水补给来源、流向、水位、水量、水压力的大小等，尤其应注意水压力（$u=\frac{1}{2}\gamma_w \cdot H$；其中 u 为水压力；γ_w 为水重度；H 为水柱高度）的大小，因它是驱使滑坡滑动的一种力。

1. 滑坡体工程地质测绘与调查

对滑坡体的勘察应是工程地质测绘、调查与勘探相结合。其范围应包括滑坡体区及其邻近的稳定地段，比例尺视滑坡规模选用 1∶200～1∶1000，用于整治设计时，比例尺可为 1∶200～1∶500。

测绘与调查主要是调查滑坡要素，圈定滑坡周界，通过对滑坡要素（微地貌）的研究确定滑坡的主滑段、抗滑段，综合研究、分析滑坡的形成与发展过程。其具体工作内容和要求是：

(1) 首先应尽可能收集当地地质图（工程地质图、地质构造图等），当地的滑坡史，易滑地层的分布、水文气象（主要是降水）、地震等资料，分析山坡体的地质结构格局；

(2) 调查滑坡的地形、地貌和微地貌特征（如滑坡周界、滑坡壁、滑坡台阶、洼地、滑坡舌、滑坡裂缝等要素），调查滑坡裂缝的特征（如宽度、深度、延伸长度、裂缝的性质，裂缝中充填物性质及充填情况等），裂缝间相互切割关系，量测裂隙的分布位置、方向、倾角，量测滑动擦痕的指向、倾角，调查滑面（带）的组成及岩、土状态。调查植物生长情况及建筑物变形、位移、破坏情况，冲沟或谷坡冲刷情况。进而分析滑坡的主滑方向、主滑段、抗滑段及其变化，分析滑面（带）的层数、可能埋深和埋藏条件及发展动向；

(3) 调查地层层序、结构特征、性质及分布范围；调查地质构造和岩体结构面产状、性质及特征（尤其是对软弱结构的调查研究）；调查土层的成因类型、密实程度、潮湿程度、成分，尤其应注意调查不同类型土层间、土层与岩层接触面可能存在的软弱夹层；

(4) 调查滑坡区内地下水露头的位置、类型、水位、含水层数及厚度、补给来源和季节性变化，必要时则应调查地下水流速、流向、水质；调查地表水体、湿地的分布、变迁

情况，地表水与地下水的联系情况等；

(5) 调查当地整治滑坡的经验。

在滑坡的测绘调查工作中，对其重点部位应摄影、素描或录像。

2. 勘探

对滑坡区的勘探，必须查明滑坡面（带）的个数、形态、性质、埋深及地下水情况及岩土性质等。可采用挖探、钻探、物探等方法，如使用钻探，在滑坡面（带）附近必须干钻。

勘探点、线的布置，应在测绘、调查的基础上，以能较准确地查明组成滑坡体的岩土种类、性质、成因、滑动面（带）的分布、位置和层数，物质组成、厚度，滑动方向，滑动面（带）的起伏以及地下水情况（位置、流向和性质）为原则，为此除沿主滑方向布置勘探线外，在其两侧及滑坡体外尚应布置一定数量的勘探线以利于对比分析。勘探孔间距应以能查明上述要求为原则，不宜大于 40m，主轴线或代表性断面上，勘探点不少于 3 个，在滑床可能转折处和预计采取工程措施的地段，应有勘探点控制。勘探点深度以能控制滑动面（带）为原则，一般性勘探点，深度应穿过最下一层滑动面（带）以下（1～3m），少量的控制性孔，其深度应深入到稳定地层（3～5m），以满足滑坡治理需要。如为分析滑动面（带）有无向深处发展的可能或为了解地层、地下水情况，可视情况加深。由于滑坡规模不同，滑动面（带）形状不同，勘探工作的布置、要求也不同，因此只能提出原则性的要求，具体工作中则应视实际情况而定。例如上述勘探点间距不宜大于 40m，不仅是对主滑面（主轴断面），而是对整个滑坡体而言，适合此要求的，滑坡规模一般都较大，对小规模的滑坡来说，点间距则应慎重考虑；总之，应以能查明滑坡为原则。对于勘探线的布置还应充分照顾到滑坡稳定性计算、整治方案设计的需要，把滑坡的勘察、评价、整治有机地结合起来。

在滑坡的勘察中，勘探方法应视要查明的问题和要求适当选择，一般可参照表 4.2-1 选用。

滑坡勘探方法适用条件　　表 4.2-1

勘探方法	适 用 条 件
井探槽探	用于确定滑坡周界和滑坡壁、滑坡前缘的产状，有时也作为现场大面积剪切试验的试坑
深井（竖井）	用于观察滑坡体的变化、滑动面（带）的特征及采取原状土样等。深井常布置在滑坡体中前部主轴附近。采用深井时，应结合滑坡的整治措施综合考虑
洞探	用于了解关键性的地质资料（滑坡的内部特征），当滑体厚度大、地质条件复杂时采用。洞口常选在滑坡两侧沟壁或滑坡前缘。平洞常为排泄地下水整治工程措施的一部分，并兼做观察洞
电探	用于了解滑坡区含水层、富水带的分布和埋藏深度，了解下伏基岩面起伏和岩性变化及与滑坡有关的断裂破碎带范围
地震勘探	用于探测滑坡区基岩埋深，滑动面（带）位置、形状
钻探	用于了解滑坡内的构造，确定滑动面（带）的范围、深度和数量，观察滑坡深部的滑动动态。采集试样

布置动力触探、静力触探等，也有利于帮助确定滑动面（带）。

钻探方法对勘察成果影响很大，根据工程经验，对岩体滑坡，采用干法反循环钻进，对土体滑坡采用管式钻头，冲击钻进工艺较好，它们都能取得较完整岩芯，可以较清楚地观察到滑动面（带）。在钻探过程中，为查明滑面的高程及特征，还必须注意查清软弱面（带）、软弱夹层或破碎带的层位、岩芯倾角的变化，同时应记录岩、土湿度的变化，如遇地下水，应做好（初见、稳定）水位记录及观测工作，查明其类型、性质，各含水层之间的水力联系，视工程需要和水量大小，还应进行抽水试验。

3. 测试

获得如实反映滑坡体的有关物理、力学指标参数，是正确进行滑坡体评价和整治方案设计的基础条件，因此测试工作，尤其是 c、φ 值的测定应尽量符合客观实际：

（1）做抽（提）水试验，测定滑坡体内含水层的涌水量和渗透系数；做分层止水试验和连通试验，观测滑坡体各含水层的水位动态、地下水流速、流向及相互联系，进行水质分析，用滑坡体内、外水质对比和体内分层对比，判断水的补给来源和含水层数；

（2）除对滑坡体不同地层分别做天然含水率、密度试验外，更主要是对软弱地层，特别是滑带土做物理、力学性质试验；

（3）滑面（带）土的抗剪强度（c、φ）直接影响滑坡稳定性验算和防治工程设计，因此 c、φ 值应据滑坡性质、组成滑带土的岩性、结构和滑坡目前的运动状态选择尽量符合实际情况的剪切试验（或试验方法）：

① 在滑动面（带）上、下的土层，应通层取样鉴定，并进行物理、力学性质试验；

② 在滑动面（带）上应取原状土进行物理、力学性质试验；

③ 采用室内、野外滑面重合剪，滑带土做重塑土或原状土多次剪，获取多次剪和残余剪的抗剪强度；

④ 试验应采用与滑动受力条件相类似的方法（快剪、饱和快剪，或固结快剪、饱和固结快剪）。

（4）为检验滑动面抗剪强度参数的代表性，可采用反分析，结合试验反求滑面 c、φ 值，或验证试验成果。但反分析时必须：

① 采用滑动后实测的主轴断面进行计算；

② 要合理选择稳定系数 F_s 值，对正在滑动的滑坡为 $0.95 \leqslant F_s < 1$；处于相对稳定的滑坡 $1 \leqslant F_s \leqslant 1.05$；

③ 反分析是利用主轴断面建立力学平衡方程求解，因此可根据抗剪强度的试验及经验数据，先给定其中某一个比较稳定值（c 或 φ），反求另一值。

依据工程经验，当滑动面上、下土层以黏性土为主时，可给定 φ 值，反求 c 值；当滑动面上、下土层为砂土或碎石土时，可给定 c 值，反求 φ 值。这样比较易判断 c、φ 值的合理性及正确性。

三、滑坡稳定性验算

滑坡稳定性验算是判定滑坡的稳定程度，为滑坡整治提供依据。而滑坡稳定性验算，关键在于正确地确定滑动面（带）及代表性的主计算断面，以及滑面（带）指标参数（c、φ）选取。

滑面（带）的确定应在勘察过程中完成，然而滑动面（带）的确认又不能仅凭少数几个钻孔中的软弱夹层或含水点加以确定，也不能简单地把堆积层与基岩接触面作为滑面，应综合分析，互相验证，慎重考虑。主要方法是：

1. 要充分利用测绘、调查成果，结合滑坡周界，可能滑动层位、水质分析资料等确定，必要时进行镜下岩矿鉴定，根据矿物排列方式、方向确定滑动方向；

2. 正确鉴定滑面擦痕，滑面上常有薄层黏土富集；

3. 土质滑坡可能存在数层软弱夹层或不同土质层，因而滑面往往不是单一的，可能形成数个塑性滑块（带）；

4. 浅层滑坡中，滑面常无一定规律，滑带厚度变化大，从数毫米至数十厘米不等，而深层滑坡滑带可达数米。黄土滑坡若是沿陡倾结构面而滑动，则无明显滑动带，此时应注意产状、层位的变化，以及土石结构有无扰动现象；

5. 当滑带厚度较大时（2m 以上）其滑面的确切绘制，除测绘应特别注意外，还可以利用圆弧法寻找最危险滑动面。

稳定性计算的计算断面一般是选择主断面或主轴附近的断面。在计算断面上应划出牵引、主滑、抗滑段（每个滑坡不一定都能分出三段），而计算指标参数则是根据试验和反分析结果，综合选定。

选用滑坡稳定性验算公式时应注意公式的应用条件，注意滑面的形态和滑体的结构：

1. 对于均匀土质边坡，节理发育的岩体或碎石堆积边坡易发生旋转破坏，滑面呈圆弧形，可采用总应力法或有效应力法计算：

（1）总应力法，稳定系数 F_s：

$$F_s = \frac{(\sum N \cdot \tan\varphi + c \cdot L)}{\sum T} \tag{4.2-1}$$

式中　N——分条条块重量垂直于潜在滑面的分量（kN/m）；

φ——边坡物质的内摩擦角（°），用直接快剪或三轴不排水剪试验获得；

c——边坡物质的黏聚力（kPa），用直接快剪或三轴不排水剪试验获得；

L——潜在滑弧长度（m）；

T——分条条块重量平行潜在滑面上的分量（kN/m）。

（2）有效应力法，稳定系数 F_s：

$$F_s = \frac{\sum (N-u) \cdot \tan\varphi' + c' \cdot L}{\sum T} \tag{4.2-2}$$

式中　u——孔隙水压力（kPa）；

φ'——边坡物质的有效内摩擦角（°），用直接慢剪或三轴固结不排水剪试验获得；

c'——边坡物质的有效黏聚力（kPa），用直接慢剪或三轴固结不排水剪试验获得；

其余符号同前。

2. 当岩质边坡的主要结构面走向平行于坡面，结构面倾角小于坡角且大于其摩擦角时，易发生平面破坏，滑面基本上呈平面（图 4.2-1），稳定性系数 F_s 可按式（4.2-3）～式（4.2-7）计算：

$$F_s = \frac{c \cdot A + (W\cos\beta - u - V \cdot \sin\beta)\tan\varphi}{W \cdot \sin\beta + V \cdot \cos\beta} \tag{4.2-3}$$

$$A = (H - Z)\csc\beta \tag{4.2-4}$$

$$u=\frac{1}{2}[\gamma_{w}\cdot Z_{w}(H-Z)\csc\beta] \tag{4.2-5}$$

$$V=\frac{1}{2}\gamma_{w}\cdot Z_{w}^{2} \tag{4.2-6}$$

$$W=\frac{1}{2}\gamma H^{2}\left\{\left[1-\left(\frac{Z}{H}\right)^{2}\right]\cot\beta-\cot\alpha\right\} \tag{4.2-7}$$

式中 γ_{w}——水的重度（kN/m^3）；

γ——岩体的重度（kN/m^3）；

α——坡角（°）；

β——结构面倾角（°）；

φ——结构面摩擦角（°）；

W——滑体所受重力（kN）；

其余意义符号见图 4.2-1。

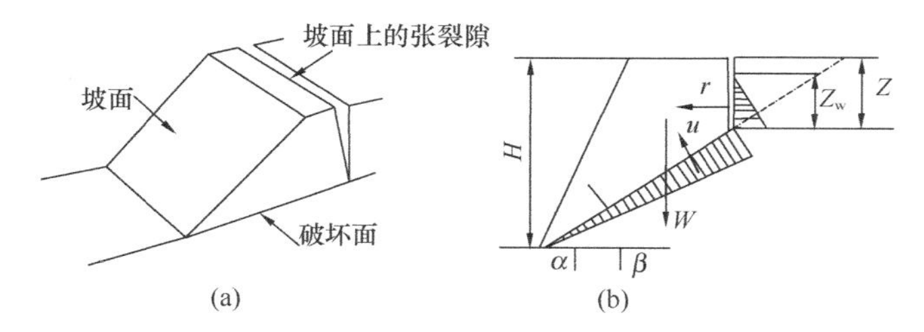

图 4.2-1 坡面上有张裂隙的岩质边坡的平面破坏

（a）立体图；（b）剖面图

3. 当岩质边坡的两组结构面的交线倾向坡角，交线倾角小于坡角且大于其摩擦角时，易发生楔形破坏，滑面呈楔形，楔形沿结构面交线下滑（图 4.2-2），其稳定系数 F_s 可按式（4.2-8）计算：

$$F_{s}=\frac{N_{A}\cdot\tan\varphi_{A}+N_{B}\cdot\tan\varphi_{B}+c_{A}\cdot A_{A}+c_{B}\cdot A_{B}}{W\cdot\sin\beta_{AB}} \tag{4.2-8}$$

式中 N_A，N_B——W 引起的作用于结构面 A、B 上的法向力（kN）；

φ_A，φ_B——结构面 A、B 内摩擦角（°）；

c_A，c_B——结构面 A、B 的黏聚力（kPa）；

A_A，A_B——结构面 A、B 的面积（m^2）；

W——楔形体所受的重力（kN）；

β_{AB}——A、B 结构面交线的倾角（°）。

4. 当滑面为折线时（图 4.2-3），稳定性系数 F_s，可用式（4.2-9）计算：

$$F_{s}=\frac{\sum_{i=1}^{n-1}(R_{i}\prod_{j=i}^{n-1}\psi_{j})+R_{n}}{\sum_{i=1}^{n-1}(T_{i}\prod_{j=i}^{n-1}\psi_{j})+T_{n}} \tag{4.2-9}$$

式中 ψ_j——第 i 块剩余下滑力传至第 $i+1$ 块的传递系数（$j=i$），

$$\psi_j = \cos(\alpha_i - \alpha_{i+1}) - \sin(\alpha_i - \alpha_{i+1})\tan\varphi_{i+1}$$

$$\prod_{j=i}^{n-1}\psi_j = \psi_i \cdot \psi_{i+1} \cdot \psi_{i+2} \cdots \psi_{n-1}$$

R_i——第 i 块滑动体的法向分力（kN/m），$R_i = N_i \cdot \tan\varphi_i + C_i \cdot L_i$；

T_i——作用于第 i 块滑面上的滑动分力（kN/m），出现与滑面方向相反的滑动分力时，T_i 应取负值；

其余符号意义见图 4.2-3。

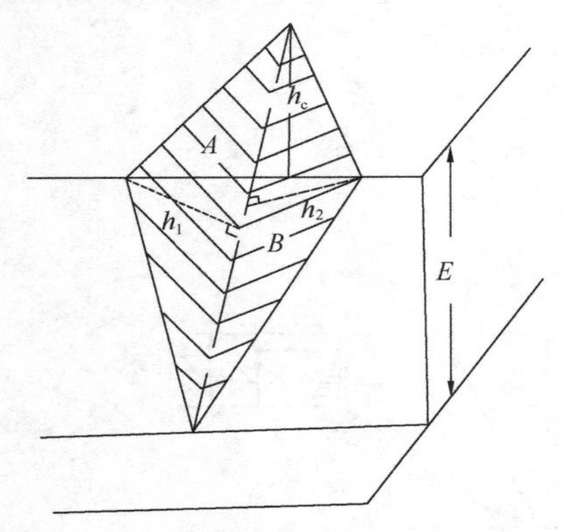

图 4.2-2　两组节理面相交切割的楔体的稳定计算图

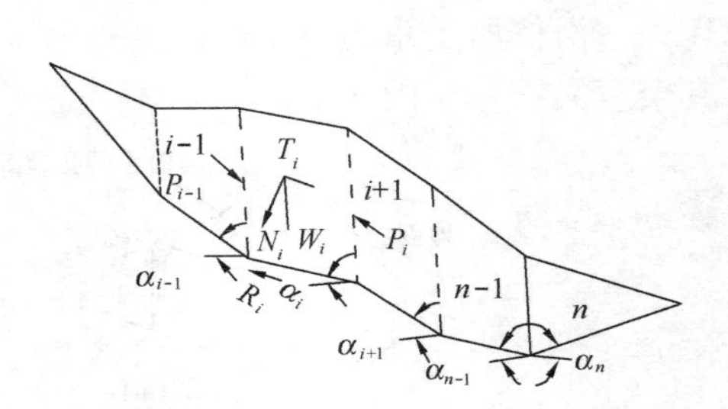

图 4.2-3　折线形滑动面计算

5. 恢复滑体极限平衡状态时的核算

把滑体恢复到滑体刚滑动的瞬间，即认为滑坡正处于极限平衡状态（$F_s = 1$），选择适当计算式反求 $F_s = 1$ 时滑面（带）土的 c、φ 值，然后用反求得的 c、φ 值，推求当前滑坡所处状态，如图 4.2-4 中实线断面的 F_s 值，从而判断滑坡的稳定程度。

根据滑面的形状和滑动带的组成成分不同，可分为三种算法：

(1) 综合单位黏聚力（综合 c）法：适用于土质均一，滑带饱水且难以排出（特别是黏性土为主所组成的滑动带）的情况（即考虑 $\varphi_s = 0$）。

① 对于圆弧滑面（图 4.2-4）可按式（4.2-10）计算；

$$F_s = \frac{W_2 d_2 + cLR}{W_1 d_1} \tag{4.2-10}$$

式中　W_1——滑体下滑部分的重量（kN/m）；

d_1——W_1 对于通过滑动的圆弧中心的铅垂线的力臂（m）；

W_2——滑体阻滑部分的重量（kN/m）；

d_2——W_2 对于通过滑动圆弧中心的铅垂线的力臂（m）；

L——滑动圆弧的全长（m）；

R——滑动圆弧的半径（m）；

c——滑动圆弧面上的综合单位黏聚力（kPa）。

② 对于折线形滑动面（图 4.2-5）。可根据滑动面的倾斜方向，将其分为下滑段和抗滑段按下式计算：

$$F_s=\frac{\sum_{j=1}^{n}W_{2j}\sin\alpha_j\cos\alpha_i+c\left(\sum_{i=1}^{n}L_i\cos\alpha_i+\sum_{j=1}^{n}l_j\cos\alpha_j\right)}{\sum_{i=1}^{m}W_{1i}\sin\alpha_i\cos\alpha_i} \tag{4.2-11}$$

式中　W_{1i}——滑体下滑部分第 i 条块所受的重力（kN）；

W_{2j}——滑体阻滑部分第 j 条块所受的重力（kN）；

α_i——滑体下滑部分第 i 条块所在折线段滑面的倾角（°）；

α_j——滑体阻滑部分第 j 条块所在折线段滑面的倾角（°）；

L_i——滑体下滑部分第 i 条块所在折线段滑面的长度（m）；

l_j——滑体阻滑部分第 j 条块所在折线段滑面的长度（m）；

c——折线形滑面上的综合单位黏聚力（kPa）。

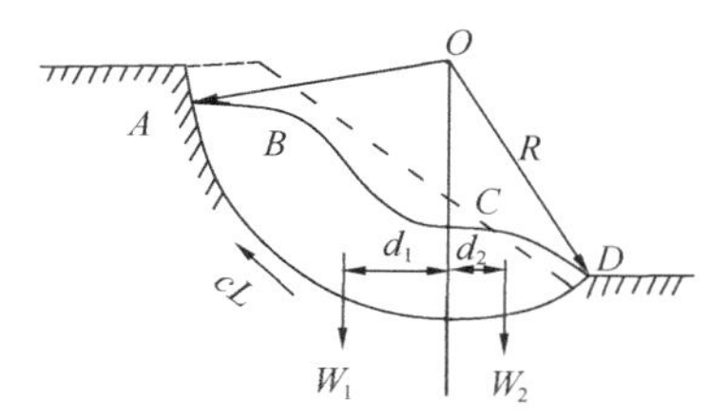

图 4.2-4　圆弧形滑面计算

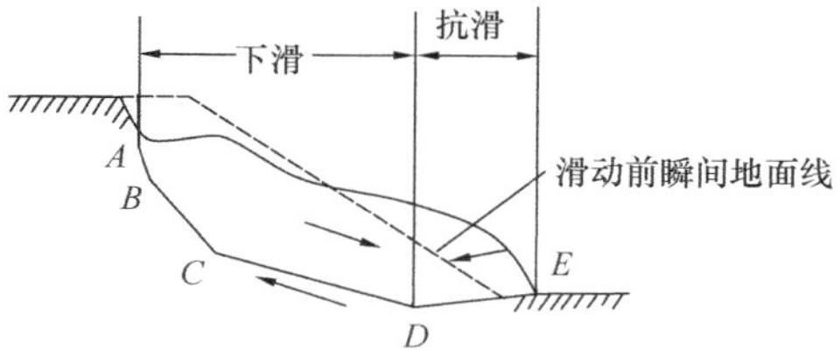

图 4.2-5　折线形滑面计算

（2）综合内摩擦角（综合 φ）法：适用于以粗粒岩屑或残积物为主的且在滑动中可排出滑带水的滑动带，即考虑 $c\approx0$。这种情况的计算式为：

$$F_s=\frac{\sum W_{2j}\sin\alpha_j\cos\alpha_j+[\sum W_{2j}\cos^2\alpha_j+\sum W_{1i}\cos^2\alpha_i]\tan\varphi}{\sum W_{1i}\sin\alpha_i\cos\alpha_i} \tag{4.2-12}$$

（3）c、φ 法：适用于以黏性土和岩屑碎粒组成的且二者含量相近的滑动带。这种情况可用两个不同断面的核算解联立方程式反求 c 和 φ，其计算式为：

$$F_s=\frac{\sum W_{2j}\sin\alpha_j\cos\alpha_j+[\sum W_{2j}\cos^2\alpha_j+\sum W_{1i}\cos^2\alpha_i]\tan\varphi}{\sum W_{1i}\sin\alpha_i\cos\alpha_i}+\frac{c\cdot(\sum l_i\cos\alpha_i+\sum l_j\cos\alpha_j)}{\sum W_{1i}\sin\alpha_i\cos\alpha_i} \tag{4.2-13}$$

式中　φ——滑动面上的综合内摩擦角（°）；

其余符号意义同前。

6. 滑坡当前稳定程度的验算

（1）滑体大致等厚，滑床为单一坡度的倾斜平面的层面滑坡

① 当滑床相对隔水，滑体及滑带土湿度变化不大（图 4.2-6a）时，可按下式计算：

$$F_s=\frac{\gamma h\cdot\cos\alpha\cdot\tan\varphi+c\cdot\sec\alpha}{\gamma h\sin\alpha} \tag{4.2-14}$$

② 当滑床相对隔水、滑体上裂隙贯通至滑带（下雨时滑体全部饱水，需考虑水的浮力作用）的情况可按下式计算：

$$F_s=\frac{(\gamma_s-\gamma_w)h\cdot\cos\alpha\cdot\tan\varphi+c\cdot\sec\alpha}{(\gamma_s-\gamma_w)h\cdot\sin\alpha+\gamma_w h\cdot\sin\alpha}$$

$$=\frac{(\gamma_s-\gamma_w)h\cdot\cos\alpha\cdot\tan\varphi+c\cdot\sec\alpha}{\gamma_s h\cdot\sin\alpha} \tag{4.2-15}$$

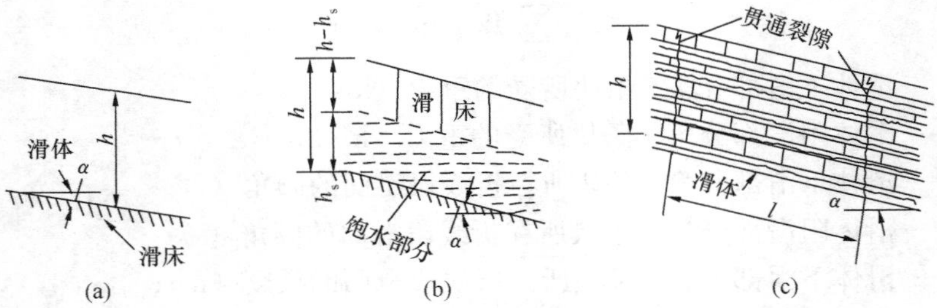

图 4.2-6　滑体等厚、滑床为单一倾斜平面的层面滑坡

(a) 非饱水土层；(b) 部分饱水土层；(c) 软硬岩互层

如果滑体只部分饱水（图 4.2-6b），且饱水厚度为 h_s 时，可按下式计算：

$$F_s=\frac{[\gamma(h-h_s)+(\gamma_s-\gamma_w)h_s]\cos\alpha\cdot\tan\varphi+c\cdot\sec\alpha}{[\gamma(h-h_s)+\gamma_s h_s]\sin\alpha}$$

$$=\frac{[\gamma h+(\gamma_s-\gamma-\gamma_w)h_s]\cos\alpha\cdot\tan\varphi+c\cdot\sec\alpha}{[\gamma h+(\gamma_s-\gamma)h_s]\sin\alpha} \tag{4.2-16}$$

③ 当由软硬岩层互层组成的斜坡沿某一软层滑动，滑体内有贯通裂隙（图 4.2-6c），暴雨时需要考虑裂隙充水的静水压力时，可按下式计算：

$$F_s=\frac{\gamma_r h\cdot\cos\alpha\cdot\tan\varphi+c\cdot\sec\alpha}{\gamma_r h\sin\alpha+0.5\gamma_w\cdot h^2\cdot\eta} \tag{4.2-17}$$

如果裂隙未充水，在地震力作用下发生滑动时，可按下式计算：

$$F_s=\frac{\gamma_r h\cdot\cos\alpha\cdot\tan\varphi+c\cdot\sec\alpha}{\gamma_r h\sin\alpha+F} \tag{4.2-18}$$

以上诸式中　γ——滑动土体的天然重度（kN/m^3）；

γ_s——滑动土饱水后的重度（kN/m^3）；

γ_r——滑动岩体的天然重度（kN/m^3）；

γ_w——水的重度（kN/m^3）；

h——滑动岩（土）体的垂直厚度（m）；

c——滑动岩、土的黏聚力（kPa）；

φ——滑动岩、土的摩擦角（°）；

α——滑动面的倾斜角（°）；

η——滑动岩体的裂缝系数，即每米水平距离上的贯通裂隙系数，其值为 $1/l\cdot\cos\alpha$；

F——地震力（kN/m^2），其值为 $F=\frac{a}{g}\cdot\gamma_r\cdot h$，其中 a 为地震加速度（m/s^2）；g 为重力加速度（取 $g=9.81m/s^2$）。

（2）滑体不等厚，滑床为折线形的滑坡

① 当整个滑坡为均匀整体滑动时，可根据折线段滑面的转折进行条分，然后按式（4.2-9）计算。

② 若整个滑坡情况复杂，各部分间为差异滑动，可在平面及横断面上按滑床形状分条，在剖面上顺滑动方向分级或分层，在每条、每级或每层上分块，判断各自的稳定性及相互间的影响。

对于在同一沟槽滑床上的几块滑体，则应自前至后逐块验算其本身的稳定性和每块向前滑动后的共同稳定性；对于多层滑坡，应验算各层滑坡的稳定，并考虑相邻上、下层滑动间的相互影响，判断其共同稳定性。

各单元的稳定性验算仍采用式（4.2-9）计算，但应根据具体情况分析增加可能同时出现的其他力系，合理选择滑带各不同部分岩、土强度指标并估计到其可能的变化，力求符合实际。

依据上述各式，计算所获 F_s 值符合式（4.2-19）要求时，斜坡稳定，否则失稳：

$$F_s \geqslant F_{st} \tag{4.2-19}$$

F_{st} 为滑坡稳定安全系数，根据对滑坡的研究及滑坡对工程的影响大小确定，可按 1.10～1.25 选用。

7. 验算滑坡稳定性时应注意问题

(1) 若在滑带有承压地下水活动（其压力水头为 H_0 时，H_0 从滑床向上算起），则应在滑体条块上加入 $\gamma_w H_0$ 的浮力。

(2) 若滑体底部有一部分饱水并与滑带水连通且自滑坡出口不断渗出时，应在各条块饱水面积（A_i）的重心处加上一个动水压力 $\gamma_w A_i \sin\alpha_i$，其方向与滑体条块的下滑力相同。

(3) 若滑体后部有贯通至滑带的裂缝，其深度为 h_l，滑动时裂缝充水来不及排出时，应在裂缝位置处加上一个水平的静水压力 $\frac{1}{2}\gamma_w h_l^2$，力作用于滑面以上 $\frac{h_l}{3}$ 处，指向滑动的方向。

(4) 在地震作用下不致使滑体岩土结构遭到破坏的条件下，考虑地震力的作用时，可于每个滑体条块重心加上一个水平地震力，指向滑动方向。

(5) 当滑坡濒临江河湖海、水库，受到水位升降影响时，应考虑水位上升时增加对滑坡的静水压力及地下水位抬高后滑坡头部浸湿部分的浮力；水位骤降时失去的静水压力及由于滑体内来不及排水而产生的动水压力和浮力等，应列入计算。

(6) 式（4.2-9）考虑了推力传递系数 Ψ，经多年使用效果较好，但在使用该式时应注意以下几点：

① 当某一块段的抗滑力 R_i＞滑面上的滑动推力 T_i，此块段上的滑动推力 $P_i<0$ 时，可以认为该块段以上是稳定的，不产生推力，故 P_i 不往下传递，应从 $T_i>R_i$ 的块段开始往下计算至最终块段；

② 当某一块段的 $R_i>T_i$，$P_i>0$ 时，则 P_i 继续往下传递，一直往下计算至终块；

③ 当某一块段的 $R_i>T_i$，且 $P_i<0$，则按上述方法计算至第 $i+l$ 块段，R_{i+l} 仍大于 T_{i+1} 等，则一直计算到终块，以衡量整个滑坡的抗滑力储备，同时得出 $F_s>1$。

四、滑坡的评价及防治

滑坡的评价应用综合评价方法，即根据滑坡的规模、位置、工程地质条件、滑坡滑动的主导因素，滑动前兆及稳定性验算结果等综合评价滑坡的稳定性、发展趋势、危害程度，以及治理的可能性及必要性，确定该滑坡是否可治，治理的经济、技术条件，从而确定是否避开或进行处理。

1. 滑坡的推力计算

滑坡的推力计算，是滑坡治理成败以及是否经济合理的重要依据，也是对滑坡的定量评价；因此在计算方法的选用和计算参数的选取时都必须十分慎重，滑坡推力计算公式(4.2-20)，其详细规定请参见《建筑地基基础设计规范》GB 50007—2011 第 6.4.3 条。该公式经实践运用证实是比较切合实际的；而计算参数（主要是 c、φ）值的选取，应是室内外试验和滑坡反算相结合的方法选定滑动面上的抗剪指标。在计算滑坡推力时有几种情况应予以说明：

(1) 如果滑坡具有多个滑动面（带）时，应分别计算各滑动面（带）的滑坡推力；

(2) 计算推力时，应选平行滑动方向的几个（至少 2 个，其中一个应是主滑断面）具有代表性的断面进行计算，根据不同断面的推力，设计相应的抗滑结构；

(3) 滑坡推力的作用点，可取在滑体厚度的 1/2 处；

(4) 当滑带验算指标为排水条件时，水压力应作为滑面上的作用力进行计算；

(5) 在强震区，对一级工程有威胁的滑坡，应考虑地震作用的影响；

(6) 滑坡推力安全系数，根据滑坡现状及对工程影响等因素综合确定，对地基基础设计等级为甲级的建筑物宜取 1.30，设计等级为乙级的建筑物宜取 1.20，设计等级为丙级的建筑物宜取 1.10。

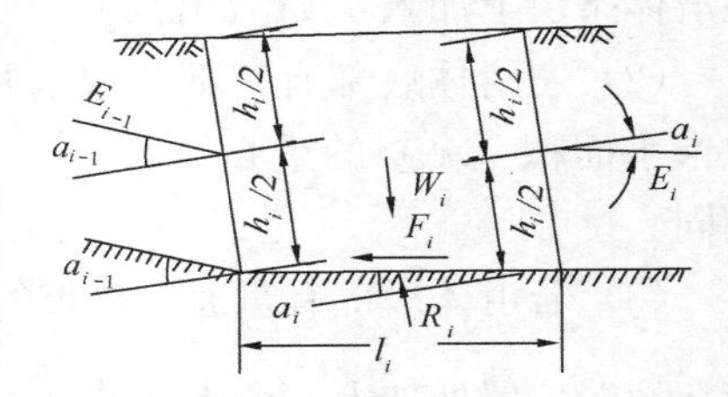

图 4.2-7　作用于滑块的基础力系

由图 4.2-7 可知，第 i 条块的剩余下滑力（即该部位的滑坡推力）E_i 可按下式计算：

$$E_i = F_{st} W_i \sin\alpha_i + \psi E_{i-1} - W_i \cos\alpha_i \tan\varphi_i - c_i l_i \tag{4.2-20}$$

图和式中　E_{i-1}——第 $i-1$ 条块的剩余下滑力，作用于分界面的中点；

E_i——第 $i+1$ 条块产生的支撑力，作用于分界面的中点；

R_i——第 i 条块滑面的滑床反力，作用于本段滑面的中点，其大小等于 $W_i \cos\alpha_i$；

F_i——第 i 段滑面的抗滑力，其大小等于 $W_i \cos\alpha_i \tan\varphi_i + c_i l_i$；

ψ——传递系数，其值为 $\Psi = \cos(\alpha_{i-1} - \alpha_i) - \sin(\alpha_{i-1} - \alpha_i)\tan\varphi_i$；

α_{i-1}——第 $i-1$ 条块所在滑动面的倾角（°）；

F_{st}——滑坡推力计算安全系数。

2. 滑坡的整治

(1) 治理原则

滑坡整治的基本原则是排水、减重、反压、支挡。即是截、排和疏导滑坡体内的地下水和地面水，减少滑坡体主滑部分的推力，增加抗滑力和采取适宜的抗滑支挡措施。问题是如何结合实际灵活运用，将四者以最佳的组合配套采用，正确合理以达到最有效、最经济的效果。

（2）整治措施的主要方法

① 防止地面水浸入滑坡体，可采用填塞裂缝，消除坡体积水洼地，采取排水大沟截水。滑坡体设置不透水的快排水明沟或暗沟，种植蒸腾量大的树木等。

② 滑坡体外（可能发展的边界5m以外）筑环形截水沟、盲沟。在滑体内充分利用自然沟谷，布置成树枝状排水系统，或布置垂直及水平孔群，或排水涵洞等措施，防止和排除地表水、地下水。

③ 在滑坡上游严重冲刷地段修筑“丁”字坝，改变水流流向，在滑坡前缘抛石、铺石笼等防止地表水对坡面、坡角的冲刷。

④ 改善滑坡体的力学条件，增大抗滑力。对于滑床上陡下缓，滑体头重脚轻的或推移式滑坡，可在上部（$\sin\alpha-\cos\alpha\tan\varphi$）为正值的主滑段减重或在前部（$\sin\alpha-\cos\alpha\tan\varphi$）为负值的抗滑段加填压脚，以求达到力学平衡。对于小型滑动部位可全部消除。减重后应验算滑面从滑体存在薄弱部分剪出的可能性。

⑤ 设置支挡结构（如抗滑片石垛、抗滑挡墙、抗滑桩、抗滑锚杆、抗滑锚索桩等），以支挡滑体或把滑体锚固在稳定地层上，但应验算滑坡体越过支挡区滑出或自抗滑结构物基底破坏的可能性。此种措施往往较少破坏山林，有效改善滑体的力学条件，故目前是稳定滑坡的有效措施之一。

⑥ 改善滑面（带）土的性质；如用焙烧法、灌浆法、孔底爆破灌注混凝土砂井、砂桩、电渗排水、电化学加固等措施，改变滑面（带）土的性质，使其强度指标提高，增强滑坡的稳定性。

3. 滑坡的监测和预报

（1）对于较大的滑坡应进行监测，监测的内容主要是：

① 滑坡带的孔隙水压力；

② 滑坡及各部分移动的方向、速度、裂缝的发展；

③ 支挡结构承受的压力及位移；

④ 滑坡内外地下水位、水温、水质、流向以及地下水露头的水温、流量；

⑤ 工程设施的位移。

对滑坡的监测，有利于了解处理效果，防止出现偶然的灾害性事故以及总结经验，对滑坡的监测也利于滑坡的预报。

（2）滑坡的预报是极为困难的，也难做到准确，滑坡的预防是当今研究热点之一。过去这方面工作做的不多，但从国内外资料知，抓好对滑坡前兆现象的观测、研究是做好预报的极为重要的内容之一。要做滑坡的预报（地点、范围、规模、滑动时间及可能的危害范围等），应从研究区域地质条件、地形地貌，工程地质条件入手，结合现场调查，分析降水、地下水、地震、人类活动等因素，对坡体力学条件的改变（影响）程度，根据滑坡要素变化，地面建筑的变形和位移观测、地表水体的漏失、地下水位及露头变化等的观测资料分析，找出它们之间的内在制约或作用的关系，建立动态关系式，则有可能达到我们所要求的目的。

复 习 思 考 题

1. 滑坡岩土工程勘察的基本技术要求是什么？
2. 滑坡稳定性验算，为什么其结果要求准确，可信？应做好哪些工作？
3. 在滑坡整治设计中，要解决哪些关键问题？如何解决？
4. 滑坡整治的原则及措施。
5. 根据你已掌握的滑坡知识，你认为应该怎样做好滑坡的预报？

第三节　采　空　区

一、概述

由于地下采矿留下的地下空间（老的、现采的及未来的）而引起地表移动，其常呈“盆地”形，“盆地”内的地表移动有下沉及水平位移两种形式。由于地表各点的位移量不等，则表现为倾斜、曲率及水平变形三种变形。

从“工程地质学”“岩体力学”可知，地下洞室的开挖在地下形成一定的空间，由于洞室开挖导致岩体内应力状态的改变，应力的变化又导致地下洞室围岩向空间移动，如果空间尺寸不大，围岩的变形、破坏则局限在一定范围内，而不波及地表，但如果空间过大，则围岩变形错动的范围则愈大，而往往波及地表，使地表产生裂缝和塌陷。

地下开采（矿）与工程建设地下开挖往往留下很大的采空区，且多是依靠岩体自身（围岩及矿柱）的强度支撑采场的空间结构，仅在那些局部失稳地段配合一些辅助性、临时性的支护，而地下工程建设往往是依据严格的长期稳定要求进行支护设计，因此采空区往往会因大规模的围岩变形、破坏而引起地表变形，使地表出现沉陷坑、塌陷裂缝，危及地面建筑的稳定与安全，构成采空区特有的岩土工程问题。例如锡矿山南矿 1965—1970 年先后三次发生影响范围极大的采空区冒落，最大一次冒落面积达 3.4 万 m^2，两个小时后地面出现台阶状下沉，最大下沉量达 1.075m，下沉范围达 9.6 万 m^2，与此同时，地表出现裂缝（沟），最宽达 2.1m，延长 210m。地表变形、断裂使主井架偏斜，冶炼厂烟囱发生明显弯曲变形。

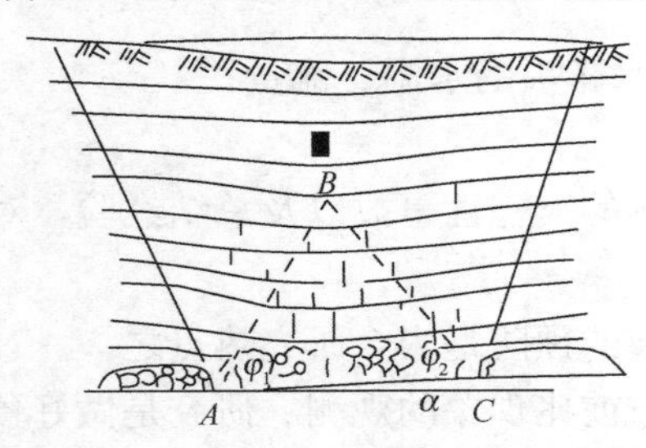

图 4.3-1　采空区冒落引起的上覆岩层的变形与错动分带

采空区冒落引起的上覆岩层变形、破坏通常有明显分带性（图 4.3-1）：

（1）冒落带：紧靠矿体上方，覆盖岩层由于破碎而冒落的区域。冒落岩石破碎松散，体积增大，冒落岩块填满空间后，冒落过程也就结束。根据观测资料，冒落的高度与采空高度及岩石重力密度有关，一般为采空高度的 2～6 倍。

（2）裂隙带：位于冒落带的上方，也称“充分采动区”。

（3）弯曲带：裂隙带以上至地表。由于采空区大小、采出厚度（采空高度）及埋深的不同，上述三带不一定都同时存在。

从上述可知，采空区的岩土工程勘察与研究同地下洞室稳定性的研究是密切相关的。

二、采空区岩土工程勘察基本技术要求

对采空区的岩土工程勘察，其任务是：查明老采空区上覆岩层的稳定性；预测现采空区、未来采空区的地表移动、变形特征和规律性，判定其作为建筑场地的适宜性，对建筑物的危害程度。

对采空区的岩土工程勘察工作主要是通过收集资料和调查访问，必要时辅以物探、勘探工作和地表移动的观测，以查明采空区的特征和地表移动的基本参数。

1. 资料收集：一般大面积采空区均做过矿山地质勘查工作，有大量的资料可以收集，如地质图，可以了解地层构成、产状和构造以及地下水条件等。矿床分布图，了解矿床的分布、层数、厚度、深度及埋藏特征；收集采空区的位置、尺寸、开采时间、开采方法、顶板处置方法，采空区的塌落、密实程度、有无空间和积水，矿层开采的远景规划等；收集地表变形和有关变形的观测资料、计算资料，如最大下沉值、最大倾斜值以及最小曲率半径、塌陷坑、台阶、裂缝的位置、形状、大小、深度、延伸方向及采空区与地质构造、开采边界、工作面推进方向等的关系等；收集已有建筑物的变形观测资料和建筑物加固处理措施；收集采空区及其附近的抽水情况，抽水对采空区的影响。

2. 调查地表移动盆地的特征。依据变形值的大小和变形特征，自移动盆地中心向边缘可进行分区，并确定地表移动和变形特征值。从中心向边缘可分为三个区：

均匀下沉区（中间区），即盆地中心的平底部分，当盆地尚未形成时，该区不存在。区内地表下沉均匀，地面平坦，一般无明显裂缝；

移动区（内边缘区或危险变形区），区内地表变形不均匀，变形种类多，对建筑物破坏作用较大，如地表出现裂缝时，则称裂缝区；

轻微变形区（外边缘区），地表的变形值较小，一般对建筑物不起破坏作用。该区与移动区的分界，一般是以建筑物的变形值来划分。其外界边界（移动区的外缘边界）难以确定，一般是以地表下沉 10mm 作为划分标准。

地表变形的观测应平行和垂直矿层走向布置。平行矿层走向线的观测线应有一条布置在最大下沉值的位置；垂直矿层走向线一般不少于 2 条。所有观测线长度应超过移动盆地的范围。观测点间距应大致相等，并可根据表 4.3-1 确定。

观察点间距表　　　　**表 4.3-1**

开采深度 H（m）	观测点间距 L（m）	开采深度 H（m）	观测点间距 L（m）
<50	5	200～300	20
50～100	10	300～400	25
100～200	15	≥400	30

观测周期可据地表变形速度按式（4.3-1）计算，或根据开采深度按表 4.3-2 确定。

$$t=\frac{K\cdot n\cdot\sqrt{2}}{S}\tag{4.3-1}$$

式中　t——观测周期（月）；

K——系数，一般取 2～3；

n——水准测量平均误差（mm）；

S——地表变形的月下沉量（mm/月）。

观测周期表　　表 4.3-2

开采深度 H（m）	观测周期	开采深度 H（m）	观测周期
$H<50$	10 天	$250\leqslant H<400$	2 个月
$50\leqslant H<150$	15 天	$400\leqslant H<600$	3 个月
$150\leqslant H<250$	1 个月	$H\geqslant 600$	4 个月

在观测地表变形的同时应观测地表裂缝、陷坑、台阶的发展和建筑物的变形情况，地表位移变形观测对现采矿区尤有意义，它可以提供资料、数据对未来地表变形（含未来采空区）进行预测。

三、采空区岩土工程评价

1. 影响地表变形的因素

采空区地表变形的影响因素较多，在分析时应综合考虑，同时应注意它们之间的相互制约和作用关系。影响因素大致有以下几个方面：

（1）矿层因素

① 矿层埋深愈大（即开采深度愈大），变形扩展到地面所需的时间则愈长，地表变形值愈小，变形比较平缓，但地表移动盆地的范围增大；

② 矿层厚度大，采空的空间大，会促使地表变形值增大；

③ 矿层倾角大时，会使水平移动值增大，地表出现裂缝的可能性增加，盆地和采空区位置不相对应。

（2）岩性因素

① 采空区上覆岩层强度高，分层厚度大时，地表变形所需的采空面积要大，破坏过程所需的时间长，厚度大的坚硬岩层，甚至长期不产生地表变形。强度低、分层薄的岩层，常产生较大的地表变形，且速度快，变形均匀，地表一般不出现裂缝。脆性岩层地表易产生裂缝；

② 厚的、塑性大的软弱岩层覆盖于硬脆的岩层上时，后者产生变形会被前者缓冲或掩盖，使地表变形平缓；反之，上覆软弱岩层较薄，则地表变形会加快并出现裂缝；岩层软硬相间，且倾角较陡时，层接触处常出现层离现象；

③ 第四系覆盖厚度愈大，则地表变形值增大，但变形平缓均匀。

（3）地质构造因素

① 岩层节理裂隙发育，会促使变形加快，增大变形范围，扩大地表裂缝区；

② 断层往往会破坏地表移动的正常规律，改变移动盆地的大小和位置，断层带上的地表变形会加剧。

（4）地下水因素

地下水活动（特别是对抗水性弱的岩层）会加快变形速度，扩大变形范围，增大地表变形值。

（5）开采条件因素

矿层开采和顶板处置方法以及采空区的大小、形状、工作面推进速度等均影响地表变形值、变形速度和变形的形式。有资料表明，以柱房式开采和全部充填处置顶板，对地表变形影响较小。

2. 观测资料的整理

① 依据观测资料绘制下沉曲线、下沉等值线图、水平变形分布图，反映地表移动变形的特征和规律。

② 根据有关变形值划分地表变形区范围，如根据建筑物对地表变形的允许极限值，确定移动区的范围；根据地表下沉值，确定轻微移动区即移动盆地的范围。

③ 计算盆地内有关点的地表下沉、倾斜、曲率和移动值。

如图 4.3-2 所示，设 A'、B'为移动终止后的相应位置，l 为 A、B 两点间距离，则：

相对垂直移动
$$\Delta\eta=\eta_B-\eta_A \tag{4.3-2}$$

相对位移水平移动
$$\Delta\zeta=\zeta_B-\zeta_A \tag{4.3-3}$$

倾斜
$$i=\frac{\Delta\eta}{l} \tag{4.3-4}$$

水平应变
$$\varepsilon=\frac{\Delta\xi}{l} \tag{4.3-5}$$

上列各式中 $\Delta\eta$，$\Delta\zeta$——相对垂直和水平移动（mm）；

i——倾斜（mm/m）；

ζ_A，ζ_B——A、B 两点的水平移动分量（mm）；

η_A，η_B——A、B 两点的垂直移动分量（mm）。

又如图 4.3-3 所示，设 A、B、C 为主断面上未移动前的三点，A'、B'、C'为移动终止后的相应位置，由图可知：

AB 段倾斜 $i_{AB}=\dfrac{\eta_A-\eta_B}{l_{AB}}$ 相当于 $A'B'$中点 $1'$处的倾斜。

BC 段倾斜 $i_{BC}=\dfrac{\eta_B-\eta_C}{l_{BC}}$ 相当于 $B'C'$中点 $2'$处的倾斜。

$1'$、$2'$两处的倾斜差 Δi，除以 1、2 两点间距离 L_{1-2} 即得平均的倾斜变化，并以此作为平均曲率。B 点的平均曲率 K_B 为：

$$K_B=\frac{i_{AB}-i_{BC}}{l_{1-2}}=\frac{\Delta i}{l_{1-2}}\quad (\text{mm/m}^2) \tag{4.3-6}$$

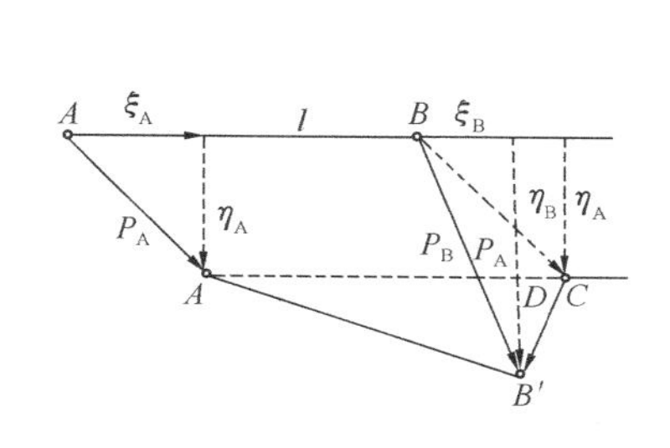

图 4.3-2 移动盆地变形分析

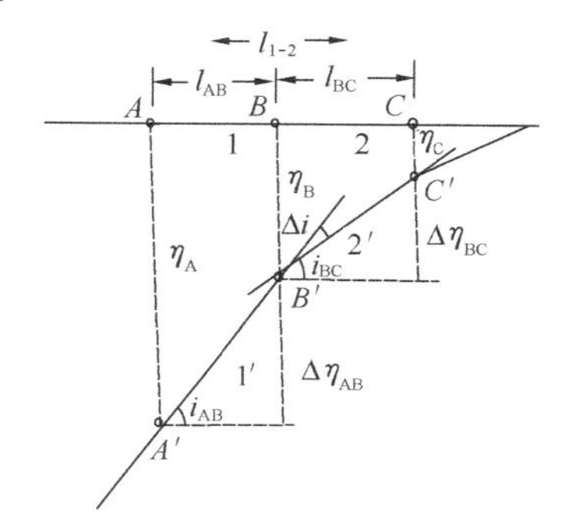

图 4.3-3 倾斜变形示意图

曲率半径 $$R_B = \frac{1000}{K_B} = 1000 l_{1-2}/\Delta i \tag{4.3-7}$$

④ 对正在开采和将来开采的采空区，预测其最大变形值。预测地表移动变形特征值，对于缓倾斜（倾角<25°）矿层充分采动时，可按表 4.3-3 所列公式计算。

缓倾斜矿层充分采动时地表移动和变形预测计算公式　　表 4.3-3

指　标	最大变形量	任一点（X）的变形量
下沉 W (mm)	$W_{max} = \eta \cdot m$	$W_{(x)} = \frac{W_{max}}{r}\int_x^{\infty} e^{-\pi\left(\frac{x}{r}\right)^2} dx$
倾斜 T (mm/m)	$T_{max} = \frac{W_{max}}{r}$	$T_{(x)} = \frac{W_{max}}{r} e^{-\pi\left(\frac{x}{r}\right)^2}$
曲率 K (mm/m²)	$K_{max} = \pm 1.52\frac{W_{max}}{r^2}$	$K_{(x)} = \pm 2\pi\frac{W_{max}}{r^3}\left(\frac{x}{r}\right) e^{-\pi\left(\frac{x}{r}\right)^2}$
水平移动 U (mm)	$U_{max} = b \cdot W_{max}$	$U_{(x)} = b \cdot W_{max} \cdot e^{-\pi\left(\frac{x}{r}\right)^2}$
水平应变 ε (mm / m)	$\varepsilon_{max} = \pm 1.52b\frac{W_{max}}{r}$	$\varepsilon_{(x)} = \pm 2\pi b\frac{W_{max}}{r}\left(\frac{x}{r}\right) \cdot e^{-\pi\left(\frac{x}{r}\right)^2}$

注：η 为下沉系数，与矿层倾角、开采方法和顶板管理方法有关，一般取 0.01～0.95；
m 为矿层采出厚度（m）；
r 为主要影响半径（m），$r = H/\tan\beta$；
b 为水平移动系数，取 0.25～0.35；
H 为开采深度（m），β 为移动角（主要影响范围角），一般取 $\tan\beta = 1.5 \sim 2.5$。

3. 地面建筑的适宜性评价

采空区地面（表）的建筑适宜性评价应根据开采情况、移动盆地的特征，地表移动、变形的大小等划分为不宜建筑场地、相对稳定场地和可以建筑场地。

（1）当开采已达“充分采动”（即移动盆地已形成平底）时，盆地平底部分可以建筑；平底外围部分，当变形仍在发展时，不宜建筑。

（2）当开采尚未达到“充分采动”时，水平和垂直变形都发展较快，且不均匀，此时整个盆地范围一般都不适宜建筑。

（3）下列地段一般不宜作为建筑物的建筑场地：

① 开采主要影响范围内及移动盆地边缘变形较大且尚未稳定的地段——地表移动活跃地段。

② 在开采过程中可能出现非连续变形的地段。

在一般情况下，当采厚比大于 30，且无地质构造破坏和采用正规采矿方法开采的条件下，地表一般出现连续变形。连续变形的分布是有规律的，其基本指标可用数学方法或图解方法表示。采厚比小于 30，或采厚比虽大于 30，但地表覆盖层厚很薄，且采用高落式等非正规采矿方法，或上覆岩层有构造破坏时，则易出现非连续变形，地表将出现塌坑或大的裂缝。非连续变形是无规律的，突变的，其基本指标目前尚无法用严密的数学公式表示。非连续变形对地面建筑的危害要比连续变形大得多。

③ 地表移动活跃地段。

在开采影响下，地表移动是一个连续时间过程，地表每一点的移动速度是有规律的，即地表移动都是由小逐渐增大到最大值，随后又逐渐减小直到零。在地表移动的总时间里，可划分为起始阶段、活跃阶段及衰退阶段，而活跃阶段是一个危害变形期，对地表建筑物危害最大。

④ 地表倾斜大于 10mm/m，地表曲率大于 0.6mm/m^2 或地表水平变形大于 6mm/m 地段。

地表倾斜大于 10mm/m、地表曲率大于 0.6mm/m^2 或水平变形大于 6mm/m 对砖石结构建筑物其破坏等级已达Ⅳ级，建筑物将严重破坏甚至倒塌，对工业构筑物，也已超过允许变形值，有的已超过极限变形值，因此这些地段是不适宜建筑的。然而如果采取严格的抗变形措施，可能出现非连续变形的地段或水平变形值较大（$\varepsilon=10\sim17$mm/m）的地段，也是可以建筑的。

⑤ 由于地表移动和变形可能引起边坡失稳和山崖崩塌地段。

⑥ 地下水位深度小于建筑物可能下沉量与基础埋深之和的地段。

⑦ 在煤矿区，特厚煤层和倾角大于 55°的厚煤层露头地段。

（4）下列地段如作为建筑场地，应专门研究其适宜性：

① 采空区采厚比小于 30 的地段；

② 采深小，上覆岩层极坚硬，采用非正规开采方法的地段；

③ 地表变形值处于下述范围之一的：

A. 地表倾斜 3～10mm/m。因地表倾斜引起建筑物附加压力重分配，建筑物均匀荷重改变，导致结构内应力发生变化，引起建筑物破坏；

B. 地表曲率为 0.2～0.6mm/m^2。因负曲率——地表下凹作用，使建筑物中央部分悬空，如果建筑物长度过大，则在重力作用下，建筑物将会从底部断裂。反之，正曲率（地表上凸）作用，建筑物两端悬空，也使建筑物开裂破坏；

C. 地表水平变形 2～6mm /m。

4. 防止地表和建筑物变形措施

针对造成地表移动而导致地表和建筑物变形的原因，其防治措施主要是：

（1）开采工艺方面措施

① 采用充填法处置顶板，及时全部或两次充填，以减少地表下沉量；

② 减少开采厚度，或采用条带法开采，使地表变形不超过建筑物允许变形值；

③ 控制开采的推进，速度均匀，合理进行协调开采。

（2）建筑设计方面的措施

① 建筑物长轴垂直工作面推进方向；

② 建筑物平面形状力求简单，以矩形为主；

③ 基础底部应位于同一标高和岩性均一的地层上，否则应用沉降缝分开。当基础埋

深不一时，应采用台阶而不宜用柱廊和独立柱；

④ 加强基础刚度和上部结构强度，在结构薄弱处更应加强；

⑤ 在地表非连续变形区内，采取在框架与柱子之间设置斜拉杆，基础设置滑动层，在地表压缩变形区内，挖掘变形补偿沟。

四、小窑采空区的岩土工程勘察与评价

1. 小窑采空区地表变形特征

小窑一般是手工开采，采空范围小，开采深度浅（多在 50m 以内，少数可达 200～300m），平面延伸一般 100～200m，以巷道采掘为主，向两侧开支巷道，一般分布无规律或呈网格状，有单层或 2～3 层交错，巷道高，宽一般为 2～3m，大多不支撑或临时支撑，任其自由垮落。因此地表变形特征是：

(1) 不会产生移动盆地，大多产生较大裂缝或塌坑；

(2) 裂缝上宽下狭，两边无显著差别，且与工作面前进方向平行，随工作面推进而发展成相互平行的裂缝。

2. 岩土工程勘察基本技术要求

对于采深小，地表变形剧烈且不连续的小窑采空区进行勘察。由于小窑采空区一般未进行过地质勘探，因此采空区的勘察工作应通过收集资料、调查访问结合测绘及配合适量的物探、钻探工作，以查明以下内容为目的：

(1) 采空区和巷道的具体位置、大小、埋深、开采时间、回填塌落及充水情况；

(2) 地表裂缝、陷坑位置、形状、大小、深度、延伸方向及其采空区与地层岩性、地质构造的关系等；

(3) 开采计划及规划，采空区附近工程建设（尤其是水利建设）对采空区的影响。

3. 小窑采空区岩土工程评价

(1) 地表产生裂缝和塌坑发育地段，属不稳定地段，不宜建筑。在附近建筑时，应有一定的安全距离（视建筑物性质而定，一般大于 15m）；

(2) 如建筑物已建在影响范围内，若采空区采深采厚比大于 30，且地表已经稳定时可不进行稳定性评价；当采深采厚比小于 30 时，应根据建筑物的基底压力、采空区埋深、范围和上覆岩层的性质等评价建筑物地基稳定性，也可参考式（4.3-8）和式（4.3-9）验算顶板稳定性。

$$\begin{aligned}Q &= G + BP_0 - 2f \\ &= \gamma H\left[B - H \cdot \tan\varphi \cdot \tan^2\left(45^\circ - \frac{\varphi}{2}\right)\right] + BP_0\end{aligned} \tag{4.3-8}$$

式中　Q——建筑物基底单位压力 P_0 作用在采空段顶板上的压力（kPa）；

G——巷道单位长度顶板上岩层所受的总重力，$G=\gamma \cdot B \cdot H$（kN/m）；

B——巷道宽度（m）；

f——巷道单位长度侧壁的摩阻力（kN/m）；

H——巷道顶板埋深（m）。

当 H 增大到某深度时，使顶板岩层恰好保持自然平衡（即 $Q=0$），此时 H 称临界深度 H_0：

$$H_0=\frac{B\cdot\gamma+\sqrt{B^2\gamma^2+4B\gamma P_0\cdot\tan\varphi\cdot\tan^2\left(45°-\frac{\varphi}{2}\right)}}{2\gamma\tan\varphi\cdot\tan^2\left(45°-\frac{\varphi}{2}\right)} \tag{4.3-9}$$

当 $H<H_0$ 时，地基不稳定；

$H_0\leqslant H\leqslant 1.5H_0$ 时，地基稳定性差；

$H>1.5\ H_0$ 时，地基稳定。

4. 小窑采空室的处理措施

（1）回填或压力灌浆，回填材料可用毛石混凝土、粉煤灰或砂、矸石；

（2）加强建筑物基础及上部结构刚度。

复习思考题

1. 采空区及小窑采空区的地表变形特征。
2. 采空区的岩土工程勘察基本要求及工作手段。
3. 采空区的岩土工程评价要求。
4. 地表变形特征参数在岩土工程评价中的意义。
5. 采空区的防治措施。

第四节　泥　石　流

一、概述

泥石流是发生在山区特有的一种在重力和水动力作用下，携带有大量泥土和石块的间歇性泥、石水流。是山地沟槽或河谷在暂时性急水流与流域内大量土石相互作用的洪流过程及现象。泥石流是介于滑坡、流动等斜坡土石移动与水流动搬运之间的过渡类型。泥石流大多数情况下是一种自然物理地质现象，但人类工程活动的扩展，亦可导致泥石流的发生。

泥石流的形成与发展有特殊的条件。在地形地貌上，形成泥石流的地域往往地形陡峻，泥石流沟上游有一个面积较大的扇形或漏斗状汇水域；在地质条件上能为泥石流提供丰富的松散固体物质来源；再者就是在短期内有大量的水且具有较强的搬运能力（水动力条件）。泥石流发生突然，结束迅速，过程短暂，破坏性极大。据报道，全国至少有 70 个县城面临泥石流威胁，全国有 3 万多公里山区铁路沿线有 1300 多条泥石流沟。1987 年 7 月 10 日下午 1 时 40 分，四川华蓥山中段马鞍山上 100 万 m^3 泥石流从高程 805m 处泄下，致使山腰地段的马鞍坪村和山脚的南充地区溪口水泥、汽车厂等 6 单位 221 人及一些建筑物顿时被泥石流吞没。

泥石流虽有其危害性，但并不是所有泥石流沟都不能作为建筑场地，这取决于泥石流的类型、规模、目前所处的发育阶段，暴发频率（频繁程度）和破坏程度等。因此泥石流的岩土工程勘察工作就是要认真做好调查研究，作出确切的评价，正确判定其对工程建筑的危害程度和作为建筑物场地的适宜性，并提出防治方案。

二、泥石流岩土工程勘察基本技术要求

泥石流能否给工程建设造成危害，与建筑场地的选择和总平面图的布置关系极为密切，因此泥石流问题不在工程建设的前期工作中解决，则必然给后期工作造成被动或在经济上造成损失。故而泥石流岩土工程勘察工作应在可行性研究（选择场地）或初步勘察阶段时进行，查明建筑场地及其上游沟谷、邻近沟谷是否具备泥石流形成条件，泥石流类型、规模、发育阶段、活动规律，并对其作为建筑场地的适宜性作出评价，提出防治措施方案。

泥石流岩土工程勘察工作以工程地质测绘和调查为主，只有当需要对泥石流采取防治措施时，才布置适宜的勘察和试验工作，进一步查明泥石流堆积物的性质、结构、厚度、固体物质含量、最大粒径、流速、流量、冲出量和淤积量等。

工程地质测绘范围应包括沟谷至分水岭的全部地段和可能受泥石流影响的地段，即应包括泥石流的形成区、流通区和堆积区。比例尺的选取：对全流域可采用1：50000，下游地段可采用1：10000～1：2000。工程地质测绘应调查以下内容：

1. 冰雪融化和暴雨强度，前期降雨量，一次最大降雨量，平均及最大流量，地下水活动情况；

2. 地层岩性、地质构造、不良地质现象、松散堆积物的物质组成，分布和储量；

3. 沟谷的地形地貌特征（沟谷的发育程度、切割情况、坡度、弯曲及粗糙程度），划分泥石流的形成区、流通区及堆积区，圈绘整个沟谷的汇水面积；

4. 形成区的水源类型、水量、汇水条件、山坡坡度、岩层性质及风化程度，断裂、滑坡、崩塌、岩堆等不良地质现象的发育情况及可能形成泥石流固体物质的分布范围、储量；

5. 流通区的沟床纵、横坡度，跌水、急弯等特征，两侧山坡坡度及稳定程度，沟床的冲淤变化和泥石流的痕迹；

6. 堆积区的堆积扇分布范围，表面形态，纵坡，植被，沟道变迁和冲淤情况，堆积物的性质、层次、厚度，一般及最大粒径和分布规律。判定堆积区的形成历史，堆积速度，估算一次最大堆积量；

7. 泥石流沟谷的历史，历次泥石流的发生时间、频数、规模、形成过程，爆发前的降水情况和爆发后产生的灾害情况，区分是正常沟谷还是低频率泥石流沟谷；

8. 开矿弃渣、修路切坡，砍伐森林、陡坡开荒及过度放牧等人类活动情况；

9. 当地防治泥石流的措施及建筑经验。

地形地貌上，在泥石流形成区，往往为高山环抱的山间盆地，这种地形有利于承接周围山坡天然或人工松散土或极易风化的岩石（如泥岩、页岩、千枚岩、板岩等）为泥石流提供大量的由于水动力作用或重力作用带来的松散固体物质，同时也有利于水流的汇集，在形成区，也往往因地质构造复杂，断裂、褶皱发育，地表破碎，岩石疏松，新构造运动活跃，山地急剧上升，沟谷局部侵蚀基准面下切，相对高差大，山体失稳，滑坡、崩塌等不良地质作用发育，也为泥石流提供丰富的固体物质，在这一区域为泥石流形成的物质基础即泥（石块）及时提供了保证，同时又由于地形陡峻，使其汇集物即泥（石块）、水具有巨大的动能即冲刷力；在沟谷的中段即泥石流流通区，往往为峡谷，两侧山坡陡峻，沟

谷横断面多为“U”形，沟床顺直，纵坡梯度大；堆积区则多呈扇形或锥形分布，沟道摆动频繁，大小石块混杂堆积，垄岗起伏不平。这三个地段对典型泥石流沟谷一般均能较明显划分，但对不典型的泥石流沟谷，流通区往往不明显，形成区与堆积区相连。但只要我们仔细研究泥石流沟谷的地形地貌特征，就可以从宏观上判定沟谷是否属泥石流沟谷，进而可进一步划分区段。

在形成区应详细调查各种松散碎屑物质的分布范围、数量，各种构造破碎情况及不良地质现象，正确区分各种固体物质的稳定程度，以利于估算一次供给的可能数量。计算固体物质数量（储量），一般可用其面积乘以厚度（或加权平均厚度）获得，为评价泥石流规模提供基础资料。对于降水量等有关水文气象数据，则可到附近有关水文、气象部门收集获得，必要时，也可建立观测站获取有关资料。

在流通区，应详细调查沟床纵坡度。对典型泥石流沟谷来说，流通区是不存在冲、淤现象的，因此其纵坡度是确定疏导工程设计所必需的重要参数。此外沟谷的弯曲、基岩跌水陡坎等往往可减慢泥石流流速，是制约泥石流活动的有利条件，沟谷阻塞情况可以帮助说明泥石流活动强度，阻塞严重者多为破坏性较强的黏性泥石流，反之则为破坏性较弱的稀性泥石流。在流通区内两侧山坡及沟床内仍有可能提供泥石流固体物质，在调查时也应予以注意。

在调查过程还应注意调查泥石流的痕迹（遗迹），这是了解沟谷在历史上是否发生泥石流及其强度的重要标志，也可帮助分析和认识历史上泥石流的形成过程、规模，判定目前的稳定程度，预测今后的发展趋势。

对堆积区，则应重点调查了解堆积区范围，最新堆积物分布特点，从而帮助分析历次泥石流的活动规律、判定活动强度、危害性以及最大一次堆积量等数据。一般来说堆积扇面积愈大，说明过去泥石流活动规模愈大，堆积区河道如已形成较固定河槽，说明泥石流近期活动已不强烈。从堆积物质粒径大小，堆积的韵律情况，也可帮助分析以往泥石流活动规模及爆发的频繁程度，并也可估算最大一次的堆积量。

对泥石流的研究及观测结果表明，泥石流发育时间愈长，扇形地规模愈大，其发展速度是山区洪积扇所不能比拟的，往往一次泥石流结束之后，便可形成初具规模、形态完整的扇形地，而扇形地的原始地形愈平缓开阔，椭圆形状则愈规则。稀性泥石流的发育初期，一般呈狭长锥形，在中期阶段，则常具不对称性，晚期则形成串珠状扇形地，扇形表面巨石满布，或者是被泥浆包裸的大型（直径可达1～2m）土块，微地貌形态单一。而黏性泥石流形成的扇形地，微地貌形态繁多，巨砾满布，大小混杂，垄岗（波状垄、坟丘垄、雁列垄）发育，并有舌形堤（由细粒物质组成）、泥石堤（分布于通道两侧）以及泥球分布。观测研究结果还表明，堆积物在纵向上，也反映了扇形地的塑造过程。稀性泥石流，在扇形地的上部是以侵蚀作用为主，而在下部则是以堆积作用为主；黏性泥石流，则表现全是堆积作用，是一种填平补齐、对原地面没有多大破坏的作用。在垂向上，发育时间较长的泥石流，剖面上常表现出许多断续夹层，（如石砾层、泥质层、风化层、土壤层等）将巨石、紊乱的泥砾层分开。在纵向剖面上，却不具洪水分异沉积的带状分选性。因此在堆积区，调查研究堆积物的性质、结构、厚度、固体物质含量百分比、最大粒径、流速、流量、冲积量、淤积量等指标，则是我们判别泥石流类型、规模、强度、频繁程度、危害程度等的重要标志，也是工程设计重要参数（如年平均冲出、淤积总量是设计及预测排导沟沟口可能淤高的依据）。

泥石流分类方式繁多，有以物质成分分类，以发生时受力类型分类，还有按结构分类，按地质地貌特征分类等。表 4.4-1 是我国工程上对泥石流的分类，该分类是以泥石流特征和流域特征为基础的分类，继而又根据流域面积、固体物质一次冲出量、流量、堆积区面积和严重程度划分亚类。该分类为评价各类建筑物场地适宜性问题提供了标准。

三、泥石流岩土工程评价

1. 建筑场地的适宜性评价

建筑场地的适宜性评价，一方面应考虑泥石流的危害，确保建筑物安全，不能轻率地将建筑物设在有泥石流影响的地段；另一方面又不能认为凡属泥石流沟均不能兴建建筑物。而应根据泥石流规模、危害程度等区别对待。表 4.4-1 即是考虑了这方面的因素而建立的。因此进行泥石流地区建筑场地适宜性评价时，应参考表 4.4-1。

泥石流的工程分类　　　　表 4.4-1

分类	泥石流特征	流域特征	亚类	严重程度	流域面积（km^2）	固体物质一次冲出量（$\times 10m^3$）	流量（m^3/s）	堆积区面积（km^2）
高频率泥石流沟谷（Ⅰ）	基本上每年均有泥石流发生。固体物质主要来源于沟谷的滑坡、崩塌。泥石流暴发雨强小于 2～4mm/10min，除岩性因素外，滑坡、崩塌严重的沟谷多发生黏性泥石流，规模大，反之多发生稀性泥石流，规模小	多位于强烈抬升区，岩层破碎，风化强烈。山体稳定性差。沟床和扇形地上泥石流堆积物新鲜，无植被或有稀疏草丛。黏性泥石流沟中，下游沟床坡度大于 4%	$Ⅰ_1$	严重	>5	>5	>100	>1
			$Ⅰ_2$	中等	1～5	1～5	30～100	<1
			$Ⅰ_3$	轻微	<1	<1	<30	—
低频率泥石流沟谷（Ⅱ）	泥石流爆发周期一般在10年以上。固体物质主要来源于沟床，泥石流发生时，“揭床”现象明显。暴雨时坡面产生的浅层滑坡往往是激发泥石流形成的重要因素。泥石流暴发雨强一般大于 4mm/10min，泥石流规模一般较大，性质有黏有稀	分布于各类构造区的山地。山体稳定性相对较好，无大型活动性滑坡、崩塌。中、下游沟谷往往切于老台地和扇形地内，沟床和扇形地上巨砾遍布。植被较好，常具“山清水秀”，沟床内灌木丛密布，扇形地多辟为农田。黏性泥石流沟谷中，下游沟床坡度小于 4%	$Ⅱ_1$	严重	>10	>5	>100	>1
			$Ⅱ_2$	中等	1～10	1～5	30～100	<1
			$Ⅱ_3$	轻微	<1	<1	<30	—

注：1. 表中流量对Ⅰ类系指百年一遇流量，对Ⅱ类系指调查历史最大流量；
　　2. 分类宜采用野外特征与定量指标相结合的原则，定量指标满足其中一项即可。

(1) $Ⅰ_1$、$Ⅱ_1$ 类泥石流沟谷，因其规模大，复杂，危害性大，防治工作困难且不经济，不应作为建筑场地。应采取绕避方案；

(2) $Ⅰ_2$、$Ⅱ_2$ 亚类泥石流沟谷不宜作为建筑场地，一般说各类建筑还是绕避为好。如必须建筑时，则应提出综合治理的防治措施。对线路工程（如公路、铁路、穿越线路等）通过时，应作方案比较，线路应避免直穿扇形地，可在沟口或流通区沟床稳定，沟形顺直，沟道纵坡比较一致，冲、淤变化较小的地段设桥（墩）通过，且应一跨或大跨度跨越；

（3） $Ⅰ_3$、$Ⅱ_3$ 类泥石流沟谷，由于规模小，危害程度轻微，防治较易和经济，可采用堆积扇作为建筑场地，线路工程亦可通过，但应一沟一桥，不要随意改变和并沟，同时还应据具体情况做好排洪、疏导等防治措施；

（4）如果在沟口上游有大量弃渣或进行工程建设而改变了沟口原有排洪平衡条件，则应重新判定产生新泥石流的可能性和适宜性评价。

2. 泥石流的防治

由于泥石流的形成与发展，与上游的水、土、地形条件等有密切关系，因此对泥石流的防治应是全面规划、综合治理，以防为主，以治为辅的原则。采取生物措施与工程措施相结合的方法。

工程措施是指修建系列工程结构，蓄水、引水工程（如调洪水库、截水坝、堤岸等），拦挡工程（如拦沙坝、谷坊、挡土墙、护坡等）以及农田建设工程中的改土工程等；生物措施主要是种植草被和植树造林。工程措施治理前期效益明显，生物治理后期效果明显，各有所优，两者结合，取长补短。对于整个流域内泥石流活跃者可在形成区植树造林，水土保持，修建引水、蓄水工程，以削弱水动力作用，修建防护工程，保持土体稳定；在流通区可修建拦沙坝、谷坊，以拦截固体物质，固定河床，减缓沟谷纵坡坡度；在堆积区，可修筑排导沟、急流槽、导流堤、停淤场，以改变流路，疏排泥石流。对于稀性泥石流则以治水为主，可修建调洪水库、截水沟、引水渠，种植水源涵养林，以调节径流，削弱水动力作用，从而达到制止泥石流形成的目的；对于黏性泥石流，则以治土为主（对于无法建造引、蓄水工程的水力类稀性泥石流也适用），主要建造拦挡工程，稳定边坡，减少土体流失，同时辅以排导工程和植树造林，引排洪水，以达到制止泥石流的形成这一目的。

3. 泥石流动态监测

由于泥石流的形成有其自己的特殊性，且对工程建设往往破坏性较大，以及为检查防治效果，因此必要时对泥石流进行动态监测。动态监测包含年际或多年的长期动态监测、年或月的中期动态监测以及时、分、秒的短期动态监测。对于泥石流固体物质的年补给量或年总堆积量的变化，以及多年内地形、水文网、森林覆盖、水土流失等的变化，人类工程活动的影响等，可通过长期动态监测获取有关变化数据进行分析评价；对泥石流活动期前后、崩塌、滑坡区的固体物质的补给量、沟床及堆积扇固体物质堆积量等的变化，可进行中期动态监测，获取信息，进行分析、评价；对泥石流活动期间的动态变化，则可进行短期监测，以利于掌握其变化规律。这三种动态监测应是互为补充，而又各具其职责的。在进行动态监测时还可利用不同年、月的卫片或航片进行对比分析，监测其动态变化。

复 习 思 考 题

1. 什么叫泥石流？泥石流有什么动力学特征？

2. 对泥石流进行岩土工程勘察的目的任务是什么？为什么要在选址或初勘阶段进行岩土工程勘察并作出分析和评价？

3. 泥石流岩土工程勘察的技术要求有哪些?

4. 泥石流岩土工程分析与评价的主要内容。

5. 泥石流防治原则是什么? 如何实施?

第五节　强震区场地与地基

一、概述

所谓强震区是指抗震设防烈度大于或等于7度的地区。抗震设防烈度是按国家规定的权限审批、颁布文件（图件）所确定的作为一个地区抗震设防依据的地震烈度。一般情况下可采用基本烈度。在强震区进行地基基础设计，则应根据《建筑抗震设计规范》GB 50011—2010的有关规定执行。

《建筑抗震设计规范》GB 50011—2010明确提出：

1. 同一结构单元的基础不宜设置在性质截然不同的地基上。

2. 同一结构单元不宜部分采用天然地基部分采用桩基；当采用不同基础类型或基础埋深显著不同时，应根据地震时两部分地基基础的沉降差异，在基础、上部结构的相关部位采取相应措施。

3. 地基为软弱黏性土、液化土、新近填土或严重不均匀土时，应根据地震时地基不均匀沉降和其他不利影响，采取相应的措施。

这一要求明确地指出了不同地基土、不同基础类型的抗震能力不同，从而也指出了在强震区进行岩土工程勘察所应解决的问题。

我国是一个多地震的国家，几乎在全国各省（市）、自治区都可遇到强震区的岩土工程问题，考虑到发生地震烈度7度及其以上地震可能造成场地、地基和建筑物的破坏，我国过去长期以来亦只考虑7～9度地区工程建设的抗震设防问题。但新中国成立以来历次地震震害表明，6度地区就已有破坏，特别是5级左右的地震，发生的频率较高，而影响较多的是6～7度，且近数十年来很多6度地震区也发生了较大地震，甚至特大地震。因此，在6度地震区的建筑物适当考虑一些抗震要求，以减轻地震灾害是很有必要的；但我国6度区范围较大，为适应目前经验水准，《建筑抗震设计规范》GB 50011—2010规定抗震设防烈度为6度时，除有具体规定外，对乙、丙、丁类的建筑可不进行地震作用计算，以加强构造措施为主。由于规范规定6度区不进行地震作用的计算，故一般情况下也不考虑液化及其他地基失效问题。因此岩土工程勘察工作应主要从7度做起，本节讨论的内容亦是如此。

地基可能产生的宏观震害或地震效应主要表现在四个方面：

1. 震动破坏效应：强烈的地面运动导致各类建筑物的震动破坏；

2. 地基失稳效应：强烈的地面运动造成场地、地基失稳或失效，它包含砂土液化、地裂、地陷以及滑坡等；

3. 地表错动效应：地表发生断裂错动，包括地表基岩断裂及构造断裂造成的破坏；

4. 局部特殊破坏效应：由于局部地形、地貌、地层结构的变异引起的地面异常波动造成的特殊破坏。

地震是随机过程，地震作用是动态作用。强震作用的时间短，强度大，它使地基及结构承受一附加的动荷载，且地震波还可能使地基及结构产生共振，又进一步加强动荷的作用，因此在强震区进行岩土工程勘察工作，应既考虑有静荷的作用，又必须考虑地震这一动荷作用的效应。

二、活动断裂与地震

（一）概述

对活动断裂的勘察和评价是在强震区进行工程建设的一个重要研究课题。从岩土工程或地震工程的观点出发，其断裂可分为以下四类：

1. 全新活动断裂：是指在全新地质时期（距今 1 万年）内有过地震活动或近期正在活动，在将来（今后 100 年）可能继续活动的断裂；

2. 发震断裂：是指全新活动断裂中，近期（500 年来）发生过地震，且震级 $M \geqslant 5$ 级的断裂，或在未来 100 年内，推测可能发生 $M \geqslant 5$ 级的断裂；

3. 非全新活动断裂：1 万年以前活动过，1 万年以来没有发生过活动的断裂；

4. 地裂：又分为构造地裂及重力性（非构造性）地裂。前者是在地震作用下，震中区地面可能出现的以水平错位为主的构造性破裂，是强烈地震动和断裂错位应力所引起，是地面强烈波动的产物。最大错位值在地表，并随深度增加而逐渐消失。它受震源控制（但无直接关系）并与发震断裂走向吻合，具有明显的继承性和重复性。后者是由于地震液化、滑移，地下水位下降造成地面沉降等原因，在地面造成的沿重力方向产生的无水平错位的张性裂缝，它是强烈地面运动的结果。

关于活动断裂的涵义，在工程地质和地震地质界目前没有一个统一的涵义及时限。不同学者有不同的见解，而目前大家公认的是，活动断裂是那些在近代地质历史上有过活动，同时将来也容易或可能重新活动的断裂。当前争议和分歧较大的是活动断裂的时限，由于各国、各地区地质环境不同，研究程度不同，各学者研究目的不同，各种工程建设要求不同，因而对时限的规定也不同。在我国，对活动性断裂时限的意见大致是：

新生代或新第三纪有过活动的断裂，即传统的新构造断裂，由于其活动时限远，难以评价这类断裂对工程的影响，工程界不多用；

第四纪（距今 200 万年）以来有过活动的断裂。地震地质界普遍应用，工程界也重视；

中更新世（距今 15 万～70 万年）以来有过活动的断裂。这是据我国构造运动实际情况提出的，在地震地质界和工程界已有采用；

晚更新世（距今 1 万～15 万年）以来有过活动的断裂，水利水电特别重视（也关注第四纪活动断裂）；

全新世（距今 1 万年）以来活动过的断裂。由于是距今最近的地质时代，对工程影响至为重要，为工程界所支持，近年来常被重大工程采用。

综上所述可知，传统观点已不多采用，大家重视第四纪以来（包含中更新世、晚更新世、全新世）有过活动的断裂。由于我国地质情况复杂，在许多情况下，断裂活动常有一致性和继承性，当前主要是运用野外调查手段来研究活动性断裂（一般说来活动时代愈新愈难确定和鉴别），但基于对工程影响的重要性，既与传统地质观点有严格区别，而又保持一定的连续性，同时更考虑工程建设的需要和适用性，按岩土工程勘察的需要在“活动断裂”前冠以“全新”二字，并赋予严格的时限定义。鉴于“发震断裂”与“全新活动断裂”的密切关系，将部分近期活动强烈的“全新活动断裂”定义为“发震断裂”。

根据我国断裂活动的继承性、新生性特点及工程实践，全新活动断裂按其活动性（时代）平均活动速率以及震级等因素，可划分为三个等级（表 4.5-1），这一划分实质上是以地震危险性为主的划分。平均活动速率反映了断裂活动强弱，是评价断裂活动的一个重要指标，但有资料表明，其平均活动速率相似却有不同的地震危险性（这可能与断裂性质、地壳应力有关），因此平均活动速率也只是定性（或半定量）说明断裂的活动性。另外，古地震，历史地震均是评价断裂活动的重要因素，它既包含历史上有文字记录的（历史地震）以及历史上无文字记载及史前发生的古地震（时限应控制在 1 万年以内），可通过人类活动遗迹及地震剩余变形（如地震断裂、地裂缝、河流改道、滑坡、崩塌，地层变形和扰动、砂土液化等）分析确定史前地震（古地震），也能帮助我们认识地震的活动性。因此在断裂活动性判别上，我们应综合考虑各种因素，不但重视近期及历史地震的分析，也应重视对古地震的研究，从而满足重大工程前期工作的需要。

全新活动断裂分级 **表 4.5-1**

断裂分级		活动性	平均活动速率 V（mm/a）	历史地震或古地震（震级 M）
Ⅰ	强烈全新活动断裂	中或晚更新世以来有活动，全新世以来活动强烈	$V>1$	$M\geqslant7$
Ⅱ	中等全新活动断裂	中或晚更新世以来有活动，全新世以来活动较强烈	$0.1\leqslant V\leqslant1$	$7>M\geqslant6$
Ⅲ	微弱全新活动断裂	全新世以来有微弱活动	$V<0.1$	$M<6$

注：断裂平均速率实测时，观察标必须埋置在大气影响剧烈层以下，一般在地面以下 3m。

（二）活动性断裂的勘察方法及要求

根据对我国大陆地区 6 级以上强震发生的地质构造背景的研究，强震常发生在以下地段及部位（表 4.5-2）。

我国大陆地区 6 级以上强震的发震构造条件统计表 **表 4.5-2**

构造条件	活动断裂				
	断裂交汇	断裂弯曲	活动强烈地段	断裂端部	部位不明
地震次数	99	29	27	2	33
占比（%）	52	15	14	1	18

1. 深大全新活动断裂带

强震往往发生在如下特殊部位：

(1) 两组或两组以上活动断裂交汇或汇而不交部位；

(2) 全新活动断裂的拐弯及突出部位；

(3) 全新活动断裂端点及断面上不平滑处，或部分胶结而摩阻力增大部位；

(4) 发生过破坏性地震的地段（活动断裂强烈活动部位）。

2. 新断陷盆地

一些特殊构造部位易发生强震：

(1) 断陷盆地内较深、较陡一侧的全新活动断裂带，尤其是断距最大的地段；

(2) 断陷盆地带内部的次一级盆地之间或盆地内横向断裂所控制的横向隆起两侧；

(3) 断陷盆地的端部；尤其是多角形盆地的锐角端部；

(4) 复合断陷盆地中的次级地堑断陷；

(5) 断陷盆地内多组全新活动断裂的交汇部位。

日本学者松田时彦研究得出活动断裂与发震的规律：

(1) 活动断裂活动时，会发生 6.5 级左右的大地震；

(2) 发震断裂产生地震的震级与该断裂的错动长度之间，存在着对数关系；

(3) 发震断裂产生大地震的规模及其发震时间间隔，决定于断裂本身；

(4) 在分支断裂繁多的断裂体系中，不会发生大地震。

深大全新活动断裂规模较大，往往延伸数十或数百公里，倾角较大，上述的特殊部位发震的频率最高，从表 4.5-2 可知，我国大陆地区 6 级以上强震的发震构造条件，亦充分说明了这点。一般说来，断裂规模越大，地震震级越高，张扭性或压扭性的活动断裂比具压性、张性特征的活动断裂，或者说走向滑断层比倾滑断层，发生地震频度高、强度大。对于新断陷盆地，由于它的形成、发展及分布均受活动断裂控制和影响，因此断陷盆地中亦常发生强地震。我国大地构造学者张文佑先生创立的断块学说认为地震分布、震级与断裂的深度（或类型）密切相关（表 4.5-3），因此对深断裂分析是研究地壳活动性和地震的基础。这一理论和经验，对于评价全新活动断裂和发震断裂的地震活动或危险性有很大意义，目前在工程稳定分析中广泛应用。

目前在工程中鉴别和勘察全新活动断裂其方法主要运用查阅文献资料、运用遥感技术、野外调查以及合适的物理勘察方法。

查阅文献资料，主要是收集和研究工程所在地区的地震地质资料，这是非常重要的第一步基础性工作，主要是收集卫星影像及航片判释结果、区域构造体系图或地质图、主要构造带或活动构造及强震震中分布图、地震区（带）分布图。地震地质报告、地应力及地形变资料，近期地震资料，震害历史记载（地震目录、地方志、古碑、古塔等），这些资料通过综合分析、研究，可以帮助认识工程场地的过去情况及构造部位，为正确评价活动断裂提供了重要依据，它是评价活动断裂的重要工作手段和方法（我国已运用此手段和方法辨认出 1471 条活动断层，日本也编制了活动断层图等）。

野外调查是在收集资料的基础上进行，它是评价活动断裂的重要而常用的手段。进行测绘和调查主要是对地形地貌迹象、地震地质迹象、地震迹象的调查和研究。

活动断裂往往在地形地貌（宏观地貌、微地貌）上有显示，例如，山区或高原不断上升剥蚀或有长距离的平滑分界线，非岩性影响的陡坡、峭壁，深切的直形河谷，一系列滑坡、崩塌的出现及山前叠置的洪积扇的存在，山谷或平原、山地交界处具有定向断续出现的残丘、洼地、沼泽、芦苇地、盐碱地、湖泊、跌水、泉及温泉等的线性规律分布，河流、水系定向排列展布或同时扭曲错动等；这些往往都是活动断裂在地形地貌上留下的遗迹，因此应特别予以重视和研究。

断裂深度分类及标志　　表 4.5-3

分类	特征			
	切割程度	地质标志	地球物理标志	控制地壳活动性
盖层断裂	切穿沉积岩层，到达结晶基底顶层（深 6～10km）	沉积岩层错位，变形，缺乏火成岩带	缺乏	不控制或控制微弱
基底断裂	切穿整个花岗岩层（硅铝层）到达玄武岩层顶面（康腊面，深 18～20km）	沿断裂带出现中、酸性火成岩，中新生代断陷盆地，新生湖泊，泉点线	磁异常梯度带	控制小和中强（$M\leqslant 6$）地震带
地壳断裂	切穿整个地壳到达地幔顶部（莫霍面，深 26～40km）	沿断裂带出现基性火成岩（大陆拉斑玄武岩）中、浅变质带	航磁和局部或区域重力异常梯级带，莫霍面深度突变	控制中强和强地震带（$M>6$）、地热带
岩石圈断裂	切穿整个岩石圈达到软弱圈一定深度（深在 40km 以上）	沿断裂出现超基性岩及类似的地幔岩（金伯利，榴辉岩、大洋拉斑玄武岩、蛇绿岩带）中深变岩带，高压变质	区域重力异常巨大梯级带，莫霍面巨大突变	控制强和中强地震带、地热流带

活断层往往穿过第四纪地层，使断层两侧第四纪地层发生错位或变动，有的是边错动，边沉积，造成两侧沉积物不同，因此，应注意观测第四纪地层的位移、错动情况，查明错动地层的年代和未错动覆盖层的年代，从而可帮助判定最新活断层活动的时间，如上覆层为第四纪以前的完好盖层，即可判定该断层并非活断层。断层年代测定极为重要，如果野外鉴定有困难，则应采样进行 C^{14}、裂变径迹、热光释法等物理化学方法的测试，帮助进行年代的鉴定。

依据野外观察，大多数活断层的破碎带多不存在固结现象，仅少数部分固结，因此，应注意观察断层带中破坏、胶结特征。可根据破碎带颜色、物质成分、固结状态的不同，有可能帮助分析其活动次数。

除上述以外，还应注意地下水活动的异常、地表植被特征。

我国有丰富的历史地震记载资料，可充分利用来鉴别活动断层；现今的地震台（站）仪器观测记录，则最直接地反映了有关断层带的活动性。在野外调查时，还应注意地震遗迹（如地震断层、地裂缝、岩崩、滑坡、地震湖、河流改道、砂土液化等），这些都能帮助我们了解和认识活断层的近期活动。

利用合适的地球物理探测方法，可以帮助确定隐伏断裂的位置。

在进行野外调查时，对典型代表性或有疑惑的地点，应进行必要的槽、井探工作，进行观察和素描。

（三）全新活动断裂的地震效应评价

1. 对于全新活动断裂（包含发震断裂）的地震效应评价，应据断裂的活动形式和工程重要性区别对待，对可能发生的地震断层或构造性地裂的全新活动断裂，一般以避开为宜，特别是前述的易发生地震的那些活动性断裂的特殊部位更应特别注意。避开的距离则受全新活动断裂的活动等级、规模、性质，区域地质情况、地震基本烈度和工程的重要性等条件具体分析确定。表 4.5-4 是据工程实践、文献资料拟定的重大工程与全新活动断裂的安全距离及处理措施。重大工程在可行性研究（或选择场址）时，可参照使用。

重大工程与断裂的安全距离及处理措施　　表 4.5-4

断裂分级		安全距离及处理措施
Ⅰ	强烈全新活动断裂	当抗震设防烈度为 9 度时，宜避开断裂带约 3000m；当抗震设防烈度为 8 度时，宜避开断裂带 1000～2000m，并宜选择断裂下盘建设
Ⅱ	中等全新活动断裂	宜避开断裂带 500～1000m，并宜选择断裂下盘建设
Ⅲ	微弱全新活动断裂	宜避开断裂带进行建设，不使建筑物横跨断裂带

2. 对于断裂两侧只有微量错位或蠕动且无有感地震（烈度＜3 度），可按静力作用下地基产生的微小位移来考虑。

3. 对于深埋（＞100m）的全新活动断裂，当发生地震时，地面不会产生构造性地裂的场地，则应按《建筑抗震设计规范》GB 50011—2010 的有关规定，采取抗震措施。

三、强震区的场地与地基

（一）概述

强震区的场地与地基依据宏观震害或地震效应分为四类：

强烈的地面运动导致建筑物震动破坏；

强烈的地面运动造成场地、地基失稳或失效（包括液化、地裂、震陷及滑坡等）；

地表断裂错动（包含地表基岩断裂及构造性地裂）造成的破坏；

局部的地形地貌、地层结构的变异引起地面异常波动所造成的特殊破坏。

因此，在强震区进行工程建设，应进行抗震设防，抗震设防的基本原则是“小震不坏、中震可修、大震不倒”，贯彻这一原则的具体体现是对于工程建筑抗震重要性的不同而采用不同抗震设防标准。抗震设防的所有建筑应按现行国家标准《建筑工程抗震设防分类标准》GB 50224—2008 确定其抗震设防类别及其抗震设防标准。

1.《建筑工程抗震设防分类标准》GB 50224—2008 依据建筑物受地震破坏时产生的后果（经济、政治和社会影响），确定其抗震设防标准。将建筑物的抗震设防类别分为四类：

1）特殊设防类：指使用上有特殊设施，涉及国家公共安全的重大建筑工程和地震时可能发生严重次生灾害等特别重大灾害后果，需要进行特殊设防的建筑。简称甲类。

2）重点设防类：指地震时使用功能不能中断或需尽快恢复的生命线相关建筑，以及地震时可能导致大量人员伤亡等重大灾害后果，需要提高设防标准的建筑。简称乙类。

3）标准设防类：指大量的除 1、2、4 款以外按标准要求进行设防的建筑。简称丙类。

4）适度设防类：指使用上人员稀少且震损不致产生次生灾害，允许在一定条件下适度降低要求的建筑。简称丁类。

2. 各抗震设防类别建筑的抗震设防标准，应符合下列要求：

1）标准设防类，应按本地区抗震设防烈度确定其抗震措施和地震作用，达到在遭遇高于当地抗震设防烈度的预估罕遇地震影响时不致倒塌或发生危及生命安全的严重破坏的抗震设防目标。

2）重点设防类，应按高于本地区抗震设防烈度一度的要求加强其抗震措施；但抗震设防烈度为 9 度时应按比 9 度更高的要求采取抗震措施；地基基础的抗震措施，应符合有关规定。同时，应按本地区抗震设防烈度确定其地震作用。

3）特殊设防类，应按高于本地区抗震设防烈度提高一度的要求加强其抗震措施；但抗震设防烈度为 9 度时应按比 9 度更高的要求采取抗震措施。同时，应按批准的地震安全性评价的结果且高于本地区抗震设防烈度的要求确定其地震作用。

4）适度设防类，允许比本地区抗震设防烈度的要求适当降低其抗震措施，但抗震设防烈度为 6 度时不应降低。一般情况下，仍应按本地区抗震设防烈度确定其地震作用。

但对于划为重点设防类而规模很小的工业建筑，当改用抗震性能较好的材料且符合抗震设计规范对结构体系的要求时，允许按标准设防类设防。

（二）强震区场地与地基岩土工程勘察基本技术要求

强震区岩土工程勘察其任务是调查、研究和预测场地、地基可能发生的震害，并根据工程重要性、地质条件及实际需要划分对建筑有利、一般、不利和危险的地段，提供建筑的场地类别和岩土地震稳定性（含滑坡、崩塌、液化和震陷特性）评价，对需要采用时程分析法补充计算的建筑，尚应根据设计要求提供土层剖面、场地覆盖层厚度和有关的动力参数，并提出合理的工程措施。为此：

1. 确定场地土类型和建筑场地类别，并按表 4.5-5 划分对建筑抗震有利、一般、不利或危险的地段。

有利、一般、不利和危险地段的划分　　**表 4.5-5**

地段类别	地质、地形、地貌
有利地段	稳定基岩，坚硬土，开阔、平坦、密实、均匀的中硬土等
一般地段	不属于有利、不利和危险的地段
不利地段	软弱土，液化土，条状突出的山嘴，高耸孤立的山丘，陡坡，陡坎，河岸和边坡的边缘，平面分布上成因、岩性、状态明显不均匀的土层（含古河道、疏松的断层破碎带、暗埋的塘浜沟谷和半填半挖地基），高含水率的可塑黄土，地表存在结构性裂缝等
危险地段	地震时可能发生滑坡、崩塌、地陷、地裂、泥石流等及发震断裂带上可能发生地表位错的部位

建筑的场地类别，应根据土层等效剪切波速和场地覆盖层厚度按表 4.5-6 划分为Ⅰ、Ⅱ、Ⅲ、Ⅳ类，其中Ⅰ类分为$Ⅰ_0$、$Ⅰ_1$两个亚类。

各类建筑场地的覆盖层厚度（m）　　**表 4.5-6**

岩石的剪切波速或土的等效剪切波速（m/s）	场地类别				
	$Ⅰ_0$	$Ⅰ_1$	Ⅱ	Ⅲ	Ⅳ
$v_s>800$	0				
$800\geqslant v_s>500$		0			
$500\geqslant v_s>250$		<5	$\geqslant5$		
$250\geqslant v_s>150$		<3	3～50	>50	
$v_s\leqslant150$		<3	3～15	15～50	>80

注：表中 v_s 系岩石的剪切波速。

建筑场地覆盖层厚度的确定，应符合下列要求：

1）一般情况下，应按地面至剪切波速大于 500m/s 且其下卧各层岩土的剪切波速均不小于 500m/s 的土层顶面的距离确定。

2）当地面 5m 以下存在剪切波速大于其上部各土层剪切波速 2.5 倍的土层，且该层及其下卧各层岩土的剪切波速均不小于 400m/s 时，可按地面至该土层顶面的距离确定。

3）剪切波速大于 500m/s 的孤石、透镜体，应视同周围土层。

4）土层中的火山岩硬夹层，应视为刚体，其厚度应从覆盖土层中扣除。

土层的等效剪切波速，应按下列公式计算：

$$v_{se}=d_0/t \qquad t=\sum_{i=1}^{n}(d_i/v_{si})$$

式中 v_{se}——土层等效剪切波速（m/s）；

d_0——计算深度（m），取覆盖层厚度和 20m 两者的较小值；

t——剪切波在地面至计算深度之间的传播时间；

d_i——计算深度范围内第 i 土层的厚度（m）；

v_{si}——计算深度范围内第 i 土层的剪切波速（m/s）；

n——计算深度范围内土层的分层数。

场地土层的剪切波速值一般应通过现场实测获得，对丁类建筑及丙类建筑中层数不超过 10 层、高度不超过 24m 的多层建筑，当无实测剪切波速时，可根据岩土名称和性状，按表 4.5-7 划分土的类型，再利用当地经验在表 4.5-8 的剪切波速范围内估算各土层的剪切波速。

土的类型划分和剪切波速范围 **表 4.5-7**

土的类型	岩土名称和性状	土层剪切波速范围（m/s）
岩 石	坚硬、较硬且完整的岩石	$v_s>800$
坚硬土或软质岩石	破碎和较破碎的岩石或软和较软的岩石，密实的碎石土	$800\geqslant v_s>500$
中硬土	中密、稍密的碎石土，密实、中密的砾、粗、中砂，$f_{ak}>150$ 的黏性土和粉土，坚硬黄土	$500\geqslant v_s>250$
中软土	稍密的砾、粗、中砂，除松散外的细、粉砂，$f_{ak}\leqslant150$ 的黏性土和粉土，$f_{ak}>130$ 的填土，可塑新黄土	$250\geqslant v_s>150$
软弱土	淤泥和淤泥质土，松散的砂，新近沉积的黏性土和粉土，$f_{ak}\leqslant130$ 的填土，流塑黄土	$v_s\leqslant150$

注：f_{ak} 为由载荷试验等方法得到的地基承载力特征值（kPa）；v_s 为岩土剪切波速。

地震造成建筑物的破坏，除地震动直接引起结构破坏外，还有场地条件，如地震引起的地表错动、地裂、地基土的过量不均匀沉降、滑坡、液化等。因此强震区建筑物，从场地条件来说，应选择有利的、不存在危险的地段建设，避开不利的地段。对危险地段，严禁建造甲、乙类的建筑，不应建造丙类的建筑。

地基土性质不同或软弱土层（如软弱场地土、易液化土、平面上成因、岩性明显不均匀的土层、古河道、断层破碎带、暗埋的塘浜沟谷，半挖半填地基等）地段，震害会加强，究其原因主要是软弱土层中地震波发生滤波及放大作用、多次反射作用，地震作用持续时间长，从而加重震害。

地下水埋藏愈浅，震害越重，据宏观震害观察，地下水位埋深浅，对软弱土层影响大，对坚硬场地土及密实均匀的中硬场地土影响小。当地下水位埋深大于5m时，则影响不明显，不过这一因素已在场地土性质中综合反映了。

2. 对场区内岩土体的滑坡、塌陷、崩塌、采空区等地震作用下的稳定性进行评价。

3. 对于场地与地基应进行液化判别（宏观、微观），提出处理措施。关于液化问题将在后面作专门讨论。

4. 对可能发生震陷的场地与地基应予以判别并提出处理措施。

从地震的震害实例及室内模拟试验、计算都说明震陷是一个客观存在的问题。目前对于震陷的机制有两种说法，其一是认为地基土在地震作用下，由于强度的降低而产生下沉；另一种说法是，地震作用下，土的塑性区扩大而产生下沉。因此还有待于进一步的深入研究。但无论哪种观点，都说明了震陷是地震作用下，使建筑物或地面产生附加下沉的一种震害，它往往发生在软弱土层中。应指出的是，震陷不是液化发生的沉陷，两者是有原则区别的。震陷的研究应排除液化引起的沉陷。

依据天津、唐山等地区的经验，对于下列情况可以不考虑震陷：

（1）当地基承载力标准值 f_k 或平均剪切波速大于表4.5-8所列数据时，可不考虑震陷影响，否则应采用合理方法综合评价；

震陷发生的临界承载力标准值与平均剪切波速　　表4.5-8

抗震设防烈度	7	8	9
承载力标准值 f_k（kPa）	>80	>130	>160
平均剪切波速（m/s）	>90	>140	>200

（2）基础埋深 $d<2$m 的6层以下建筑物和荷载相当的工业厂房，在7度烈度时，可不考虑震陷问题或满足表4.5-9任一条件时，也可不考虑震陷影响，否则应采取适当抗震措施。

不考虑软土震陷影响的条件　　表4.5-9

设防烈度	地基承载力标准值（kPa）	上覆非软弱土层厚度（m）	软弱土层厚度（m）	平均剪切波速 V_{sm}（m/s）
8	$\geqslant80$	$\geqslant10$	$\leqslant5$	$\geqslant120$
9	$\geqslant100$	$\geqslant15$	$\leqslant2$	$\geqslant150$

地基中软弱黏性土层的震陷判别，可采用下列方法。饱和粉质黏土震陷的危害性和抗震陷措施应根据沉降和横向变形大小等因素综合研究确定，8度（0.30g）和9度时，当塑性指数小于15且符合下式规定的饱和粉质黏土可判为震陷性软土：

$$w_s \geqslant 0.9w_L \qquad I_L \geqslant 0.75$$

式中　w_s——天然含水率；

w_L——液限含水率，采用液、塑限联合测定法测定；

I_L——液性指数。

5. 对缺乏历史资料或建筑经验地区，必要时应提出地面峰值最大加速度、场地卓越周期等参数。

地震加速度是抗震设计中的最主要参数之一，它往往是计算地震作用的依据，通常在地震震级和烈度的确定中已包含了地震加速度因素，但它不能完全取代。一般可按表4.5-10估计或按地震加速度反应谱推算。

抗震设防烈度和设计基本地震加速度值的对应关系 **表4.5-10**

抗震设防烈度	6	7	8	9
设计基本地震加速度值	0.05g	0.10（0.15）g	0.20（0.30）g	0.40g

注：g 为重力加速度。

地震波在土层中传播时，经过不同性质的界面多次反射，此时会出现不同周期的地震波，如果某一周期的地震波与地表土层所固有的周期相近（或一致）时，由于共振作用，地震波的振幅将会得到放大，此周期我们称为卓越周期。很多的震害调查表明，大多是由于场地、地基、工程设施的共振或同类工程效应所引起。因此为准确估计和防止这类震害发生，必须使工程设施的自振周期避开场地的卓越周期。

卓越周期可以通过高灵敏的地震观测仪测量地面脉动（记录），进行傅里叶分析确定，或绘制地脉动的频数-周期曲线确定。也可用横波波速代入式（4.5-1）获得：

$$T=\sum_{i=1}^{n}\frac{4h_i}{v_{si}} \tag{4.5-1}$$

式中 T——地基土的卓越周期（s）；

h_i——第 i 层土层厚度（m），一般应算至基岩面，如果基岩面埋深较大时，可算至30～50m；

v_{si}——第 i 层土的横波波速（m/s）；

n——土层层数。

地基土的卓越周期与土层的性质有关，土愈松软，卓越周期愈长。表4.5-11是根据实测资料，综合反映不同岩、土层的卓越周期：

地基土卓越周期 **表4.5-11**

地基土类别	岩、土类别	卓越周期（s）
Ⅰ	稳定岩石	0.1～0.2
Ⅱ、Ⅲ	一般土层	0.15～0.4
Ⅳ	松软土层	0.3～0.7

6. 场区内存在发震断裂时，应进行断裂勘测，必要时作地震危险性分析或对建筑场地进行小区划的震害的预测。对断裂的工程影响进行评价时，应符合下列要求：

（1）对符合下列规定之一的情况，可忽略发震断裂错动对地面建筑的影响：

① 抗震设防烈度小于8度；

② 非全新世活动断裂；

③ 抗震设防烈度为8度和9度时，隐伏断裂的土层覆盖厚度分别大于60m和90m。

（2）对不符合以上规定的情况，应避开主断裂带；其避让距离不宜小于表4.5-12对发震断裂最小避让距离的规定。在避让距离的范围内确有需要建造分散的、低于3层的丙、丁类建筑时，应按提高一度采取抗震措施，并提高基础和上部结构的整体性，且不得跨越断层线。

发震断裂的最小避让距离（m）　　表 4.5-12

烈　度	建筑抗震设防类别			
	甲	乙	丙	丁
8	专门研究	200m	100m	—
9	专门研究	400m	200m	—

地震作用，是一随机过程，要确切地指出地震发生时间、地点及强度等，目前还做不到。但我们可用概率统计的方法评价场地可能遭受的不同强度的地震危害——地震危害性分析。当然这种分析还是根据已有资料为基础进行概率分析。

地震小区划是利用已有地震资料、地质资料，分析场地附近潜在的震源，推测未来的地震模式（时间、位置、强度、发震概率的估计等），总结地面破坏、地基失效等地震灾害，分析地面破坏的规律性，结合地质单元特征进行的工程地质综合小区划。它往往是由两套系列图所组成，目的是为工程建设寻找地震烈度相对低地区——“安全岛”而进行的综合区划。这项工作主要是利用概率方法、地震反应谱等使地震参数得以量化，更好地为工程建设服务。

（三）地震液化

地震液化是饱和砂土和粉土在地震时地基失效的一种震害表现。震害调查表明，地震液化多发生在 6 度以上地震区，因此在一般情况下，设防烈度为 6 度时，可不考虑液化的可能性问题，但是对于液化沉陷敏感的乙类建筑，为安全起见，应按 7 度考虑液化判别，对于甲类建筑则应专门进行研究。

目前工程上定义的“液化”是以宏观震害为依据——强烈地震中，在地表是否已喷水冒砂、液化滑移等宏观震害而定。它不完全等同于采取土样在室内进行动三轴试验而确定的“固态转变为液态”“初始液化”“完全液化”等液化概念。因此，工程上的液化判别，强调以震害调查为基础的“宏观”判别和以原位测试及室内试验为主要依据的判别相结合的方法，且先以“宏观”判别有液化可能性时，再进行“微观”判别。如经“宏观”判别没有液化可能性时，即可不再进行“微观”判别。因此对地震液化的岩土工程勘察工作，主要是三个方面的内容，一是判定场地地基土有无液化的可能性；二是评价液化危害程度；三是提出抗液化措施的建议。

1. 液化的“宏观”判别与初判

影响砂土液化的因素很多（表 4.5-13），但根据已有经验，最主要的因素是土粒粒径（以平均粒径 d_{50} 表示）、砂土的密度、上覆地层厚度、地面震动强度和持续时间及地下水的埋藏深度。因此在进行液化判定前应充分具有有关资料，为判定做好技术准备：

（1）收集和分析区域地震地质条件，历史地震的背景，包含地震液化史、震级、基本烈度、地震中距、地面加速度、持续时间、卓越周期等及发震的地质条件（包含发震断层、震源深度等），充分了解区域地震地质条件、历史背景资料和发震地质条件，这是判别液化的基础，也是我们考虑液化重复可能性及程度的基础。国内外的研究表明，在同一烈度下，震级愈大，持续时间愈长，愈易引起液化。地震震级的大小，不仅决定了地震作用

影响液化的因素　　　　表 4.5-13

因素			指标	对液化的影响
土性条件	颗粒特征	粒径	平均粒径 d_{50}	颗粒愈细愈容易液化，平均粒径在 0.1mm 左右的抗液化性最差
		级配	不均匀系数 C_u	不均匀系数愈小，抗液化性愈差，黏性土含量愈高，愈不容易液化
		形状		圆粒形砂比棱角形砂容易液化
	密度		空隙比 e 相对密实度 D_r	密度愈高，液化可能性愈小
	渗透性		渗透系数 k	渗透性低的砂土易于液化
	结构性	颗粒排列胶结程度均匀性	—	原状土比结构破坏土不易液化，老砂层比新砂层不易液化
	压密状态		超固结比 OCR	超压密砂土比正常压密砂土不易液化
埋藏条件	上覆土层		上覆土重有效压力 σ'_v	上覆土层愈厚，土的上覆有效压力愈大，就愈不容易液化
			静止土压力系数 K_0	
	排水条件	空隙水向外排出的渗径长度	液化砂层的厚度	排水条件良好有利于孔隙水压力的消散，能减小液化的可能性
		边界土层的渗透性		
	应力历史		—	遭受过历史地震的砂土比未受地震的砂土不易液化，但曾发生过液化又重新被压缩的砂土，却较易重新液化
动荷条件	地震烈度	震动强度	地面加速度 a_{max}	地震烈度高，地面加速度大，就愈容易液化
		持续时间	等级循环次数 N	震动时间愈长，或振动次数愈多，就愈容易液化

在土层中的剪应力值，同时由于循环剪应力的作用（地震振动为随机振动，加荷时间一般为 0.03～1s 的周期性荷载），使饱和土层孔隙水压力瞬时增长而降低土层的动抗剪强度，所以振动强度及土层经受振动历时的长短是致使饱和砂土液化的动力因素，地震震级愈高（振动强度愈高，剪应力愈大），历时愈长（超孔隙水压力叠加值愈大），饱和砂土液化愈严重。

（2）应充分研究场地的地层、地形、地貌和地下水条件。大量的宏观震害调查表明，掩埋的古河道、河曲、牛轭湖和新近沉积土层在强震时易于产生液化。国内外研究分析和观察表明，液化土层颗粒组成的主要变化特征是不均匀系数（d_{60}/d_{10}）在 1.70～1.80 之间，室内研究表明 d_{50} 的含量与抗液化能力关系密切，d_{50} 在 0.07～0.15mm 范围内，抗液化能力低，表 4.5-14 是我国部分发生地震液化土层的统计资料，从表上可以看出可液化土类包含粉质黏土、粉土及全部砂土。

我国部分地震液化土层　　表 4.5-14

发震地点	地震时间	震级	液化土层
巴楚	1961-4-13	6.8	粉质亚黏土、粉土、粉质轻亚黏土
河源	1962-3-19	6.4	粉、细砂
邢台	1966-3-8	6.8	轻亚黏土、粉质黏土、砂土
邢台	1966-3-22	7.2	轻亚黏土、粉质黏土、砂土
河间	1967-3-17	—	砂质粉土、粉砂土
渤海	1969-7-18	7.2	砂质粉土、粉细砂
阳江	1969-7-26	6.4	粉、细砂土
通海	1970-1-5	7.8	粉、细砂土、粗砂土
海城	1975-2-4	7.3	中轻亚黏土、重轻亚黏土、粉砂土、细砂土、中砂土、粗砂土
唐山	1976-7-28	7.8	粉砂土、细砂土、黏质粉土、粉质轻亚砂土

注：表中土名系原来土名，未按新定名原则予以修正。

密度是影响土层动力稳定的重要原因，“海城地震砂土液化报告”指出，砂土的密度若大于55%时，7级以下地震可不发生液化，相对密度大于70%时，即使8级地震也不发生液化。砂土的密实程度关系到在动荷作用下，孔隙水压力能否上升，上升的速度及幅度，也关系到地基是否失稳及发生变形的关键因素。但同一种砂土，具有相同的相对密度，可有不同的结构，而形成不同的液化特征。砂土的固结是一次完成的，沉积时代愈早，在自重、上覆压力作用下、固结程度愈好，有效应力愈大，抗液化能力愈强。

抗液化能力很弱的土，在外力作用下能否产生液化，液化程度如何，其埋藏分布条件是一个很重要的因素。一般来说，埋藏深度大，抗液化能力愈强；这是因为上覆非液化土层厚度大，自重压力及侧向压力（侧向膨胀产生的压力）均较大，地震作用下，孔隙水压力的上升（超孔隙水压力）值，不易达到上覆土层的自重压力值而突破覆盖层造成灾害。《海城地震砂土液化考察报告》指出：对于覆盖层的有效应力小于50kPa的地区，在喷水冒砂区占绝大多数，对上覆有效应力大于或等于50kPa，小于100kPa的，在轻喷水冒砂区中占大多数。发生喷水冒砂的地区，上覆有效应力小于或等于100kPa。在一般情况下，可液化饱和砂土层埋藏在25m以下时，如无其他因素影响，是很难发生液化的，即使发生液化也是很轻微的。因此可以这样说，地下水埋藏愈浅，非液化土层愈薄，愈易液化。

地形条件，国内外震害实例表明，它不仅影响液化程度，且对地面破坏有很大关系；地震液化多发生在近代沉积的滨海平原、河流三角洲、冲积平原以及古河道分布等地区，因为这些地区往往有可液化的砂类土沉积，埋藏深度不大，地下水埋藏深度较浅。在同一烈度区，同一地貌单元内，由于微地貌差异，地震液化程度不同。在洼地、沿河、沿湖、沿海地带，喷水冒砂严重；在高岗地，人工填土较厚的地方，液化程度较轻或没有；在斜坡地段，则是引起斜坡的滑移。

（3）分析研究地基土地质条件，判定液化层的成层规律、埋藏条件及土的物理、力学性质（包含相对密度、平均粒径、黏粒含量、剪切速度、有效覆盖应力和标准贯入击数、比贯入阻力、锥尖阻力等）。

（4）当场地及其附近存在有历史地震液化遗迹，如砂脉枝、砂珠串、砂袋土层滑移形成的醉树等。应根据现今场地所定地震基本烈度或地震动参数，地层结构和地下水条件，分析判别场地液化重复的可能性和液化程度。大量的震害调查表明，地震液化具有重复性，历史的遗迹，“将古论今”为我们宏观判定场地液化可能性提供了依据；然而在“将古论今”时，要注意现今环境地质条件和今后设计基准期内所遭遇的地震动强度与历史上地震的相同程度。例如，天津毛巾厂的两个车间，曾在河间、渤海、海城、唐山大地震均发生喷水冒砂，这是因这个地段，地形、地貌、地层结构、地下水等无多大改变。再如陕西渭南地区，曾在现今地表以下约 10m 内的黏性土（黄土状土）中发现大量管状、喇叭状、树枝状砂脉，砂袋及充砂地震裂缝，经调查研究，这是 1556 年 1 月 23 日华县大地震液化的遗迹，当时渭南地震基本烈度为 11 度，地下水埋藏可能较浅，上覆非液化土层较薄。而现今，渭南地区的基本烈度为 8 度，在上述有液化遗迹的场地，地下水埋深为 7～14m，黏性土厚度 10m（上部有新近沉积土）左右，以下为砂层，而按目前的初判条件，即可判别为非液化场地。

地震液化“宏观”判别实质上是对区域地震地质条件、场地条件及地基条件下可能产生的作用进行全面估计。然而应指出的是，“液化”或“非液化”不能用某个定值标准概括，它是一个模糊的趋势性概念，当宏观判别认为有液化可能时，应再作进一步的判断。从任何单方面因素来预测液化可能性都是不可靠的。

（5）对于倾斜场地，当大面积液化层层底面倾向河（湖）心或临空面，且其底面坡度超过 2%时，应评价液化引起的土体滑移可能性。

地震液化滑移的震害是大量存在的，例如美国阿拉斯加大地震（$M=8.4$ 级，1964 年）使仅有 3.5%坡度的倾斜场地滑移了 1km，摧毁了整个安克雷奇港建设。1970 年云南通海地震（$M=7.6$），俞家河坎坡地的液化滑移，使本来建在稳定的垛石层上的农舍，由于下部薄层砂土液化，致使发生近 200m 水平滑移。又如 1920 年 12 月 26 日宁夏海源地震（$M=8.5$ 级，震中烈度为 12 度）、使固原西北碑原清水河四级黄土台塬（距震中 70～90km，烈度为 10 度）的 Q_3，马兰黄土沿其中所夹砂层发生大范围、低角度滑移（滑移前地面坡度为 2.5%），滑移体宽 1.2～1.8km，滑移距离 124～400m。唐山地震时，位于月牙河一侧的天津第一机床厂，发现两组大致沿月牙河距河岸约 15m 及 50m 的两条裂缝，其中一组长达 400m，宽 1～5cm，最宽 40cm，并沿河一侧下滑，形成错步台阶，另月牙河上三座桥墩倾斜。这都表明有滑移现象。

综上所述，当饱和砂土或粉土，符合下列条件之一时，可初步判别为不液化或不考虑液化的影响：

1）地质年代为第四纪晚更新世（Q_3）及其以前时，7、8 度时可判为不液化。

2）粉土的黏粒（粒径小于 0.005mm 的颗粒）含量百分率，7 度、8 度和 9 度分别不小于 10，13 和 16 时，可判为不液化土。

用于液化判别的黏粒含量应采用六偏磷酸钠作分散剂测定，采用其他方法时应按有关规定换算。

3）浅埋天然地基的建筑，当上覆非液化土层厚度和地下水位深度符合下列条件之一时，可不考虑液化影响：

$$d_u > d_o + d_b - 2 \tag{4.5-2}$$

$$d_w > d_o + d_b - 3 \tag{4.5-3}$$

$$d_u + d_w > 1.5d_o + 2d_b - 4.5 \tag{4.5-4}$$

式中　d_b——基础埋置深度（m），d_b<2m，按 2m 计；

d_o——液化土特征深度（m），可按表 4.5-15 采用；

d_u——上覆盖非液化土层厚度（m），计算时宜将淤泥和淤泥质土层扣除；

d_w——地下水位深度（m），宜按设计基准期内年平均最高水位采用，也可按近期内年最高水位采用。

液化土特征深度（m）　　**表 4.5-15**

饱和土类别	烈　度		
	7	8	9
粉土	6	7	8
砂土	7	8	9

注：当区域的地下水位处于变动状态时，应按不利的情况考虑。

4）对地面下 15m 深度范围内的饱和砂土或饱和粉土，用实测剪切波速 v_s 与临界波速 v_{scr} 比较进行初步判别（式 4.5-5）：

$$v_{scr} = K_c\sqrt{d_s - 0.01d_s^2} \quad (m/s) \tag{4.5-5}$$

式中　K_c——经验系数，抗震设防烈度为 7、8、9 度时，对于饱和砂土分别取 92、130 和 184，对于饱和粉土分别取 42、60 和 84；

d_s——砂土或粉砂土层剪切波速测点深度（m）。

当 $v_s > v_{scr}$ 时，可判别为不液化或不考虑液化影响。如 $v_s < v_{scr}$ 则需进一步作微观判定。

2. 液化微观判定

当初判认为需进一步进行液化判别时，则可用下列方法进一步作微观判定：

（1）标准贯入试验判别法

当地面以下 20m 深度内饱和砂土或饱和粉土（对可不进行天然地基及基础的抗震承载力验算的各类建筑，可只判别地面下 15m 范围内土的液化）实际标准贯入锤击数（未经杆长修正）N 值小于 N_{cr} 值（式（4.5-6））则判为可液化土，否则为不液化土。

$$N_{cr} = N_0\beta[\ln(0.6d_s + 1.5) - 0.1d_w]\sqrt{3/\rho_c} \tag{4.5-6}$$

式中　d_s——饱和土标准贯入点深度（m）；

d_w——地下水位深度（m）；

ρ_c——饱和土的黏粒含量百分率，当小于 3 或为砂土时，应采用 3；

N_0——液化判别标准贯入锤击数基准值，按表 4.5-16 采用；

β——调整系数，设计地震第一组取 0.80，第二组取 0.95，第三组取 1.05。

液化判别标准贯入锤击数基准值 N_0　　**表 4.5-16**

设计基本地震加速度（g）	0.10	0.15	0.20	0.30	0.40
液化判别标准贯入锤击数基准值	7	10	12	16	19

注：1. 试验时应确保孔底不扰动，不涌砂情况下采用自动落锤法，试验孔的数量可按控制孔数量确定，但单幢建筑物不得少于 3 个试验孔，且每层土的试验点数不宜少于 6 个；

2. 在可能液化土层中，标准贯入点沿钻孔深度方向间距一般为 1～1.5m；

3. 黏粒含量为采用六偏磷酸钠分散剂测定，否则应换算。

（2）静力触探判别法

对地面以下 15m 深度范围内饱和砂土或饱和粉土可采用单桥或双桥探头静力触探试验法进行判别（对于桩基和基础埋深大于 5m 的天然地基，判别深度应加深至 20m），当实测比贯入阻力 p_{so} 或实测锥尖阻力 q_{so} 小于液化比贯入阻力临界值 p_{scr} 或液化锥头阻力临界值 q_{scr} 时（式（4.5-7），式（4.5-8）），应判别为液化土，否则为不液化土：

$$p_{scr} = p_{co} \cdot \alpha_w \cdot \alpha_u \cdot \alpha_p \tag{4.5-7}$$

$$q_{scr} = q_{co} \cdot \alpha_w \cdot \alpha_u \cdot \alpha_p \tag{4.5-8}$$

式中　p_{co}、q_{co}——地下水埋深 $d_w=2$m，上覆非液化土层厚度 $d_u=2$m 时，饱和土液化判别比贯入阻力、锥尖阻力基准值（MPa），可按表 4.5-17 取值；

α_w——地下水影响系数，按式（4.5-9）计算：

$$\alpha_w = 1 - 0.065(d_w - 2) \tag{4.5-9}$$

α_u——上覆非液化土层影响系数，按式（4.5-10）计算：

$$\alpha_u = 1 - 0.05(d_u - 2) \tag{4.5-10}$$

α_p——土性综合影响系数，按表 4.5-18 取值；

d_w——地下水位深度（m），按建筑使用期年平均最高水位深度或近期年最高水位深度；

d_u——上覆非液化土层厚度（m），计算时将淤泥和淤泥质土层厚度扣除。

液化判别 p_{co}、q_{co} 值　　**表 4.5-17**

抗震设防烈度	7	8	9
p_{co}（MPa）	5.0～6.0	11.5～13.0	18.0～20.0
q_{co}（MPa）	4.6～5.5	10.5～11.8	16.4～18.2

土性综合影响系数 α_p 值　　**表 4.5-18**

土　性	砂　土	粉　土	
塑性指数	$I_p \leqslant 3$	$3 < I_p \leqslant 7$	$7 < I_p \leqslant 10$
α_p	1.0	0.6	0.45

（3）对甲类和乙类建筑亦可用动三轴试验结果结合其他手段进行判定——剪应力对比法

剪应力对比法是席德在日本新潟地震后提出的，其基本原理是：饱和砂土的液化是由于地震剪应力引起的，而引起砂土液化的周期剪应力近似地与土层中初始有效法向应力成正比，地震剪切波大致以垂直方向自基岩向覆盖层传播，并在覆盖层的不同深度产生随时间而变化的不均匀的反复剪切力，这种剪应力超过液化所需的剪应力时，即发生液化。剪应力对比法就是把地震剪应力与砂土的抗液化强度（剪应力）进行对比，以判别饱和砂土或饱和粉土的液化性（式（4.5-11）及式（4.5-12））；

$$\tau_e = 0.65R \cdot \frac{a_{max}}{g} \cdot \gamma \cdot d_s \tag{4.5-11}$$

$$\tau = C_r \cdot \sigma_r' \cdot \left(\frac{\sigma_{dc}}{2\sigma_a}\right)_{\overline{N} \cdot D_r} \tag{4.5-12}$$

式中　τ_e——地震作用时的等效平均剪应力（kPa）；

R——应力折减系数，按表 4.5-19 确定；

a_{max}——地震地面最大加速度，一般按地震烈度估计，见表 4.5-10；

g——重力加速度；

γ——深度 d_s 以上的上覆土层的天然重度，地下水位以下取饱和重度，对多层土应分层计算（kN/m³）；

d_s——砂土所处的深度（m）；

τ——砂土的抗液化剪应力（kPa）；

C_r——应力校正系数，按表 4.5-20 确定；

$\left(\frac{\sigma_{dc}}{2\sigma_a}\right)_{\overline{N}\cdot D_r}$——相对密度为 D_r 的砂土在等效应力循环次数 $\overline{N}$ 作用下室内动三轴试验的液化应力比；

$\overline{N}$——等效应力循环次数，按地震震级根据表 4.5-21 确定；

σ_r'——地震前上覆土层自重有效应力（kPa），可按式（4.5-13）计算：

$$\sigma_r' = (d_s - d_w)\gamma' + d_w \cdot \gamma \quad (4.5\text{-}13)$$

其余符号同前。

应力折减系数　**表 4.5-19**

深度 d_s（m）	0	1.5	3.0	4.5	6.0	7.5	9.0	10.5	12.0
R	1.0	0.985	0.975	0.965	0.955	0.935	0.915	0.895	0.850

应力校正系数 C_r　**表 4.5-20**

相对密实度 D_r（%）	30	40	50	60	70	80	85
C_r	0.55	0.55	0.58	0.61	0.65	0.68	0.70

判别：$\tau_e > \tau$，可能液化；

$\tau_e < \tau$，不可能液化。

“液化”这一模糊趋势性概念表达了饱和松散土体受震产生多余孔隙水压力，致使土体有效抗剪强度降低或消失，导致土中水连带颗粒地喷出或土体滑移失稳的趋势。而这一趋势是由多种随机因素决定的，如地震动幅值、频率及历时时间上的随机性，土层本身密度、均匀性、厚度、埋深的随机性等，因而不能单纯用定值准则概念及方法进行评价。

不同震级的等效应力循环次数和液化强度修正系数　**表 4.5-21**

地震等级	等效循环周次	相对于 7.5 级地震动剪应力修正系数
8.5	26	0.89
7.50	15	1.00
6.75	10	1.13
6.00	5～6	1.32
5.25	2～3	1.50

3. 液化指数

对存在液化土层的地基应按式（4.5-14）进行液化指数计算，根据液化指数按

表 4.5-22划分液化等级：

$$I_{lE}=\sum_{i=1}^{n}\left(1-\frac{N_i}{N_{cri}}\right)d_iW_i \tag{4.5-14}$$

式中　I_{lE}——液化指数；

n——在判别深度范围内每一个钻孔标准贯入试验点的总数；

N_i、N_{cri}——分别为 i 点标准贯入锤击数的实测值和临界值，当实测值大于临界值时应取临界值；当只需要判别 15m 范围以内的液化时，15m 以下的实测值可按临界值采用；

d_i——i 点所代表的土层厚度（m），可采用与该标准贯入试验点相邻的上、下两标准贯入试验点深度差的一半，但上界不高于地下水位深度，下界不深于液化深度；

W_i——i 土层单位土层厚度的层位影响权函数值（单位为 m^{-1}）。当该层中点深度不大于 5m 时应采用 10，等于 20m 时应采用零值，5～20m 时应按线性内插法取值。

从上述可知液化指数综合反映了 20m 深度内各可液化土层的易液化性和各可液化土层的厚度及所处深度的影响。它是判定砂土层或粉土层的液化等级以选定相应抗液化措施的一个指标。

液化等级与液化指数的对应关系　　　　**表 4.5-22**

液化等级	轻微	中等	严重
液化指数 I_{lE}	$0<I_{lE}\leqslant 6$	$6<I_{lE}\leqslant 18$	$I_{lE}>18$

4. 抗液化措施

（1）地基抗液化措施应根据建筑物的重要性、地基的液化等级，结合具体情况综合确定。当液化砂土层、粉土层较平坦且均匀时，可按表 4.5-23 选用地基抗液化措施；尚可计入上部结构重力荷载对液化危害的影响，根据液化震陷量的估计适当调整抗液化措施。不宜将未经处理的液化土层作为天然地基持力层。

抗 液 化 措 施　　　　**表 4.5-23**

建筑抗震设防类别	地基的液化等级		
	轻微	中等	严重
乙类	部分消除液化沉陷，或对基础和上部结构处理	全部消除液化沉陷，或部分消除液化沉陷且对基础和上部结构处理	全部消除液化沉陷
丙类	基础和上部结构处理，亦可不采取措施	基础和上部结构处理，或更高要求的措施	全部消除液化沉陷，或部分消除液化沉陷且对基础和上部结构处理
丁类	可不采取措施	可不采取措施	基础和上部结构处理，或其他经济的措施

注：甲类建筑的地基抗液化措施应进行专门研究，但不宜低于乙类的相应要求。

（2）全部消除地基液化沉陷措施：

1）采用桩基，桩端伸入液化深度以下稳定土层中的长度（不包括桩尖部分），应按计算确定，且对碎石土，砾、粗、中砂，坚硬黏性土和密实粉土尚不应小于0.8m，对其他非岩石土尚不宜小于1.5m。

2）采用深基础时，基础底面应埋入非液化深度以下稳定土层中，其深度不应小于0.5m；对甲类建筑物基础，可采用地下连续墙或板桩等围封，但应深至不透水的坚硬土层。

3）采用加密法（如振冲、振动加密、挤密碎石桩、强夯等）加固时，应处理至液化深度下界；振冲或挤密碎石桩加固后，桩间土的标准贯入锤击数不宜小于液化判别标准贯入锤击数临界值。

4）用非液化土替换全部液化土层，或增加上覆非液化土层的厚度。

5）采用加密法或换土法处理时，在基础边缘以外的处理宽度，应超过基础底面下处理深度的1/2且不小于基础宽度的1/5。

（3）部分消除地基液化措施：

1）处理深度应使处理后的地基液化指数减少，其值不宜大于5；大面积筏基、箱基的中心区域，处理后的液化指数可比上述规定降低1；对独立基础和条形基础，尚不应小于基础底面下液化土特征深度和基础宽度的较大值。中心区域指位于基础外边界以内沿长宽方向距外边界大于相应方向1/4长度的区域。

2）采用振冲或挤密碎石桩加固后，桩间土的标准贯入锤击数不宜小于液化判别标准贯入锤击数临界值。

3）采取减小液化震陷的其他方法，如增厚上覆非液化土层的厚度和改善周边的排水条件等。

（4）减轻液化影响的基础和上部结构处理措施：

1）选择合适的基础埋置深度，使基础至液化土层上界的距离不小于3m。

2）调整基础底面积，减少基础偏心。

3）加强基础的整体性和刚度，如采用箱基、筏基或钢筋混凝土十字形基础。加设基础圈梁、基础连系梁等。

4）减轻荷载，增强上部结构整体刚度和均匀对称性。合理设置沉降缝，避免采用对不均匀沉降敏感的结构；管道穿过建筑处应预留足够尺寸或采用柔性接头等。

（5）建筑物应避开古河道、暗沟坑边缘地带、坡地的半挖半填地段，如不能避开则应采取相应的适当措施。

（6）建筑物应避开地震时可能导致滑移或地裂的临近河岸、海岸和边坡及古河道边缘地段，如不能避开，则应进行抗滑动验算、采取防土体滑动措施或结构抗裂措施。

复习思考题

1. 何谓强震区？活动性断裂？砂土液化？
2. 什么叫地震效应？地震效应表现在哪些方面？
3. 如何判认活动性断裂？
4. 全新活动断裂地震效应评价。

5. 强震区地基岩土工程勘察基本要求。
6. 液化土层的判别步骤及方法。
7. 液化地基的抗液化措施。
8. 何谓液化指数？在工程上有什么意义？如何计算？
9. 地震液化岩土工程勘察的基本内容。
10. 何谓卓越周期？它在工程上有什么意义？

第五章 特殊岩（土）的岩土工程勘察

某些岩土具有自己的特殊工程特性，对建（构）筑物的稳定性有其特殊的影响或作用，因此对其进行岩土工程勘察时，就必须针对其工程特性，查明对工程建筑的影响，作出正确的评价。本章即就某些常见的特殊岩土的岩土工程勘察问题进行讨论。

第一节 湿 陷 性 土

一、概述

在200kPa压力下浸水载荷试验的附加湿陷量与承压板宽度之比大于或等于0.023的土，应判定为湿陷性土。

湿陷性土在我国分布广泛，除常见的湿陷性黄土外，在我国干旱、半干旱地区，特别是在山前洪、坡积扇（裙）中常遇到湿陷性碎石类土、湿陷性砂土等。据现有资料，这类土附加湿陷变形量可达3～10cm。这类湿陷性土在评价方面，尚不能完全沿用我国现行国家标准《湿陷性黄土地区建筑标准》GB 50025的有关规定，其湿陷机理目前研究不多，但据现有资料，主要认为是土颗粒周围的可溶盐遇水溶解而失去对土颗粒的胶结作用，使土骨架颗粒在重力作用下重新排列而产生。对这类土进行岩土工程勘察时，即应查明它的成因、分布、附加湿陷量的大小，并作出正确的岩土工程评价。本节对湿陷性黄土、湿陷性碎石土、湿陷性砂土等湿陷性土的岩土工程勘察工作进行讨论。

二、湿陷性土岩土工程基本技术要求

在湿陷性土（湿陷性碎石类土、湿陷性砂土和其他湿陷性土，不包含湿陷性黄土）分布区进行各类工程建设的岩土工程勘察，除应遵守第三章的规定外，由于它特殊的工程特征，尚应符合下列要求：

（1）勘探点的间距应按第三章的有关规定取小值。对湿陷性土分布极不均匀的场地应加密勘探点；

（2）控制性勘探孔深度应穿透湿陷性土层；

（3）应查明湿陷性土的年代、成因、分布和其中的夹层、包含物、胶结物的成分和性质；

（4）湿陷性碎石土和砂土，宜采用动力触探试验和标准贯入试验确定力学特性；

（5）不扰动土试样应在探井中采取；

（6）不扰动土试样除测定一般物理力学性质外，尚应进行土的湿陷性和湿化试验；

（7）对不能取得不扰动土试样的湿陷性土，应在探井中采用大体积法测定密度和含水率；

（8）对于厚度超过 2m 的湿陷性土应在不同深度处分别进行浸水载荷试验，并应不受相邻试验的浸水影响。

三、湿陷性土的岩土工程评价

1. 据野外浸水载荷试验所获附加沉陷量，应按表 5.1-1 划分湿陷程度等级并进行场地湿陷程度分区评价。

200kPa 压力浸水后附加湿陷量湿陷程度划分 **表 5.1-1**

湿陷程度	附加湿陷量 ΔF_s（cm）	
	承压板面积 0.50m²	承压板面积 0.25m²
轻微（Ⅰ）	$1.6<\Delta F_s\leqslant 3.2$	$1.1<\Delta F_s\leqslant 2.3$
中等（Ⅱ）	$3.2<\Delta F_s\leqslant 7.4$	$2.3<\Delta F_s\leqslant 5.3$
强烈（Ⅲ）	$\Delta F_s>7.4$	$\Delta F_s>7.5$

注：对能用取样器取得不扰动土样的湿陷性粉砂，其试验和评定标准，可按《湿陷性黄土地区建筑标准》GB 50025—2018执行。

由于载荷试验主要受压层的深度，一般为承压板宽度的 1.5 倍，$0.5m^2$ 的方形承压板边宽为 70.7cm，其受压层深度为 106cm，而 $0.25m^2$ 的承压板宽为 50cm，其受压层深度为 75cm。而当湿陷性土均匀性差时，特别是湿陷性碎石土，如果承压板面积小，受压缩层深度也就浅，所获结果相对代表性就差，因此我们尽可能采用较大面积的承压板。

2. 湿陷性土的承载能力，按载荷试验或其他原位测试成果确定，如无试验数据则参考有关标准综合确定。

3. 由于土具有湿陷性，因此在进行边坡稳定性评价时，应注意浸水引起土本身或湿陷性土与下伏地层接触面强度降低而导致崩塌或滑坡的可能性。

4. 湿陷性土的处理原则应是防止水的浸入，避免因浸水而强度降低，产生附加湿陷沉降。在建筑上加大散水，做好地面防水及管道的防渗漏，并增设检漏设施等，可参照现行《湿陷性黄土地区建筑标准》GB 50025 有关规定执行。

5. 进行地基处理应根据土质特征、处理目的以及当地条件综合考虑确定，处理方法包括换土、压实、挤密以及灌浆等，消除或降低湿陷性，提高土的强度。

6. 对于重要建筑物应进行沉降观测。

四、湿陷性黄土

（一）概述

我国黄土主要分布在北纬 33°～47°之间广大地域，面积约 64 万 km^2，其中具有湿陷性的约占 27 万 km^2。黄土按成因分为原生黄土和次生黄土。一般认为不具层理的风成黄土为原生黄土。原生黄土经水流冲刷、搬运、重新沉积而形成的次生黄土，具有层理，含有砂砾和细砂。我国黄土堆积时代包括整个第四纪。形成于下更新世（Q_1）、中更新世（Q_2）的黄土称为老黄土，其大孔结构多已退化，一般仅在 Q_2 黄土的上部有轻微湿陷性，或大压力下有湿陷性。形成于晚更新世（Q_3）的马兰黄土以及全新世早期（Q_4^1）的黄土，土质相近，均匀、疏松、大孔和虫孔发育，具垂直节理，有较强烈的湿陷性，称之为新黄土，它与工程建设关系密切。在全新世上部，部分地段还有新近沉积黄土，称为 Q_4^2 黄土，属最新堆积物，其工程特性与一般湿陷性黄土差别很大。

我国湿陷性黄土的工程特性总体特征，据已有研究成果为：

（1）其颗粒组成以粉粒为主，含量达50％以上至70％左右。

（2）孔隙比变化在0.85～1.24之间，多为1.0～1.10，大多数情况下随深度而减小。孔隙比是影响黄土湿陷性的主要指标之一，在其他条件相同时，孔隙比越大，湿陷性愈强，如西安地区，当 $e<0.9$，一般不具或略显湿陷性；兰州地区黄土 $e<0.86$，湿陷性不明显。干重度是衡量黄土密实程度的一个重要指标，与土的湿陷性也有较明显的关系，一般干重度小，湿陷性强；反之则弱。

（3）天然含水率与湿陷性、承载能力关系密切，含水率低时，湿陷性强烈，承载力较高，随含水率增大，湿陷性逐渐减弱，承载力降低。经验表明，一般情况下，当土的天然含水率＞25％时，就不具有湿陷性。

（4）反映黄土湿陷变形特征的主要指标有湿陷系数、湿陷起始压力和湿陷起始含水率，其中湿陷系数 δ_s 最为重要。

湿陷系数是单位厚度的环刀试样在一定压力下，下沉稳定后，试样浸水饱和所产生的附加下沉。湿陷系数大小，反映了土对水的敏感程度，湿陷系数愈大，表示土受水浸湿后的湿陷量愈大，对建筑物危害也愈大。饱和度（S_r）与湿陷系数（δ_s）呈线性关系，S_r 愈小，δ_s 愈大，表明湿陷性强烈，随着 S_r 的增大，δ_s 逐渐减小，当 S_r 接近80％时，湿陷性基本消失。

然而应当指出的是，湿陷系数只是代表某一黄土层在某一压力作用下的湿陷现象，并不表示整个地基湿陷性的强弱。

湿陷起始压力 P_{sh} 是指湿陷性黄土浸水，开始出现湿陷时的压力，严格地说，应是湿陷系数接近于零时的压力。从工程观点看，地基受水浸湿后产生少量的变形，对建筑物不致引起什么危害，因此判定湿陷起始压力就存在一个标准的选取问题。研究表明，湿陷起始压力随黏粒含量增大而增大，随孔隙比的减小而增大，随湿陷系数的增大而减小，随土的埋深增大而增大。

起始含水率是指处于外荷或土自重压力作用下，湿陷性黄土受水浸湿时开始出现湿陷现象时的最低含水率。它与土性和作用压力有关，对于一种土，起始含水率不是一个常数，一般随压力增大而减小，但对具一定性质的黄土，在稳定压力下，它是一个定值，起始含水率的确定方法与确定 P_{sh} 的标准相似。起始含水率目前在工程上尚未得到应用。

（5）液限是决定黄土性质的另一重要指标，当液限 $w_L>30\%$，黄土湿陷性较弱，且多为非自重湿陷性黄土；液限 $w_L<30\%$，则湿陷一般较强烈。液限越大，承载力也越高。

（6）压缩系数介于0.1～1.0MPa^{-1}之间，其压缩性除受天然含水率影响外，形成时代是一重要因素，Q_2 和 Q_3 早期黄土，为中等偏低压缩性或低压缩性；Q_3 晚期和 Q_4 黄土，多为中等偏高压缩性；新近沉积黄土一般具有高压缩性。

（7）当含水率低于塑限时，水分变化对强度影响极大，随含水率增加，抗剪强度指标 c、φ 值降低较多，但当含水率高于塑限时，含水率对抗剪强度影响减弱，当超过饱和含水率时，抗剪强度变化不大，当含水率相同时，土的干重度愈大，抗剪强度也愈高。在浸水湿陷过程中，抗剪强度降低最多，但当湿陷压密过程基本结束，此时黄土含水率虽很高，但抗剪强度却高于湿陷过程中的值，因此当湿陷性黄土处于地下水位变动带时，抗剪强度最低，而处于地下水位以下时，其抗剪强度反而高些。

新近沉积黄土，据其成因有坡积（滑坡堆积、崩塌堆积）、洪积、风积、冲积等，但以混合沉积为多，主要分布在山前坡脚、黄土梁、峁、塬的坡脚、山间洼地的表部以及河谷低级阶地、漫滩以及洪积扇等处。新近沉积黄土厚度变化大，随地形起伏而异，水平、垂向上岩性变化大，极不均匀，结构疏松，锹挖极易，土的颜色杂乱，常混有颜色不一的土块，大孔排列紊乱，多虫孔，在“裂隙”或孔隙上常有钙质粉末或菌丝状白色条纹存在。与一般湿陷性黄土相比，它具有以下特征：

（1）高于 Q_3 黄土的天然含水率。

（2）孔隙比的变化大且无规律。

（3）大多具有高压缩性，压缩系数的较大值可能发生在 50～150kPa 压力段。压缩曲线为上陡下缓，Q_3 黄土压缩曲线则较平缓，两者有明显区别。

（4）液限多在 30%以下。

（5）湿陷性变化大，有的属非湿陷性土，有的属轻微至中等湿陷土，而有的则为强湿陷性，往往还有自重湿陷性。这些变化即使在同一场地也可能存在。究其原因，主要与其物质来源有关。

（6）承载能力较低。用原位测试方法确定其承载能力较为适宜。新近堆积黄土承载力标准值约为 75～130kPa。

饱和黄土是饱和度大于 80%、湿陷性已退化了的黄土。据其浸湿后所承受的应力历史作用可分为两类，一类是浸湿后，未经较长时间大的上覆压力的压密固结作用，虽湿陷性退化，但大孔隙基本保留，结构未因水浸而彻底破坏，今后在新增荷载作用下，会产生较大压缩变形，当含水率降低到饱和度<70%时，湿陷性会有所恢复，这种土往往属于欠压密状态，工程性能差，经常是处于软塑到流塑状态；另一类则是经水浸湿陷后，经受了长期较大上覆压力的充分压密固结作用，大孔隙结构已被破坏，压缩性大大降低，不再具湿陷性，也不会恢复，这类土已成为超压密固结状态。

（二）湿陷性黄土岩土工程勘察基本技术要求

1. 据上述工程特性，因此应着重查明地层时代、成因、湿陷性土厚度、湿陷性随深度的变化，场地湿陷类型和湿陷级别的划分，地下水位的变化幅度。

2. 勘探点间距可按表 5.1-2 确定，勘探点深度应根据湿陷性黄土的厚度和预估压缩层深度确定，初勘阶段，一般为 10～20m，并应有一定数量（不少于勘探点总数的 1/2）控制性取土勘探点穿透湿陷性黄土层。在详勘阶段，勘探点深度亦应大于压缩层计算深度，对非自重湿陷性黄土场地还应大于基础底面以下 10m；对自重湿陷性黄土场地，勘探点深度应据地区确定，对陕西，陇东-陕北-晋西地区，应大于基础底面以下 15m，其他地区则大于基础底面以下 10m。取样勘探点，在初勘阶段应按地貌单元和控制性地段布置，其数量不少于勘探点总数的 1/2；详勘阶段勘探点的布置则应根据建筑物总平面、建筑物类别及场地地质条件复杂程度确定，在单独的甲、乙类建筑场地内，勘探点不应少于 5 个，丙类建筑不应少于 3 个，丁类建筑不应少于 2 个，杆塔式构筑物不应少于 1 个；采取不扰动土样和原位测试的勘探点不得少于全部勘探点的 2/3，其中采取不扰动土样的勘探点不宜少于 1/2；如勘探点间距大，或孔数不多时，可全部作为取样勘探点。

勘探点间距（m）　　表 5.1-2

场地类别	初步勘察	详细勘察			
		甲类建筑	乙类建筑	丙类建筑	丁类建筑
简单场地	120～200	30～40	40～50	50～80	80～100
中等复杂场地	80～120	20～30	30～40	40～50	50～80
复杂场地	50～80	10～20	20～30	30～40	40～50

注：简单场地：地形平缓，地貌、地层简单，湿陷类型单一，湿陷等级变换不大；
中等复杂场地：地形起伏较大，地貌、地层较复杂，局部有不良地质现象，场地湿陷类型、地基湿陷等级变化较大；
复杂场地：地形起伏很大，地貌、地层复杂，不良地质现象广泛发育，场地湿陷类型、地基湿陷等级分布复杂，地下水位变化幅度大或变化趋势不利。

3. 取样竖向间距一般为 1m。在取样勘探点中应有一定数量的探井，探井数量不宜少于取土勘探点总数的 1/3～1/2，并不宜少于 3 个，探井深度宜穿透湿陷性黄土层，土样直径不宜小于 12cm，且保证不扰动；在钻孔中取样，必须注意钻探工艺。

4. 为评价地层的均匀性和土的力学性质，勘探点中应有一定数量的静力探孔，并可采用标准贯入试验或旁压试验等原位测试手段。

5. 为保证正确评价黄土地基的湿陷程度，在钻孔中采取不扰动土样，必须使用合适取土器，严格钻进方法及取样方法：

（1）应采用回转钻进，应使用螺旋（纹）钻头，控制回次进尺的深度，并应根据土质情况，控制钻头的垂直进入速度和旋转速度，严格掌握“1m 3 钻”的操作顺序，即取土间距为 1m 时，第一钻进 0.5～0.6m，第二钻清孔进尺 0.2～0.3m，第三钻取土样，当取样间距大于 1m 时，其下部 1m 深度内仍按上述方法操作。

（2）压入法取样，取样前将取样器轻吊放入孔内预定取土深度，然后匀速压入，中途不得停顿，钻杆保持垂直不摇摆，压入深度以土样超过盛土段 30～50mm 为宜。

（3）宜使用带内衬的黄土薄壁钻头取土器，对结构较松散的黄土，不宜使用无内衬的黄土薄壁钻头取土器，其内径不宜小于 120mm，刃口壁的厚度不宜大于 3mm，刃口角度为 10°～12°，控制面积比为 12%～15%。

（4）严禁向孔内加水钻进；卸土过程不得敲打取样器，土样从取土器推出时，防止土筒回弹崩裂土样，应检查土样是否受压损、碎裂等；经常检查钻头，取样器是否完好。

6. 进行室内试验时：

（1）压缩试验环刀面积不小于 $50cm^2$，透水石应烘干冷却。

（2）测定湿陷系数时，应分级加荷至规定压力下沉稳定后浸水至湿陷稳定为止分级加荷要求是在 0～200kPa 压力，每级增量为 50kPa；在 200kPa 压力以上，每级增量为 100kPa。

（3）测定自重湿陷系数时，采用快速分级加荷，加至试验的上覆土的饱和自重压力，下沉稳定后浸水到湿陷稳定为止。

（三）湿陷性黄土岩土工程评价

1. 工程设计的一般要求

（1）建筑物分类

拟建在湿陷性黄土场地上的建筑物，应根据其重要性、地基受到浸湿可能性大小和使用期间对不均匀沉降限制的严格程度，分为甲、乙、丙、丁四类。

甲类：高度大于 60m 和 14 层及 14 层以上体型复杂的建筑；高度大于 50m 构筑物；高度大于 100m 的高耸结构；特别重要的建筑，地基受水浸湿可能性大的重要建筑；对不均匀沉降有严格限制的建筑。

乙类：高度 24～60m 的高层建筑，高度 30～50m 的构筑物；高度 50～100m 的高耸结构；地基受水浸湿可能性较大的重要建筑；地基受水浸湿可能性大的一般建筑。

丙类：除乙类以外的一般建筑和构筑物。如多层办公楼、住宅楼等。

丁类：次要建筑。如 1～2 层简易住宅、简易办公楼、简易原料棚、自行车棚。

（2）工程设计一般包含地基处理措施、防水措施及结构措施

地基处理措施：消除地基全部或部分湿陷量，或采用桩基础穿透全部湿陷性黄土层，或将基础设置在非湿陷性黄土层上。

防水措施：包含基本防水措施（防止雨水或生产、生活用水的渗漏措施）；检漏防水措施（在基本防水措施基础上，对防护范围内的地下管道，应增设检漏的管沟和检漏井）；严格防水措施（在检漏防水措施基础上，应提高防水地面、排水沟、检漏管沟和检漏井等设施的材料标准，如增设可靠的防水层、采用钢筋混凝土排水沟等）。

结构措施：减小或调整建筑物的不均匀沉降，或使结构适应地基变形。

（3）场址选择

场址选择应符合下列要求：

① 具有排水通畅或利于组织场地排水的地形条件；

② 避开洪水威胁地段；

③ 避开不良地质现象发育和地下坑穴集中地段；

④ 避开新建水库等可能引起地下水位上升的地段；

⑤ 避免将重要建设项目布置在很严重的湿陷性黄土场地或厚度大的新近堆积黄土和高压缩性的饱和黄土等地段；

⑥ 避开由于建设可能引起工程地质条件恶化的地段。

（4）总平面布置

总平面设计应符合下列要求：

① 合理规划场地，做好竖向设计，保证场地、道路和铁路等地表排水畅通；

② 在同一建筑物范围内，地基土的压缩性和湿陷性变化不宜过大；

③ 主要建筑物宜布置在地基湿陷等级低的地段；

④ 在山前斜坡地带，建筑物应沿等高线布置，平整成若干单独台阶，填方厚度不宜过大，台阶应具有稳定性，避免雨水沿斜坡排泄及应做好护坡；

⑤ 水池类构筑物和有湿润生产工艺的厂房等，宜布置在地下水流向的下游地段或地形较低处。

（5）结构设计

应据地基湿陷等级或地基处理后的剩余湿陷量、建筑物的不均匀沉降、倾斜等不利情况采取适宜的结构体系和基础形式、加强结构整体性与空间刚度以及预留适应沉降的净空等结构措施，保证建（构）筑物的稳定、安全和正常使用。

对甲、乙、丙类建筑基础埋深不小于 1m。

当地基内的总湿陷量不大于5cm时，各类建筑物均可按非湿陷性黄土地基进行设计。

2. 湿陷性的判定

主要是利用现场采集的不扰动土试验，通过室内浸水压缩试验求得湿陷系数δ_s，进而判定是否有湿陷性和自重湿陷性。

$$\delta_s = \frac{h_p - h_p'}{h_0} \tag{5.1-1}$$

式中 h_p——保持天然湿度和结构的土的试样，加至一定压力时下沉稳定后的高度（cm）；

h_p'——上述加压稳定后的试样，在浸水（饱和）作用下，附加下沉稳定后的高度（cm）；

h_0——土试样原始高度（cm）。

当$\delta_s<0.015$时，为非湿陷性黄土；$\delta_s\geqslant0.015$时为湿陷性黄土。

湿陷性黄土的湿陷程度划分：当$0.015\leqslant\delta_s\leqslant0.030$时，湿陷性轻微；当$0.030<\delta_s\leqslant0.070$时，湿陷性中等；当$\delta_s>0.070$时，湿陷性强烈。

湿陷系数反映了土湿陷性的大小。从上述可知，它是以一定厚度的土，在一定压力下浸水后的附加下沉量与其厚度的比值表示。

测定湿陷系数δ_s时的试验压力，应自基础底面（如基底标高不确定时，自地面下1.5m）算起。基底下10m以内的土层用200kPa，10m以下至非湿陷性黄土层顶面，应用其上覆土饱和自重压力（当大于300kPa压力时，仍用300kPa）；当基底压力大于300kPa时，宜用实际压力测定δ_s值，判定湿陷性；对压缩性较高的新近堆积黄土，基底下5m以内的土层宜用100～150kPa压力，5～10m和10m以下至非湿陷性黄土层顶面，应分别用200kPa和上覆土的饱和自重压力。

3. 湿陷类型和地基湿陷等级划分

场地湿陷类型据实测自重湿陷量或计算湿陷量判定。

实测自重湿陷量由现场试坑浸水试验确定，即在现场开挖直径或边长不小于湿陷土层厚度的圆形或方形试坑（不应小于10m，试坑深一般50cm），坑底铺设5～10cm粗砂或圆砾，在坑内不同深度设置沉降观测标点，坑外设置地面沉降观测标点，沉降观测精度为正负0.1mm，向坑内注水，水柱高度保持30cm，在浸水过程中观测记录耗水量、湿陷量、浸湿范围和地面裂缝。当最后5天平均湿陷量<1mm，即为湿陷稳定，测量获得的湿陷量即为实测自重湿陷量。在新建地区，对甲、乙类建筑物场地应现场测定自重湿陷量。

当实测或计算自重湿陷量≤7cm为非自重湿陷性黄土场地；当实测或计算自重湿陷量>7cm为自重湿陷性黄土场地。当实测值和计算值出现矛盾时应按实测值判定。

计算自重湿陷量Δ_{zs}按室内压缩试验测试：

$$\Delta_{zs} = \beta_0 \sum_{i=1}^{n} \delta_{zsi} h_i \tag{5.1-2}$$

式中 h_i——第i层土的厚度（cm）；

δ_{zsi}——第i层土在上覆土的饱和（$S_r>85\%$）自重压力下的自重湿陷系数，按式（5.1-3）计算：

$$\delta_{zsi}=\frac{h_z-h_z'}{h_0} \tag{5.1-3}$$

h_z——保持天然湿度和结构的土试样，加压至土的饱和自重压力时，下沉稳定后的高度；

h_z'——上述土试样加压稳定后，在浸水作用下，下沉稳定后的高度；

h_0——土试样高度；

β_0 是因土质地区而异的修正系数，在缺乏实测资料时，可按以下规定取值：陇西地区可取 1.5，陇东-陕北-晋西地区可取 1.20，关中地区可取 0.90，其他地区可取 0.50。

自重湿陷量的计算值 Δ_{zs} 应自天然地面（当挖、填方厚度和面积较大时，应自设计地面）算起，至其下非湿陷性黄土层的顶面止，其中自重湿陷系数 δ_{zs} 值小于 0.015 的土层不累计。

湿陷性黄土地基受水浸湿饱和时总湿陷量 Δ_s 按下式计算：

$$\Delta_s=\sum_{i=1}^{n}\beta\delta_{si}h_i \tag{5.1-4}$$

式中 δ_{si}——第 i 层土的湿陷系数；

h_i——第 i 层土的厚度（cm）；

β——考虑基底下地基土的侧向挤出和浸水概率等因素的修正系数。基底下 0～5m（或压缩层）深度内可取 1.5；5～10m 深度内取 1；基底下 10m 以下至非自重湿陷性黄土层顶面，在自重湿陷性黄土场地，可取工程所在地区的 β_0 值。

Δ_s 自基础底面（如基底标高不确定时，从地面下 1.5m）算起；在非自重湿陷性黄土场地，累计至基底以下 10m（或地基压缩层）深度止；在自重湿陷性黄土场地，累计至非湿陷性黄土层顶面止。其中湿陷系数 $\delta_s<0.015$ 的土层不累计。

湿陷性黄土地基的湿陷等级，根据湿陷量的计算值 Δ_s 和自重湿陷量的计算值 Δ_{zs} 等因素，按表 5.1-3 判定。

湿陷性黄土地基的湿陷等级 **表 5.1-3**

湿陷类型		非自重湿陷性场地	自重湿陷性场地	
计算自重湿陷量 Δ_{zs}（cm）		$\Delta_{zs}\leqslant7$	$7<\Delta_{zs}\leqslant35$	$\Delta_{zs}>35$
总湿陷量 Δ_s（cm）	$5<\Delta_s\leqslant10$	Ⅰ（轻微）	Ⅰ（轻微）	Ⅱ（中等）
	$10<\Delta_s\leqslant30$		Ⅱ（中等）	
	$30<\Delta_s\leqslant70$	Ⅱ（中等）	Ⅱ（中等）或Ⅲ（严重）	Ⅲ（严重）
	$\Delta_s>70$	Ⅱ（中等）	Ⅲ（严重）	Ⅳ（很严重）

注：对 $7<\Delta_{zs}\leqslant35$、$30<\Delta_s\leqslant70$ 一档的划分，当湿陷量的计算值 $\Delta_s>60$cm，自重湿陷量的计算值 $\Delta_{zs}>30$cm 时，可判为Ⅲ级，其他情况可判为Ⅱ级。

4. 承载力的确定

湿陷性黄土地基承载力前已述及，与堆积时代、含水率、密度和塑性等因素有关，尤其是含水率有极大的影响。其承载能力可通过载荷试验确定，也可根据经验即根据土的物理、力学指标与载荷试验结果进行统计分析建立黄土地基承载力经验式：

湿陷性黄土承载力基本值 f_0（kPa）：

$$f_0=144.8+7.417\frac{w_L}{e}-8.035w \tag{5.1-5}$$

新近堆积黄土承载力基本值 f_0（kPa）：

$$f_0 = 175.3 - 46.4\frac{w}{w_L} - 47.19a \tag{5.1-6}$$

河谷阶地新近堆积黄土承载力基本值 f_0（kPa）：

$$f_0 = 44.67 + 44.41p_s \tag{5.1-7}$$

新近堆积黄土承载力基本值 f_0（kPa）：

$$f_0 = 58 + 2.9N_{10} \tag{5.1-8}$$

饱和黄土承载力基本值 f_0（kPa）：

$$f_0 = 219.4 - 132a_{1-2} - 27\frac{w}{w_L} \tag{5.1-9}$$

上述式（5.1-5）～式（5.1-9）中符号：

w——土的天然含水率；

w_L——土的液限含水率；

a——土的压缩系数，取50～150kPa或100～200kPa压力段的大值（MPa^{-1}）；

p_s——静力触探比贯入阻力；

N_{10}——轻便触探锤击数。

对于一般建筑物尚可查表确定（表5.1-4～表5.1-9）。

晚更新世（Q_3）、全新世（Q_4^1）湿陷性黄土承载力 f_0（kPa）　　**表5.1-4**

f_0 \ w（%） w_L（%）	≤13	16	19	22	25
22	180	170	150	130	110
25	190	180	160	140	120
28	210	190	170	150	130
31	230	210	190	170	150
34	250	230	210	190	170
37	—	250	230	210	190

注：对天然含水率小于塑限含水率的土，宜按塑限含水率确定土的承载力。

饱和黄土承载力基本值 f_0（kPa）　　**表5.1-5**

f_0 \ w/w_L a	0.8	0.9	1.0	1.1	1.2
0.1	186	180	—	—	—
0.2	175	170	165	—	—
0.3	160	155	150	145	—
0.4	145	140	135	130	125
0.5	130	125	120	115	110
0.6	118	115	110	105	100
0.7	106	100	95	90	85
0.8	—	90	85	80	75
0.9	—	—	75	70	65
1.0	—	—	—	—	55

注：当土的饱和度 S_r=70%～80%时，也可按此表查取承载力；表中 a 的单位为 MPa^{-1}。

在进行指标统计时，回归修正系数ψ_f按式（5.1-10）计算：

$$\psi_f = 1 - \left(\frac{2.884}{\sqrt{n}} + \frac{7.918}{n^2}\right)\delta \tag{5.1-10}$$

表5.1-5、表5.1-6中并列a及w/w_L两个指标，变异系数δ应取两个指标折算后的综合变异系数，其可按式（5.1-11）、式（5.1-12）计算：

$$\delta = \frac{\sigma}{\mu} \tag{5.1-11}$$

$$\delta = \delta_1 + \xi\delta_2 \tag{5.1-12}$$

式中 n——参加统计指标个数；

δ_1——a_{1-2}的变异系数；

δ_2——w/w_L的变异系数；

ξ——w/w_L的折算系数，对粉土$\xi=0$，对黏性土$\xi=0.1$；

σ——标准差，$\sigma = \sqrt{\frac{\sum_{i=1}^{n}\mu_i^2 - n\mu^2}{n-1}}$；

μ——土性指标平均值，$\mu = \frac{1}{n}\sum_{i=1}^{n}\mu_i$。

新近堆积黄土（Q_4^2）承载力基本值f_0（kPa） **表5.1-6**

f_0 \ w/w_L \ a	0.4	0.5	0.6	0.7	0.8	0.9
0.2	148	143	138	133	128	123
0.4	136	132	126	122	116	112
0.6	125	120	115	110	105	100
0.8	115	110	105	100	95	90
1.0	—	100	95	90	85	80
1.2	—	—	85	80	75	70
1.4	—	—	—	70	65	60

注：压缩系数a值可取50～150kPa或100～200kPa压力下的大值；a的单位为MPa^{-1}。

新近堆积黄土（Q_4^2）承载力基本值f_0（kPa） **表5.1-7**

比贯入阻力p_s（MPa）	0.3	0.7	1.1	1.5	1.9	2.3	2.8	3.3
f_0	55	75	92	108	124	140	161	182

新近堆积黄土（Q_4^2）承载力基本值f_0（kPa） **表5.1-8**

N_{10}（锤击数）	7	11	15	19	23	27
f_0	80	90	100	110	120	135

Q_2 黄土承载力标准值 f_k（kPa）　　表 5.1-9

d（m）	f_k	d（m）	f_k
1	380	30	810
5	400	40	960
10	510	60	1260
20	660		

注：1. d 为自 Q_2 黄土顶部第一层褐色土型古土壤算起的深度；

2. 本表仅适用于地下水位以上的 Q_2 黄土；

3. 由于建表时深度是主要考虑的因素，故不考虑宽度和深度修正，如设计上不另考虑其他因素，表列值即为设计值 f；

4. 中间值可用内插法求得。

当基础底面宽度 $b>3$m，或基础埋置深度 $d>1.5$m 时，地基承载力特征值 f_a 应按式（5.1-13）进行修正；当 $b<3$m 时，按 3m 计；$b>6$m 时按 6m 计；$d<1.5$m 时，按 1.5m 计。

$$f_a = f_{ak} + \eta_b\gamma(b-3) + \eta_d\gamma_m(d-1.50) \tag{5.1-13}$$

式中　f_a——修正后的承载力特征值（kPa）；

f_{ak}——相应于 $b=3$m 和 $d=1.50$m 的承载力特征值（kPa）；

γ、γ_m——分别为基础底面以下土的重度和以上的加权平均重度（kN/m^3）；

d——基础埋置深度（m），一般自室外地面标高算起；当填方在上部结构施工后完成时，应自天然地面标高算起；对于地下室，如采用箱形基础或筏形基础时，基础埋置深度可自室外地面标高算起；在其他情况下，应从室内地面标高算起；

η_b、η_d——分别为基础宽度和深度的地基承载力修正系数，可按基底下土的类别由表 5.1-10 查得。

基础宽度和埋置深度的地基承载力修正系数（η_b、η_d）　　表 5.1-10

土的类别	有关物理指标	η_b	η_d
Q_3、Q_4 湿陷性黄土	$w\leqslant24\%$	0.2	1.25
	$w>24\%$	0	1.10
饱和黄土	e 及 I_L 均小于 0.85	0.2	1.25
	e 或 I_L 均大于 0.85	0	1.10
	e 及 I_L 都不小于 1	0	1.00
新近堆积（Q_4^2）黄土	—	0	1.00

注：1. 只适用于 $I_P>10$ 的饱和黄土；

2. 饱和度 $S_r\geqslant80\%$ 的晚更新世（Q_3）、全新世（Q_4^1）黄土。

5. 桩侧摩阻力及负摩阻力问题

当湿陷性黄土地基采用桩基时，对非自重湿陷性黄土地基，按饱和状态下桩周土的侧摩阻力计算；对自重湿陷性黄土，则不计算湿陷性土层范围内的桩周正摩阻力，但应考虑桩周的负摩阻力。

自重湿陷性黄土受水浸湿后产生湿陷，从而使桩端支承在坚硬土层的桩身受到负摩阻力的作用，且随自重湿陷量的增长，负摩阻力逐渐增大，当整个湿陷性土层受水浸透后，负摩阻力达到峰值。负摩阻力的大小取决于自重湿陷量的大小和桩型，自重湿陷量大，负摩阻力也大；预制桩的负摩阻力大于其他类型的负摩阻力，灌注桩的负摩力最小；表面积大的方形截面桩负摩阻力要比圆形截面的桩大。

摩阻力可通过现场浸水桩载荷试验资料确定，如无试验资料，负摩阻力 F 可用式（5.1-14）估算：

$$F = L \cdot H \cdot f(\mathrm{kN}) \tag{5.1-14}$$

式中 L——桩的周长（m）；

H——负摩阻力计算深度（m），自桩平台底面起标至其下自重湿陷量 $\Delta_{zs}=7\mathrm{cm}$ 的土层顶面上；

f——单位面积负摩阻力（kPa），如缺乏资料，可参照表 5.1-11 选用。

桩侧平均负摩阻力特征值（kPa） **表 5.1-11**

自重湿陷量的实测值或计算值 Δ_{zs}（cm）	挖、钻孔灌注桩	打（压）入式预制桩
7～20	10	15
≥20	15	20

6. 湿陷起始压力的工程意义

在非自重湿陷性黄土地区，测定湿陷性起始压力在工程上是很有意义的。我们知道，非自重湿陷性黄土浸水后，在不同的压力作用下，土的湿陷系数是不同的，压力较小时，湿陷量较小，随着压力的增大，湿陷量逐渐增加，当超过某一值时，湿陷量急剧增大，土结构迅速明显破坏（地基失效）。湿陷起始压力 P_{sh} 即是当黄土在浸水条件下逐步受荷而导致土的结构开始破坏发生显著湿陷时的最小压力。它可据试验确定：现场载荷试验，在压力与浸水下沉量 P-S_s 曲线上，取转折点对应的压力作为 P_{sh}，如曲线上转折点不明显时，则取浸水下沉量 S_s 与承压板宽度 b 之比小于 0.015 所对应的压力作为 P_{sh}；室内压缩试验（双线法或单线法），则在 P-δ_s 曲线上取 $\delta_s=0.015$ 所对应的压力作为 P_{sh}。湿陷起始压力与土的成因、堆积年代、地貌特征和气候条件有一定的关系，因此各地的湿陷起始压力值也不同，即使在同一地区，由于土的密度、黏粒胶质含量、埋藏深度、天然湿度的增大而增大，也可随土中含盐量的性质、数量变化而变化。从上述讨论可知，P_{sh} 值标示着地基变形。因此应测定（现场及室内）湿陷起始压力 P_{sh0}，其在工程上的意义具体是：

（1）当建筑物荷载不大时，使建筑设计压力小于湿陷起始压力，则不按湿陷性黄土地基处理，即当非自重湿陷性黄土地基浸水后，虽有一定的湿陷量，但由于设计荷载未超过 P_{sh} 值，地基土未失效。

（2）同理，地基某一深度处，土所受的附加压力 P_z 及自重压力 P_{oz} 之和等于或小于 P_{sh} 值，亦不按湿陷性土对待。

（3）当土的饱和自重压力小于或等于湿陷起始压力时，可定为非自重湿陷性黄土，如土的饱和自重压力大于湿陷起始压力，则为自重湿陷性黄土。如已知 P_{sh} 值，则可通过与它们各自的上覆饱和自重压力比较，预测可能发生自重湿陷的层位。

7. 黄土地基变形验算

由于黄土的特殊性，地基变形亦有其特殊性，一是同一般土一样，存在压缩变形，另一是黄土特性产生的湿陷变形，这是两种不同性质的变形。对于湿陷性黄土，主要计算地基受水浸湿后的湿陷变形。对新近沉积黄土则需计算湿陷变形，也需计算压缩变形，但新近沉积黄土往往厚度不大，对一般建筑物，都需全部或部分进行地基处理。对于饱和黄土和其他非湿陷性黄土，则主要应考虑地基压缩变形。

黄土地基变形计算有规范建议的分层总和法、地基固结沉降计算法及利用变形模量 E_0 计算法。

地基规范法（分层总和法），计算精度取决于沉降计算经验系数 ψ_s（表 5.1-12）。根据大量黄土地区建筑沉降观测资料统计分析，得出 ψ_s 与 $\overline{E}_s$（地基土压缩模量的当量值）经验关系式（5.1-15）及图 5.1-1。

$$\lg \psi_s = 0.7857 - 1.042\lg \overline{E}_s \tag{5.1-15}$$

根据式（5.1-15）建表 5.1-12。

湿陷性黄土地基需要变形验算时，其变形计算和变形允许值，应符合现行国家标准《建筑地基基础设计规范》GB 50007 的有关规定，其中沉降计算经验系数可按表 5.1-12 取值。

地基沉降计算经验系数 ψ　　**表 5.1-12**

$\overline{E}_s$（MPa）	3.3	5.0	7.5	10.0	12.5	15.0	17.5	20.0
ψ_s	1.8	1.22	0.82	0.62	0.50	0.40	0.35	0.30

地基固结沉降公式计算，系采用室内高压固结试验绘制的 e-lg$P$ 曲线求得前期固结压力 P_c、压缩指数 C_c 及回弹指数 C_s 三个指标进行计算。这一计算方法较好地考虑了应力历史对土的压缩性影响，因而较接近实际，然而计算时应根据黄土所处的三种不同固结情况（正常固结、超固结、欠固结），分别用不同公式进行计算。据 11 栋建筑沉降观测资料与计算结果对比，其比值在 0.93～1.328 之间，对欠固结、正常固结的土，即较软弱和特别软弱的饱和黄土，比值近于 1；对超固结的饱和黄土，比值偏大，但大都在 1.2 以内。

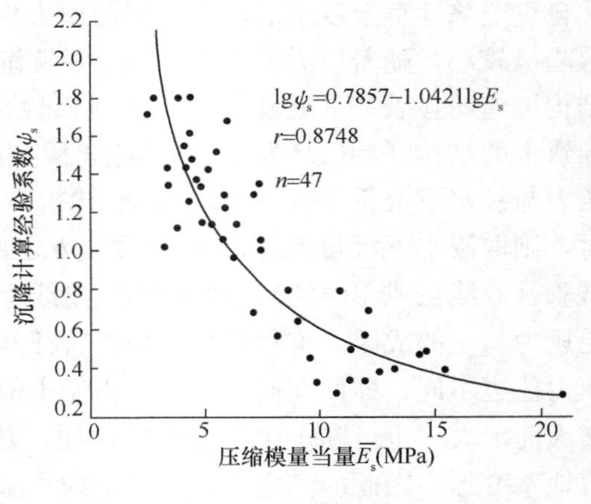

图 5.1-1　ψ_s 与 $\overline{E}_s$ 关系曲线

对饱和黄土地基上的高层建筑物的大基础沉降计算，可按三向应力作用和基础的刚度，计算应力则采用基底总压力和地基变形模量 E_0 的沉降计算公式：

$$S = P \cdot b \cdot M \cdot \sum_{i=1}^{n} \frac{K_i - K_{i-1}}{E_{0i}} \tag{5.1-16}$$

式中　S——最终沉降量（mm）；

P——基础底面处平均压力设计值（kPa）；

K_i——与 l/b 有关的无因次系数，可查表 5.1-13；

M——修正系数，可查表5.1-14获得；

b——基础底面宽度（m）；

E_{0i}——基础底面下第 i 层土按载荷试验求得的变形模量（MPa），如无载荷试验资料，可用式（5.1-17）换算获得：

$$E_0 = \alpha \cdot \overline{E}_s \tag{5.1-17}$$

式中　E_0——变形模量（MPa）；

$\overline{E}_s$——压缩模量当量值（MPa）；

α——比例系数，按式（5.1-18）计算，或查表5.1-15。

$$\alpha = 0.3855\overline{E}_s - 0.1503 \tag{5.1-18}$$

K_i　系　数　　**表5.1-13**

$m=\frac{2z}{b}$	圆形基础 $b=r$	矩形基础 $n=L/b$						条形基础 $n\geqslant10$
		1.0	1.4	1.8	2.4	3.2	5.0	
0.0	0.000	0.000	0.000	0.000	0.000	0.000	0.000	0.000
0.4	0.090	0.100	0.100	0.100	0.100	0.100	0.100	0.104
0.8	0.179	0.200	0.200	0.200	0.200	0.200	0.200	0.208
1.2	0.266	0.299	0.300	0.300	0.300	0.300	0.300	0.311
1.6	0.348	0.380	0.394	0.397	0.397	0.397	0.397	0.412
2.0	0.411	0.446	0.472	0.482	0.486	0.486	0.486	0.511
2.4	0.461	0.499	0.538	0.556	0.565	0.567	0.567	0.605
2.8	0.501	0.542	0.592	0.618	0.635	0.640	0.640	0.687
3.2	0.532	0.577	0.637	0.671	0.696	0.707	0.709	0.763
3.6	0.558	0.606	0.667	0.717	0.750	0.768	0.772	0.831
4.0	0.579	0.630	0.708	0.756	0.796	0.820	0.830	0.892
4.4	0.596	0.650	0.735	0.789	0.837	0.867	0.883	0.949
4.8	0.611	0.668	0.759	0.819	0.873	0.908	0.932	1.001
5.2	0.624	0.683	0.780	0.867	0.905	0.948	0.997	1.050
5.6	0.635	0.697	0.798	0.884	0.933	0.981	1.018	1.095
6.0	0.645	0.708	0.814	0.887	0.958	1.011	1.056	1.138
6.4	0.653	0.719	0.828	0.904	0.980	1.031	1.090	1.178
6.8	0.661	0.728	0.841	0.920	1.000	1.065	1.122	1.215
7.2	0.668	0.736	0.852	0.935	1.019	1.038	1.152	1.251
7.6	0.674	0.744	0.863	0.948	1.036	1.109	1.180	1.285
8.0	0.679	0.751	0.872	0.960	1.051	1.128	1.205	1.316
8.4	0.684	0.757	0.881	0.970	1.065	1.146	1.229	1.347
8.8	0.689	0.762	0.888	0.980	1.078	1.162	1.251	1.376
9.2	0.693	0.768	0.896	0.989	1.089	1.178	1.272	1.404
9.6	0.697	0.772	0.902	0.998	1.100	1.192	1.291	1.431
10.0	0.700	0.777	0.908	1.005	1.110	1.205	1.309	1.456
11.0	0.705	0.786	0.992	1.022	1.132	1.238	1.349	1.506
12.0	0.710	0.794	0.993	1.037	1.151	1.275	1.384	1.550

注：1. L 与 b 分别为矩形基础的长度与宽度；

2. z 为基础底面至该层土底面的距离；

3. r 为圆形基础的半径。

M 修 正 系 数　　**表5.1-14**

$m=2Z/b$	$0<m\leqslant0.5$	$0.5<m\leqslant1.0$	$1<m\leqslant2$	$2<m\leqslant3$	$3<m\leqslant5$
M	1.00	0.95	0.90	0.80	0.75

注：Z 为基础底面至计算层中点的距离（m）。

比例系数 α　　表 5.1-15

E_0（MPa）	3.0	5.0	7.5	10.0	12.5	15.0	20.0
$\alpha=E_0/\overline{E}_s$	1.0	1.6	2.6	3.6	4.6	5.6	7.6

8. 黄土地基动力特性

对需进行抗震设防的建筑物应提供土的动力特性指标，如动弹模量、阻尼比、动强度及震陷量等。但对于含水率很低、不受孔隙水压力影响和土质密实的黄土，可不考虑震陷，当无拉应力作用下其动强度可按静强度采用。当动应力与应变呈直线关系时，动模量也可取静模量值，阻尼比约为 0.5。

黄土地基遭受地震作用时，震陷量 Δ_d 可用式（5.1-19）计算：

$$\Delta_d=\sum_{i=1}^{n}\delta_{di}\cdot h_i \tag{5.1-19}$$

式中　h_i——第 i 层土的厚度（cm）；

δ_{di}——第 i 层土的震陷系数（%）。

震陷量 Δ_d 的计算应从基础底面算起至压缩层的下限，或至震陷系数 $\delta_d<0.5$ 止，δ_d 应从室内动三轴试验求得。试验土样应保持天然结构及含水率。

动应力 σ_d 可按式（5.1-20）计算：

$$\sigma_d=2\tau_d \tag{5.1-20}$$

式中　τ_d——地震动剪应力，可按式（5.1-21）计算：

$$\tau_d=0.65R\frac{a_{max}}{g}\gamma\cdot d_s \tag{5.1-21}$$

9. 湿陷性黄土地基处理原则

由于黄土的特殊工程特性，为避免造成不必要的经济损失，在湿陷性黄土地区进行工程建设时，首先必须严格按基建程序办事，查明黄土工程特性，根据其特点和工程要求，因地制宜，采取地基处理为主的综合措施，防止地基湿陷，从而保证建筑物的稳定和正常使用。

地基处理可采用消除地基的全部湿陷量措施，如采用桩基础等穿透全部湿陷性土层，也可采用部分消除湿陷量措施，如换土、夯实、挤密等；在建筑结构上，应减少建筑物不均匀沉降或使建筑结构适应地基变形，建筑平面布置力求简单，或用沉降缝分成若干体型简单的单元，用增设圈梁、构造柱等办法增强建筑上部结构的整体刚度。在地面做好防水措施，如排水沟、散水等防止雨水、生活水渗入，以及设置检漏管、沟、井等。常用的处理方法见表 5.1-16。

甲类建筑地基的湿陷变形和压缩变形不能满足设计要求时，应采取地基处理措施或将基础设置在非湿陷性土层或岩层上，或采用桩基础穿透全部湿陷性黄土层。采取地基处理措施时应符合下列规定：

（1）非自重湿陷性黄土场地，应将基础底面以下附加压力与上覆土的饱和自重压力之和大于湿陷起始压力的所有土层进行处理，或处理至地基压缩层的深度；

（2）自重湿陷性黄土场地，对一般湿陷性黄土地基，应将基础底面以下湿陷性黄土层全部处理。

乙类、丙类建筑应采取地基处理措施消除地基的部分湿陷量，当基础下湿陷性黄土层厚度较薄，经技术经济比较合理时，也可消除地基的全部湿陷量或将基础设置在非湿陷性土层或岩层上，或采川桩基础穿透全部湿陷性黄土层。

湿陷性黄土地基常用的处理方法 表 5.1-16

名称	适用范围	可处理的湿陷性黄土层厚度（m）
垫层法	地下水位以上，局部或整片处理	1～3
强夯法	地下水位以上，$S_r \leqslant 60\%$的湿陷性黄土，局部或整片处理	3～12
挤密法	地下水位以上，$S_r \leqslant 65\%$的湿陷性黄土	5～15
预浸水法	自重湿陷性黄土场地，地基湿陷等级为Ⅲ级或Ⅳ级，可消除地面下 6m 以下湿陷性黄土层的全部湿陷性	6m 以上，尚应采用垫层或其他方法处理
其他方法	经试验研究或工程实践证明行之有效	—

复习思考题

1. 何谓湿陷性土？它的工程特性是什么？
2. 湿陷性土湿陷程度划分的依据（原则）是什么？
3. 对湿陷性进行勘察时有何技术要求？
4. 对湿陷性土地基处理方法的选取依据什么原则？有哪些方法可以运用，这些方法分别可以达到哪些主要目的？
5. 湿陷性黄土的主要工程特性。
6. 湿陷性黄土岩土工程勘察的基本技术要求。
7. 黄土地基变形的特征，如何计算地基变形？
8. 黄土湿陷性评价及湿陷等级的划分。
9. 何谓湿陷起始压力？它在工程上有何意义？
10. 黄土地基处理原则。

第二节 软 土

一、概述

软土是具有特定含义的土类，是指沿海的滨海相、三角洲相、溺谷相、内陆河流相、湖泊相、沼泽相等，主要由细粒土组成的天然孔隙比大（$e \geqslant 1$）、天然含水率高（$w > w_L$）、压缩性高（$a_{1-2} > 0.5\text{MPa}^{-1}$，或 $a_{1-3} > 0.1\text{MPa}^{-1}$）、强度低（$C_u < 30\text{kPa}$），具有灵敏的结构性的土层。常为软塑到流塑状态，包括淤泥、淤泥质土、泥炭、泥炭质土等。软土的这一定义包含了软土的成因、沉积相及主要属性。因此对软土的判别（或定义）必须具备下列三个条件：

（1）外观以灰、灰黑色为主的细粒土；

（2）天然含水率 w 大于液限 w_L；

（3）天然孔隙比 $e \geqslant 1$。

从上述的定义可知，软土的形成沉积环境基本上是静水缺氧环境，含有机质、富含水而不易排出固结，以至反映在工程上的特性是承载能力低，地基变形量大，变形稳定历时时间长，且具有触变性及蠕变性，在较大地震作用下易出现震陷。软土层往往具有良好的层理，在互层中伴有少数较致密的、颗粒较粗的粉土或砂层，而成为软土层中的变异层，在地表也常有硬壳层存在，这些都是良好的，可供选择的持力层。

我国软土，据现掌握的资料看来，按其工程性质结合自然地质地理环境，大致可分为三个区域，即以沿秦岭走向向东至连云港以北的海边及沿苗岭、南岭走向向东至蒲田海边为分界线，所划分的北方地区（Ⅰ）、中部地区（Ⅱ）及南部地区（Ⅲ），见表5.2-1。这一分区可作为区划、规划和勘察的前期工作使用。

软土地区岩土工程勘察阶段一般分为初步勘察及详细勘察，必要时还应进行施工勘察。对于大型工程则应划分可行性研究勘察、初步勘察、详细勘察和施工勘察四个阶段。但如果建筑物性质和总平面布置已定的工程，也可只进行详细勘察。

中国软土主要分布地区工程地质区划特征　　**表5.2-1**

区别	海陆别	沉积相	土层埋深	物理力学指标（平均值）													
				天然含水率 w	重力密度 γ	孔隙比 e	饱和度 S_r	液限 w_L	塑限 w_P	塑性指数 I_P	液限指数 I_L	有机质含量	压缩系数 a_{1-2}	渗透系数垂直方向 k	抗剪强度（固块）		无侧限抗压强度 q_u
															内摩擦角 φ	黏聚力 C	
			m	%	kN/m³		%	%	%			%	MPa⁻¹	cm/s	°	MPa	MPa
北方地区Ⅰ	沿海	滨海	0～34	45	1.78	1.23	93	42	22	19	1.25	7.5	0.87	1.5×10^{-7}	10	0.015	0.035
		三角洲	5～9	40	1.79	1.11	97	35	19	16	1.35		0.67				
中部地区Ⅱ	沿海	滨海	2～32	52	1.71	1.41	98	46	24	24			1.04	3.7×10^{-8}	10	0.015	0.021
		泻湖	1～35	51	1.67	1.61	98	47	25	24	1.34	6.5	1.58	7.5×10^{-8}	12	0.005	0.054
		溺谷	1～25	58	1.63	1.74	95	52	31	26	1.90	11	1.63	2.0×10^{-7}	15	0.009	0.020
		三角洲	2～19	43	1.76	1.24	98	40	23	17	1.11		0.98	1.3×10^{-6}	17	0.006	0.038
	内陆	高原湖泊		77	1.54	1.93		70		28	1.28	18.4	1.60		6	0.012	
		平原湖泊		47	1.74	1.31		43	23	19		9.9		2.0×10^{-7}			
		河漫滩		47	1.75	1.22		39		17	1.44		0.87		6	0.011	
南方地区Ⅲ	沿海	滨海	0～9	61	1.63	1.65	95	53	27	26	1.94		1.30		11	0.010	
		三角洲	1～10	66	1.58	1.67		54	37	24			1.18				

拟建建筑物场地则视其工程地质条件的复杂程度划分三种类型：

（1）简单场地：地形平坦、地貌单一，无暗塘、暗沟，互层简单，土质均一，无不良地质现象，地下水对地基基础无不良影响。

（2）中等复杂场地：地形微起伏，地貌单元较单一，暗塘、暗沟较少，交互层较复杂，土质变化较大，地基主要受力层内硬层和基岩面起伏较大，不良地质现象较发育，地下水对地基基础可能有不良影响。

（3）复杂场地：地形起伏大，地貌单元较多，暗塘、暗沟较多，交互层复杂，土质变化大，地基主要受力层内硬壳层和基岩面起伏大，不良地质现象发育，存在液化和震陷，地下水对地基基础有不良的影响。

在运用上述条件对场地类型划分时应综合考虑，如遇有类别的过渡，则应以主要方面综合分析判定。

二、软土地区岩土工程勘察基本技术要求

总体来说，软土岩土工程勘察工作，应查明以下内容：

1. 成因类型、成层条件、分布规律、薄层理与夹层的特征、水平向和垂直向的均匀性（厚度、土性质）；

2. 地表硬壳层的分布与厚度、下伏硬土层或基岩的埋深和起伏；

3. 固结历史、应力水平和结构破坏对强度和变形的影响；

4. 微地貌形态和暗埋的塘、浜、沟、坑、穴的分布、埋深及填土的情况；

5. 开挖、回填、支护、工程降水、打桩、沉井等对软土应力状态、强度和压缩性的影响；

6. 当地的工程经验。

（一）可行性研究阶段

可行性研究阶段的岩土工程勘察任务是对拟选场址的稳定性和适宜性以及技术经济效益作出工程地质评价。通过收集和调查了解拟建地区及场地的地形地貌、构造、地层岩性、水文地质、地震、冻土和不良地质现象，当地建筑经验等，重点查明建筑场地不利的因素：

1. 有无古河道、暗塘、暗浜和沟谷，地基土的严重不均匀性（厚度、岩性）；

2. 有无斜坡或起伏大的浅埋基岩，分析存在滑坡的危险性；

3. 地震时能否发生地裂、地陷和液化；

4. 有无洪水和海潮或地下水的不良影响；

5. 地下有无未开采或正开采的矿藏、文物等。

拟建场地如已有资料的研究尚不能满足确定建筑场地要求，则应据需要进行工程地质测绘（调查）及必要的勘探工作。

（二）初步勘察阶段

初步勘察阶段的岩土工程勘察任务是对场地各建筑地段的稳定性作出评价，并为确定建筑总平面布置、主要建筑物地基基础工程方案及对不良地质现象的防治工程提供工程地质资料及依据。为此在初步勘察阶段应该：

1. 初步查明场地的地层、成因、层理特征及其物理、力学性质，地表硬壳层的分布、厚度，下卧硬层、基岩的埋藏条件与起伏及其物理、力学性质，为寻找合适持力层提供依据；

2. 初步查明场地微地貌形态、堆填土的分布范围和埋深；

3. 初步查明场地水文地质条件，冻结深度。调查地下水类型与地表水的水力联系、补给和排泄条件，地下水位的变化幅度，如需绘制地下水等水位线图时，应统一量测地下水位。采取有代表性的水试样进行腐蚀性分析和评价，一般地区不少于 2 处取样点，有污染源的地区，则可多取样；

4. 初步查明场地不良地质现象（如古河道、暗浜、暗塘、暗沟、地下坑穴等）的分布范围，它们对场地稳定性的影响程度及发展趋势；

5. 对地震烈度为 7 度及 7 度以上的建筑场地，判定场地的地震效应；

6. 初步查明环境地质对建筑场地的影响。

为使工作有明确的针对性，在开展工作之前，应获取拟建建筑工程性质、规模、规划布置的初步设想，场地范围的地形图（1∶2000～1∶500），地下管、线的现状以及已有资料（包含可行性研究资料）和建筑经验。

初步勘察阶段工作应在分析已有资料或工程地质调查（测绘）的基础上进行。勘探线应垂直地貌单元界线、地层界线布置，在海边则垂直海岸线布置，勘探点可沿勘探线布置，在每个地貌单元和地貌单元交界部位均应有勘探点，在微地貌和地层变化较大地段应适当加密勘探点。在地形较平坦的地区，勘探线、点可按方格网布置。勘探点间距及深度参照本章第一节。

（三）详细勘察阶段

详细勘察阶段岩土工程勘察的任务是对建筑地基作出岩土工程评价，并为地基基础设计、地基处理提供岩土工程参数、方案的论证和建议。为此，在详细勘察阶段应当：

1. 查明建筑物范围内的地层结构及其物理、力学性质，软土的固结历史、强度和变形特征，并对地基的稳定性（强度及变形）以及承载能力作出评价。对建筑范围内的暗塘、暗沟等，应查明其范围、深度、填埋时间、填筑的材料及其工程性质；

2. 查明地下水的埋藏条件、腐蚀性和地层的渗透性；

3. 判定地基及地下水在建筑施工（开挖、回填、打桩等）和使用过程中可能产生的变化和影响，并提出防治方案和建议；

4. 提供地基变形计算参数，必要时应对基础沉降变形进行计算；

5. 提供深基坑开挖后基坑边坡稳定性计算所需参数和支护方案，对基坑开挖、井点降水对相邻建筑物的影响作出分析和评价。

详细勘察工作应在初步勘察工作基础上进行。

（四）施工勘察阶段

施工阶段进行岩土工程勘察主要是针对施工中发现的问题进一步核实和处理，一般遇到下列情况之一时才进行：

1. 基坑（槽）开挖后，地质条件与勘察成果有差异，并可能影响工程质量；

2. 深基础施工设计及施工中需进行有关地基监测工作，如坑底土层回弹、基坑边坡土体的侧向位移，降水引起的附加沉降、位移、开裂，建筑每加一层或每增加一次荷载引起的沉降，以及打桩引起的土的侧向位移，孔隙水压力的变化，对周围邻近建筑物或周围环境的影响等；

3. 地基处理、加固时，需进行设计和检验；

4. 对已掩埋的塘、浜、沟、谷等位置需进一步查明和处理；

5. 预计施工时，对土坡稳定性需进行监测和处理。

（五）测试技术要求

1. 室内试验

试验项目应据工程性质、基础类型、设计要求和土质特性等因素综合确定。按现行《土工试验方法标准》GB/T 50123—2019 执行，并应满足以下要求：

① 土粒相对密度，对甲级建筑物应采用比重瓶法现场测定，对乙、丙级建筑物可按本地区经验或表 5.2-2 参照采用。

土粒相对密度经验值 表 5.2-2

塑性指数 I_P	土粒相对密度	塑性指数 I_P	土粒相对密度
<6	2.69	17.1～20	2.73
6.1～10	2.70	20.1～24	2.74
10.1～14	2.71	>24	2.75
14.1～17	2.72		

注：本表对有机质含量>10%的土不适用。

② 土的化学分析主要应测定 pH、氯化物、硫酸盐和碳酸盐等成分含量，以评价对金属和混凝土的腐蚀性及防护。

③ 常规固结试验，对于一级建筑等级其最后一级压力，应依建筑物的附加压力和土的自重压力来选定。对于二、三级建筑等级其最后一级压力，不应超过 400kPa。

④ 固结系数 C_v、前期固结压力 P_c 试验采用的最后一级垂直荷载、加荷级数及稳定标准应按土质特性、上覆压力和建筑物性质来确定。固结系数测定应包含垂向（C_v）和水平向（C_h），压力范围可采用在土的自重压力至自重压力与附加压力之和的压力范围选定。

⑤ 静弹性模量可在应力控制式三轴压缩仪，在侧压力 $\sigma_2=\sigma_3$ 的围压固结条件下，采用轴向反复加、卸荷方法确定，但垂向压力的施加应模拟实际加、卸荷的压力状态；而动力特性试验，施加动荷的波形、频率、振幅、持续时间、土样的固结应力和破坏标准，以及操作方法和成果整理等，都必须先编制能满足工程需要的试验方案设计。

⑥ 抗剪强度应考虑地基土应力状态的变化（如加荷速率、排水条件等），选用适宜的方法。对甲级建筑物应采用不固结不排水三轴剪切试验，对其他等级建筑物可采用直剪试验。对加荷或减荷快的工程，应做快剪。对土体可能发生大应变的工程则应测定残余抗剪强度。进行固结快剪的试验样（厚 2cm）的固结时间不得少于 2h，如果土质极软弱时，垂直荷载应适当减小，以试样在剪切盒内不发生加荷挤出为宜。

⑦ 有特殊要求时，对软土应进行蠕变试验，测定土的长期强度。当研究土对动荷载的反应特性时，可进行动扭剪、动单剪及动三轴试验。

⑧ 为判定土的结构性，应进行现场十字板剪切试验，也可采用无侧限抗压强度的试验方法。

2. 在软土区进行岩土工程勘察应增加原位测试工作量，在布置时应综合考虑与钻探、室内试验的配合和对比，以提高勘察质量。原位测试成果的使用应考虑地区性及经验性。原位测试方法的选用应根据土层情况、设计参数的要求以及建筑物等因素综合考虑。

① 静力触探是软土地区十分有效的原位测试方法，用其成果可评价土的强度和变形指标，但应结合当地经验取值。如用静力触探曲线进行地基土分层时，则应综合考虑土的类别、成因和地下水条件等因素。

② 利用十字板剪切试验测定软土的抗剪强度，对重荷载的大型建筑，则应测定残余强度并计算灵敏度。

③ 标准贯入试验对软土不适用。但适用于评价砂土、粉土、黏性土的承载力，砂土的密实度，土的均匀性及定性地划分不同性质的土层。

④ 用载荷试验确定地基承载力时，承压板面积不小于 0.5m²，承载力基本值的选用，应根据压力和沉降、沉降与时间关系曲线确定，载荷试验首级荷载应从试坑底面以上的自

重荷载开始。

⑤ 测定场地土的动力参数可采用弹性波速单孔法测试。测点间距可采用1～1.5m，当地层复杂时，可采用跨孔法，孔间距为4～5m，并应测量孔斜。

⑥ 旁压试验宜采用自钻式旁压仪。同时依据仪器设备和土质条件，选择适当的钻头、转速、进速、泥浆压力和流量、刃口的距离等，以确定最佳自钻方式。

三、岩土工程分析与评价

由于软土所具有的特殊工程性质，因此在进行岩土工程分析与评价时应立足于软土特性的影响和作用：

1. 应注意分析与评价软土地基的均匀性（分布、厚度、强度及压缩性或者是直接反映的承载力及沉降的均匀性）。尤其应注意边坡的稳定性，当建筑物离池塘、河岸、边坡较近时，应判定软土侧向塑性挤出或滑移产生的危险程度。

2. 选择合适的持力层，并应对可能的基础方案进行技术经济论证，尽可能利用地表硬壳层。对于软土的承载力的确定应根据室内试验、原位测试和当地经验，并结合以下因素以变形控制的原则作出综合评价：

① 软土的成层条件、应力历史、结构性、灵敏度等力学特性和排水条件；

② 上部结构的类型、刚度、荷载性质和分布，对不均匀沉降的敏感性；

③ 基础的类型、尺寸、埋深及刚度等；

④ 施工方法和程序；

⑤ 对采用预压排水的地基，应考虑软土固结排水强度的增长。

3. 软土地基的最终沉降量采用分层总和法乘以经验修正系数求得，或结合当地经验参照有关公式计算。上海地区沉降计算经验系数的选取是：当基础底面附加压力 $P_0 \leqslant$ 40kPa时取0.7；当 $P_0=60$kPa时，取1.0；$P_0=80$kPa时，取1.2；当 $P_0>100$kPa时，取1.3；中间值可内插，对于甲级建筑物可采用软土的应力历史（前期固结压力）的沉降计算方法。

当设计采用的承载力接近设计值时，应提出建筑施工的加荷速率和限额，以避免局部性的塑性变形，甚至整体的剪切破坏。对于荷重差异较大的建筑，宜先建重、高的部分，后建轻、低部分。同时还应考虑上部结构与地基的共同作用，采取必要的结构措施，以减少地基的不均匀沉降，防止建筑物因过大差异沉降导致开裂和损坏。

4. 对地下水的评价应注意以下几方面，并提供相应的有关指标参数：

① 地下水位以下的各类工程结构物，应评价地下水对混凝土及金属材料的腐蚀性；

② 应考虑和评价地下水的浮托作用，尤其应预测水位最大变化幅度范围内上浮的可能性，地下水抽降以后的水位回升可能引起的附加浮托力等；

③ 由于工程施工降水或大量抽取地下水，在地下水位下降的影响范围内，则应评价可能引起的土体变形或大面积地面沉降及其对工程的危害；

④ 施工抽水过程中可能产生的水头差，应评价产生潜蚀、流砂、涌土的影响；

⑤ 当基坑下部存在承压水层时，应评价承压水水头对基坑稳定性的影响。

5. 地基处理

软土地基处理方法很多，应针对实际情况具体选用。常用的有效方法是：

① 对暗塘、暗浜、暗沟、坑穴、古河道等，当范围不大时，一般采用基础埋深或换垫处理；当宽度不大时，一般采用基础梁跨越处理；当范围较大时，一般采用短桩处理；

② 对表层或浅层不均匀地基可采用机械碾压法、夯实法等处理；

③ 浅层软土地基可采用换土垫层等方法处理，或采用垫层法；

④ 厚层软土地基可采用堆载预压方法，即砂井、袋装砂井或塑料排水板堆载预压法，也可采用真空预压法。预压荷载应略大于设计荷载，预压时间、分级和速率应据建筑物的要求和对周围建筑物的影响，以及软土的固结情况而定；

⑤ 对荷载大，沉降限制严格的建筑物，宜采用桩基，可有效减小沉降量和差异沉降量。

除上述以外，软土地基还可以采用砂桩、碎石桩、石灰桩、灰土桩和水泥旋喷桩处理，但设计参数应通过试验确定。

6. 基坑施工降水可采用重力排水或集中坑、井点和深井等降水方法。可以根据地层透水性和需要降低水位的深度，按表 5.2-3 确定；也可按不同的支护方法和从基坑内或从基坑外的降水要求确定；还可按保证相邻建筑物的完整性和开挖区侧壁、底面稳定性确定。

各类井点适用条件 **表 5.2-3**

井点类型	土层渗透系数（cm/s）	降低水位深度（m）
电渗法	$1.0\times10^{-6}\sim5.0\times10^{-5}$	据选用的井点确定
单（多）层轻型井点	$1.0\times10^{-4}\sim5.0\times10^{-2}$	3～6（6～12）
喷射井点	$1.0\times10^{-4}\sim5.0\times10^{-2}$	3～20
深井井点	$5.0\times10^{-2}\sim2.5\times10^{-1}$	＞15

复习思考题

1. 软土岩土工程勘察的基本技术要求。
2. 软土承载力的确定原则是什么？这个原则是依据什么提出来的？
3. 软土的前期固结压力值在软土岩土工程评价中有什么意义？
4. 软土地区沉降计算方法。
5. 在软土区进行岩土工程勘察时，对室内土工试验有什么要求？
6. 为什么标准贯入试验对软土不适用？
7. 软土地基处理有哪些行之有效的方法，这些方法需要提供些什么设计参数？这些方法的基本原理是什么？设计原则是什么？如何进行质量监控？

第三节 填 土

一、概述

填土系指由人类活动而堆填的土，据物质组成和堆积方式可分为：

素填土：由碎石土、砂土、粉土和黏性土等一种或几种材料组成，不含杂物或含杂物很少。按主要物质组成又可分为碎石填土、砂性素填土、粉性素填土、黏性素填土等。如在堆填过程中经分层压实，则称为压实填土。如果控制施工质量，符合工程要求的填土则称为质控填土。

杂填土：含有大量建筑垃圾、工业废料或生活垃圾等杂物。根据其主要组成物质分为建筑垃圾土、工业废料垃圾土、生活垃圾土等。

冲填土：由水力冲填泥砂形成。

压实填土：按一定标准控制材料成分、密度、含水率、分层压实或夯实而成。

填土分布广泛，厚度不一，成分复杂、多年来一直认为填土不宜作天然地基，因此工程建设中往往采用挖除、换填等处理方法，这样不仅延误了工期，也增加了工程建设投资，清除的填土还需另找场地堆放。实践证明，对填土，只要掌握了它的特点、性能、厚度和分布，有的可以作天然地基，有的加以适当处理仍可以作持力层的。例如桂林市中医院高干病房及中国银行桂林支行办公楼场地，填土层厚达 6～8m，清除困难，采用桩基则经济造价高，后采用碎石、砂桩挤密，提高了填土的承载能力，满足了工程建设要求，保证了工期，节约了工程造价。有些地方地基基础规范明确规定，应根据工程情况及压实填土进行质量检验，不检验者或质量不合格者，不应作为建筑地基。

二、填土岩土工程勘察技术要求

1. 填土是人类活动而堆填的，所以一般应通过调查、访问了解填土来源、堆积的年限、堆填的方法，特别是收集场地及其邻近已有地形图，分析对比场地地形地物的变迁，从而帮助我们初步掌握填土的分布范围、性质、厚度等资料，为进一步工作打好基础。

2. 填土一般均有不均匀性、松散性及湿陷性（压实填土除外），从而对建筑物产生不利的影响，因此应重点查明这些特性以及与此有关的分布、厚度、物质成分、颗粒级配及填土的物理、力学性质。

3. 在填土中往往有上层滞水存在，且往往由于填土成分复杂，或附近生活、工业废水的排放等影响，因此应查明填土中地下水类型及其与相邻地表水体或地下水的水力联系，评价水对混凝土、钢材的腐蚀性。

4. 对冲填土，应了解其排水条件及固结状态。

5. 为查明填土层的分布及暗埋的塘、浜、沟、坑的范围，应在第二章规定基础上加密勘探点，以追索并圈定它们的范围，勘探点深度应穿过填土层，勘察方法则应视填土的性质确定，一般对粉土、黏性素填土，可采用轻型钻具；对含较多粗粒成分的杂填土可采用静探、钻探相结合的方法。

6. 测试工作以原位测试为主：

（1）为查明填土的均匀性和密实度可采用触探试验，辅以室内试验；

（2）为查明填土的压缩性、湿陷性可采用室内压缩试验或现场载荷试验；

（3）为查明杂填土密度，可采用大容积法测定；

（4）对压实填土，在压实前应测定填料的最优含水率和最大干密度，压实以后应测定其压实系数；

（5）对粉土、黏性素填土可选用轻便触探进行测试；

（6）对冲填土、黏性素填土可选用静力触探进行测试；

（7）对粗粒填土，则可选用动力触探进行测试。

应指出的是，在过去由于对填土注意和研究不够，经验不多，数据不足，有待积累。

三、填土的岩土工程分析与评价

对填土的岩土工程分析与评价，除了考虑填土的特性外，尚应考虑建筑物的重要性、结构的特点，地区建筑经验及有关规定，把它们有机地结合起来，孤立的按土性进行分析与评价是不足取的。

1. 分析、评价填土地基均匀性、压缩性和密实度

填土地基的均匀性、压缩性及密实度与填土的物质成分、分布特征、堆积年代有密切关系，因此在分析、评价时，必须阐明填土成分、分布及堆积年代，在此基础上分析，评价其均匀性、压缩性及密实度，必要时应按厚度、强度和变形特征进行分区评价。

2. 分析、评价填土堆积时间与组成物的关系

对于堆积年限较长的素填土、冲填土及由性能稳定的工业废料和建筑垃圾组成的杂填土，当较均匀和较密实时，可考虑作为天然地基。由有机质含量较多的生活垃圾和对基础有腐蚀性的工业废料组成的杂填土，则不宜作为天然地基。

3. 对于填土地基承载力可按有关规定（经验）确定外，还应考虑当地建筑经验。

4. 当填土底面天然坡度大于20%时，应验算其稳定性。

5. 对于压实填土，如作为地基，在平整场地以前，必须根据工程结构类型要求、填料性能以及现场条件，提出压实填土地基质量要求，未经检验或检验不合格者，不能作为天然地基。压实填土地基质量控制见表5.3-1，承载力应据试验确定，如无试验数据亦可据当地经验，参照表5.3-2。

压实填土地基质量控制　　　　**表5.3-1**

结构类型	填土部位	压实系数 λ_C	控制含水率（%）
砌体承重结构和框架结构	在地基主要受力层范围内	>0.96	$w_{op}\pm2$
	在地基主要受力层范围以下	0.93～0.96	
简支结构和排架结构	在地基主要受力层范围内	0.94～0.97	
	在地基主要受力层范围以下	0.91～0.93	

注：压实系数 λ_C 为土的控制干密度与最大干密度的比值；w_{op}为最优含水率。

压实填土地基承载力和边坡度允许值　　　　**表5.3-2**

填　土　类　别	压实系数 λ_C	承载力标准值 f_k（kPa）	边坡坡度允许值（高宽比）	
			坡高在8m以内	坡高8～15m
碎石、卵石	0.94～0.97	200～300	1∶1.50～1∶1.25	1∶1.75～1∶1.50
砂夹石（其中碎石、卵石占全重30%～50%）		200～250	1∶1.50～1∶1.25	1∶1.75～1∶1.50
土夹石（其中碎石、卵石占全重30%～50%）		150～200	1∶1.50～1∶1.25	1∶2.00～1∶1.50
黏性土（$10<I_P<14$）		130～180	1∶1.75～1∶1.50	1∶2.25～1∶1.75

当填土为黏性土或砂土时，最大干密度可采用击实试验确定，如无试验资料，可按式（5.3-1）计算：

$$\rho_{max}=\eta\frac{\rho_w d_s}{1+0.1w_{op}d_s} \tag{5.3-1}$$

式中　η——经验系数，对黏土可取0.95，粉土取0.97，粉质黏土取0.96；

ρ_w——水的密度；

d_s——土粒相对密度（比重）；

w_{op}——最优含水率（%）。

除此以外，尚有其他地区等地填土地基承载力经验值，在此不一一列表，可参见《工程地质手册》（第五版）。

6. 利用填土作为天然地基时，建筑及结构应采取一定的措施，提高和改善建筑物对填土地基不均匀沉降的适应能力，如建筑物长度不宜过长，平面规则，长高比不超过2，加宽散水，做好排水，加设基础圈梁，以及选择适宜基础形式，加强刚度等。

7. 对于填土地基的加固处理方法的选择，应从加固效果、经济费用、工程周期、环境影响以及地区经验等综合比较确定。处理后并应按有关规定进行质量检验。

复习思考题

1. 填土的工程特性有哪些？它对工程建设有什么影响？
2. 对填土进行岩土工程勘察其主要任务及技术要求是什么？
3. 对填土地基进行加固处理，选择其方法应依据什么原则？

第四节　膨胀土（岩）

一、概述

膨胀土（岩）可以定义为：含有大量亲水矿物，湿度变化时体积有较大变化，变形受约束时产生较大内应力的（岩）土。这一定义包含了三个方面的内容：

1. 控制膨胀土（岩）胀缩势能大小的物质成分主要是土中蒙脱石含量、离子交换容量以及小于2μ黏粒含量。这些物质成分本身具有亲水特性。

2. 除了亲水性外，物质本身的结构构造亦是重要方面，试验证明，膨胀土的微观结构属面-面叠聚体，它的团粒结构具有更大的吸水膨胀和失水收缩能力，膨胀和收缩是膨胀土同时具有的两种变形特性，即吸水膨胀，失水收缩，再吸水再膨胀和再失水再收缩的胀缩变形的可逆性。

3. 黏性土都具有膨胀收缩特性，问题在于这些特性对工程建筑安全的影响程度，只有当胀缩性能达到足以危害建筑物安全使用，需进行特殊处理时，才能按膨胀土（岩）地基进行设计、施工和维护。

《建筑岩土工程勘察基本术语标准》JGJ/T 84—2015将膨胀土定义为：吸水膨胀、失水收缩、胀缩变形明显的高塑性土。

膨胀土的工程地质特征，据研究及工程实践主要表现在以下几个方面：

1. 地貌特征：多分布在二级及二级以上阶地、山前丘陵和盆地边缘，个别分布在一级阶地上。常呈垄岗-丘陵与浅而宽的沟谷，地形平缓，一般坡度小于12°，无明显的自然陡坎。在水流冲刷作用下的水渠、水沟，常易发生崩塌、滑动而淤塞。

2. 结构特征：多呈坚硬—硬塑状态，呈菱形，土块愈小，胀缩性愈强。土内分布有裂隙，斜交剪切裂隙越发育，胀缩性越严重；膨胀土多为细腻的胶粒组成，断口光滑，土内常含钙质结核或铁锰结核，呈零星分布，有时也富集成层。

3. 分布在沟谷头部、岸边及路堑边坡上的膨胀土常具有胀缩性，棱形土块易出现浅层滑坡，新开挖的边坡，在旱季常发生剥落现象，在雨季则发生表层滑坡。膨胀土分布区，旱季产生地裂，长可达数十至百米，深数米，而雨季则闭合。

4. 地下水多为上层滞水或裂隙水，无统一水位，水位随季节变化而变化，常引起地基的不均匀胀缩变形。

表 5.4-1 和表 5.4-2 是膨胀土、膨胀岩的工程分类。

由于膨胀土（岩）的特殊工程特性，以及对工程建设的影响，因此，在进行岩土工程勘察时，首先应初步判定场地是否属膨胀岩土，以便正确进行勘察工作。岩土的初步判断，目前无统一指标，大多采用综合判别的方法。《岩土工程勘察规范》GB 50021—2001（2009 年版）中依据地形地貌、岩土外观特征及自由膨胀率进行判定的方法：

1. 膨胀土

① 多分布在二级或二级以上阶地、山前丘陵和盆地边缘；

② 地形平缓，无明显自然陡坎；

③ 常见浅层滑坡、地裂，新开挖的路堑、边坡、基槽易发生坍塌；

④ 裂缝发育，方向不规则，常有光滑面和擦痕，裂缝中常充填灰白、灰绿色黏土；

⑤ 干时坚硬，遇水软化，自然条件下呈坚硬或硬塑状态；

⑥ 自由膨胀率一般大于 40%；

⑦ 未经处理的建筑物成群破坏，低层较多层严重，刚性结构较柔性结构严重；

⑧ 建筑物开裂多发生在干旱季节，裂缝宽度随季节而变化。

2. 膨胀岩

① 多见于黏土岩、泥岩、泥质砂岩；伊利石含量大于 20%。

② 具有上述膨胀土的特征。

膨胀土的工程地质类型　　**表 5.4-1**

类型	岩性	孔隙比 e	液限 w_L（%）	δ_{fs}（%）	P_P（kPa）	e_{SL}（%）	分布地区
Ⅰ（湖相）	1. 黏土、黏土岩：灰白、灰绿色为主，灰黄、褐色次之	0.54～0.84	40～59	40～90	70～310	0.7～5.8	平顶山、邯郸、宁明、个旧、鸡街、襄樊、蒙自、曲靖、昭通
	2. 黏土：灰色及灰黄色	0.92～1.29	58～80	56～100	30～150	4.1～13.2	
	3. 粉质黏土；泥质粉细砂、泥灰岩，灰黄色	0.59～0.89	31～48	35～50	20～134	0.2～6.0	郧县、荆门、枝江、安康、汉中、临沂、成都、合肥、南宁
Ⅱ（河相）	1. 黏土：褐黄、灰褐色	0.58～0.89	38～54	40～77	53～204	1.8～8.2	
	2. 粉质黏土：褐黄、灰白色	0.53～0.81	30～40	35～53	40～100	1.0～3.6	
Ⅲ（滨海相）	1. 粉质黏土：灰白、灰黄色，层理发育，有垂向裂隙，含砂	0.65～1.30	42～56	40～52	10～67	1.6～4.8	湛江、海口
	2. 黏土：灰色、灰白色	0.62～1.41	32～39	22～34	0～22	2.4～6.4	

续表

类型		岩性	孔隙比 e	液限 w_L（%）	δ_{fs}（%）	P_P（kPa）	e_{SL}（%）	分布地区
Ⅳ残积相	碳酸岩石地区	1. 下部黏土：褐黄、棕黄色	0.87～1.35	51～86	30～75	14～100	1.2～7.3	广西：柳州、来宾
		2. 上部黏土：棕红、褐色等色	0.82～1.34	47～72	25～49	13～60	1.1～3.8	云南：昆明、砚山
	老第三系地区	1. 黏土：黏土岩、页岩、泥岩，灰、棕红、褐色	0.50～0.75	35～49	42～66	25～40	1.1～5.0	云南：开远；广东；宁夏：中宁盐池；新疆：哈密
		2. 粉质黏土：泥质砂岩及砂质页岩等	0.42～0.74	24～37	35～43	13～180	0.6～2.3	
	火山灰地区	黏土：褐红夹黄，灰黑色	0.81～1.00	51～58	81～126	—	2.0～4.0	海南：儋县

膨胀岩的分类　　**表 5.4-2**

指　　标	典型的膨胀性软岩	一般的膨胀性软岩	指　　标	典型的膨胀性软岩	一般的膨胀性软岩
蒙脱石含量（%）	≥50	≥10	体积膨胀量（%）	≥3	≥2
单轴抗压强度（MPa）	≤5	>5，≤30	自由膨胀率（%）	≥30	≥25
软化系数	≤0.5	0.6	围岩强度比	≤1	≤2
膨胀压力（MPa）	≥0.15	≥0.10	小于 2μ 的黏粒含量（%）	>30	>15

二、膨胀土（岩）岩土工程勘察基本技术要求

（一）场地类别的划分

据大量工程实践资料，膨胀土（岩）分布地段地貌形态不一，岩土工程问题的复杂性也不一，因而将建筑场地分为“平坦”和“坡地”两种类型的场地，凡属于下列情况之一，则应划分平坦场地：

1. 地形坡度小于 5°，且同一建筑物范围内局部高差不超过 1m；

2. 地形坡度大于 5°，小于 14°，与坡肩水平距离大于 10m 的坡顶地带。

凡不符合上述条件的均为坡地场地。

（二）各勘察阶段基本技术要求

勘察阶段的划分应同样与设计阶段相适应，分为选择场地勘察、初步勘察和详细勘察三个阶段。对场地面积不大、地质条件简单或有建设经验的场地，可简化勘察阶段，但应达到详细勘察要求。如地质条件复杂或有成群建筑物破坏的地区，必要时还应进行专门性勘察工作。

1. 选择场地勘察应以工程地质调查为主，辅以少量坑探或必要的钻探工作，了解地层分布，采取适量扰动土样，测定自由膨胀率，初步判定场地内有无膨胀土分布，对拟选

场地的稳定性和适宜性作出评价。

工程地质调查、测绘应着重以下内容：

① 初步查明膨胀土（岩）的地质时代、成因和岩性、产状分布、颜色、节理、裂缝等外观特征；

② 划分地貌单元，了解地形形态；

③ 查明场地内有无浅层滑坡、地裂、冲沟和隐伏岩溶等不良地质现象；

④ 调查地表水的排泄积聚情况，地下水类型，多年水位和变化幅度；

⑤ 收集当地多年气象资料（包括降水量、蒸发力、气温、地温、干湿季节、干旱持续时间等），了解其变化特点；

⑥ 调查当地建设经验，分析建筑物损坏原因。

2. 初步勘察阶段应确定膨胀土（岩）的膨胀性，对场地稳定性和工程地质条件作出评价，为确定建筑总平面布置、主要建筑物地基基础方案及对不良地质现象的防治方案提供工程地质资料。其主要工作应包括下列内容：

① 工程地质条件复杂并且已有资料不符合要求时，应进行工程地质测绘，所用的比例尺可采用 1：5000～1：1000；

② 查明场地内不良地质现象的成因、分布范围和危害程度，预估地下水位季节性变化幅度和对地基土的影响；

③ 采取原状土样进行室内基本物理性质试验、收缩试验、膨胀力试验和 50kPa 压力下的膨胀率试验，初步查明场地内膨胀土的物理力学性质。

3. 详细勘察阶段

应详细查明建筑物的地基土（岩）层及其物理力学性质，确定其胀缩等级，为地基基础设计、地基处理、边坡保护和不良地质地段的治理，提供详细的岩土工程资料。

4. 野外勘探及试验工作，由于膨胀土（岩）的特殊性，勘探点数量应比非膨胀土（岩）地区适当增加，在地貌单元边界附近及典型地貌地段均应布勘探孔。详细勘察阶段，每栋主要建筑物不应少于 3 个取土勘探点。技术孔应据建筑物类别、地貌单元及地基土（岩）胀缩等级分布布置，其数量不应少于勘探点总数的 1/2。

勘探孔深度，除应考虑基础埋深及附近荷载影响外，尚应超过大气影响深度。据我国膨胀土地区多年现场观测，平坦场地的大气影响深度一般在 5m 以内，地面 5m 以下土的含水率受气候影响较小，因此勘探孔深度一般不得少于 5m，控制孔不得少于 8m。

大气影响深度范围内是膨胀土的活动带，在大气影响深度范围内，每个控制孔均应采集Ⅰ级或Ⅱ级试样。取样从地表下 1m 开始，取样间距不得大于 1m；土层有明显变化处，应加取土样；在大气影响深度以下，可 1.5～2.0m 间隔取样。对一般孔，在 5m 深度内可取Ⅲ级样，测定天然含水率。

重要的和有特殊要求的建筑场地，必要时应进行现场浸水载荷试验，进一步确定地基土的膨胀性能及其承载力。

室内试验除应满足第二章各类建（构）筑物岩土工程评价要求外，还必须测定：

① 自由膨胀率；

② 一定压力下的膨胀率；

③ 收缩系数；

④ 膨胀力；

⑤ 对洞室还应绘制膨胀率与时间曲线及一定压力下膨胀率与膨胀力的关系曲线。

除上述外，尚可进行黏粒含量、黏土矿物成分、自由膨胀法和等容膨胀法的膨胀力测定。对重要的和有特殊要求的工程场地，必要时应进行现场浸水载荷试验、剪切试验或旁压试验。对膨胀岩应进行黏土矿物成分、体膨胀量和无侧限抗压强度试验。对各向异性的膨胀岩土，应测定不同方向的膨胀率、膨胀力和收缩系数。

膨胀岩土的黏土矿物成分主要是次生黏土矿物如蒙脱石（微晶高岭土）和伊利石（水云母），其具有较好的亲水性，土中含有上述黏土矿物的多少，直接决定了膨胀岩土膨胀性的大小。化学成分是矿物的基本物质成分，膨胀岩土的化学成分以 SiO_2、Al_2O_3、和 Fe_2O_3 为主，黏粒的硅铝率 $SiO_2/(Al_2O_3+Fe_2O_3)$ 的比值愈小，膨胀量愈小，反之愈大，这是由矿物结晶格架的组成所控制。

黏粒含量高，黏粒小，比表面积大，颗粒负电场与极性水分子间的吸引作用愈强（或阳离子水化作用强），胀缩变形能力强。土的孔隙比小，浸水膨胀强烈，失水收缩小；土的孔隙比大，则反之。土的初始含水率与胀后含水率接近，膨胀小，而收缩可能性及收缩值大，如二者差值愈大，膨胀可能性及膨胀值大，收缩愈小。

三、膨胀土岩土工程评价

岩土工程评价应采取工程地质特征、自由膨胀率、场地复杂程度结合工程特性的综合评价方法。工程地质特征与自由膨胀率是判别膨胀土的主要依据，但不是唯一依据，最终决定的因素是胀缩率及胀-缩的循环变形特性。在评价时要特别注意将收缩性强的土与膨胀土区别开来，因为两者在工程措施上往往是不同的，如为膨胀土，对基础来说要防收缩又要防膨胀。对挡土墙来说，只要是非膨胀土均可作填料，而膨胀土则不能作填料等。

（一）场地与地基评价

1. 膨胀土场地分类

如前述，根据场地地形地貌条件，建筑场地可分为平坦场地和坡地场地。

膨胀土固有的特性是胀缩变形，土的含水率是胀缩变形的重要条件。自然环境不同，土的含水率也随之影响而异，导致胀缩变形的不同。平坦场地和坡地各处于不同地形、地貌单元，具有各自自然地理环境，有独自的工程地质条件；根据在膨胀土地区建筑场地建筑物损坏程度、边坡变形以及斜坡上房屋变形特点观测研究资料，坡地场地确有自己的独特表现：

① 房屋损坏普遍而又严重，尤以坡顶、坡腰最为严重；而在阶地及盆地中部建筑场地，地形平坦，地貌简单，房屋仅少量破坏，大多完好。

② 边坡变形的特点是边坡上各观测点不但有升降变形，且有水平位移；升降变形幅度和水平位移量都以坡面上最大，随距坡面距离增大而减小，水平位移的发展将导致坡肩地裂的产生；而平坦场地地面变形则多为升降变形。

③ 房屋变形特征，临坡面观测点的变形幅度是非临坡面的 1.35 倍左右，临坡面的变形与时间关系曲线是逐年渐次下降，而非临坡面是波状升降。

上述表明，坡地建筑场地的复杂性，它具有自己独特的岩土工程条件：

① 膨胀土地区地形地貌控制了地质组成结构。一般情况下，如建筑场地选择在斜坡

上，场地整平挖填，往往使地基不均匀（图 5.4-1），土的含水率也有差异，在这种情况下，建筑物建成后，地基土含水率与起始状态不一致，要在新的条件下重新平衡，因此也就产生土的不均匀胀缩变形，对建筑物产生不利影响。

② 坡地建筑场地，往往在切坡整平后，在场地前缘形成陡坎或陡坡，这时的地面蒸发有坡肩蒸发也有临坡面的蒸发。依据两面蒸发和随蒸发面距离增加而蒸发逐渐减弱这一事实，边坡楔形干燥区呈似三角形状（坡脚至坡肩上一点的连线同坡肩与坡面形成三角形），山坡是一单向的干燥区，如山坡上冲沟发育而遭切割时，则有可能形成二向或三向坡，楔形干燥区亦即也扩大，蒸发作用是如此，雨水浸润作用也同样如此，两者比较，以蒸发作用显著。

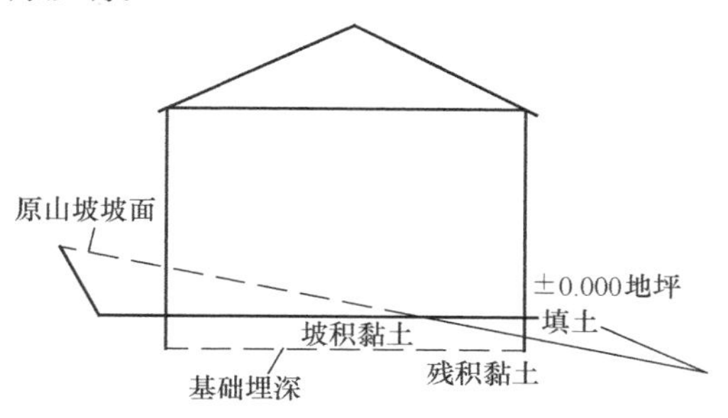

图 5.4-1　坡地建筑场地上的地质剖面示意图

③ 边坡形成后，由于土的自重应力和土的回弹效应，坡体内土的应力重新分布。在坡肩处，产生张力，形成张力带。在坡脚，最大主应力显著增高，愈近临空面增加愈大，而最小主应力急剧降低，在坡面处为“0”，有时甚至转变为拉应力。最小主应力差的相应增加，形成坡体内最大剪切应力区。

膨胀土边坡当土受雨水浸润而膨胀时，土的自重压力对竖向变形有一定的制约（抑制）作用，而在坡体内的侧向应力，则有愈靠近坡面而显著降低以及在临空面上降至“零”的特点。在这种应力状态下，加上膨胀引起的侧膨胀力作用，坡体变形就向坡外发展，而形成较大的水平位移。再加上坡体内土受水浸润、软化，抗剪强度大大降低，坡顶的张力带势必扩展，坡脚处剪应力区应力集中，从而更促使边坡的变形，甚至演变为蠕动及滑动。

对于平坦的场地，由于地形地貌简单，地基土相对较为均匀，地面蒸发是单向的，也就形成了与坡地不同的岩土工程条件。

综上所述，在膨胀土地区进行工程建设，场地选择时应选具有排水通畅、坡度小于14°（据长期观测结果，坡度大于14°就有蠕动和滑坡现象）并有可能采用分级挡土墙治理胀缩性较弱的地段，应避开地形复杂，地裂、冲沟、浅层滑坡发育或可能发育、地下水位变化强烈的地段。总平面设计时宜使同一建筑物地基土的分级变形量不大于 35mm，竖向设计宜保持自然地形，避免大挖大填，场地整平后的坡度，在建筑物周围 2.5m 的范围内，不宜小于 2%。

2. 膨胀势及地基胀缩等级

膨胀土地基的胀缩特性在自然状态下的时空关系是一个随机变量，因此膨胀土地区的胀缩特征可用自由膨胀率初步判定其膨胀潜势（表 5.4-3），再据地基的胀缩变形对低层砖混房屋的影响程度按分级变形量 S_s 划分地基胀缩等级（表 5.4-4）。

在对地基土进行评价时，应预测拟建工程使用期间土（岩）是膨胀为主，还是以收缩为主，或胀缩兼有的循环变形。应分别计算地基土的膨胀变形量 S_e、收缩变形量 S_s 和胀缩变形量 S_c，然后按 S_e 或 S_s 作为评价指标。

膨胀土膨胀潜势分类　表 5.4-3

自由膨胀率 δ_{ef}（%）	膨胀潜势
$40 \leqslant \delta_{ef} < 65$	弱
$65 \leqslant \delta_{ef} < 90$	中
$\delta_{ef} \geqslant 90$	强

膨胀土地基胀缩等级　表 5.4-4

分级变形量 S_c（mm）	级别
$15 \leqslant S_c < 35$	Ⅰ
$35 \leqslant S_c < 70$	Ⅱ
$S_c \geqslant 70$	Ⅲ

（1）地基土膨胀变形量 S_e

$$S_e = \psi_e \sum_{i=1}^{n} \delta_{epi} h_i \quad (5.4\text{-}1)$$

式中　S_e——地基土膨胀变形量（mm）；

ψ_e——计算膨胀变形量的经验系数，宜根据当地经验确定，如无可依据的经验，三层及三层以下建筑物可取 0.6；

δ_{epi}——基础底面以下第 i 层土在该层土的平均自重压力与平均附加应力之和作用下的膨胀率，由室内试验确定；

h_i——第 i 层土的计算厚度（mm）；

n——自基础底面至计算深度内所划分的土层数。计算深度应按大气影响深度确定；有浸水可能时，可按浸水影响深度确定。

（2）地基土收缩变形量 S_s

$$S_s = \psi_s \sum_{i=1}^{n} \lambda_{si} \Delta w_i h_i \quad (5.4\text{-}2)$$

式中　S_s——地基土收缩变形量（mm）；

ψ_s——计算收缩变量的经验系数，可据当地的经验确定。若无可依据经验，三层及三层以下建筑物，可采用 0.8；

λ_{si}——第 i 层土的收缩系数，由室内试验确定；

Δw_i——地基土收缩过程中，第 i 层可能发生的含水率变化的平均值（用小数点表示）；

n——自基础底面至计算深度内所划分的土层数。计算深度可取大气影响深度，当有热源影响时，应按热源影响深度确定。

在计算深度内，各土层的含水率变化值，可按下式计算：

$$\Delta w_i = \Delta w_1 - (\Delta w_1 - 0.01)\frac{Z_i - 1}{Z_n - 1} \quad (5.4\text{-}3)$$

$$\Delta w_1 = w_1 - \psi_w w_p$$

式中　w_1、w_p——地表下 1m 处土的天然含水率和塑限含水率（小数）；

ψ_w——土的湿度系数；

Z_i——第 i 层土的深度（m）；

Z_n——计算深度，可取大气影响深度（m）。如果在地表下 4m 土层深度内，存在不透水基岩时，可假定含水率变化值为常数；如果在计算深度内有稳定地下水位时，可计算至水位以上 3m。

膨胀土的湿度系数，应根据当地 10 年以上土的含水率变化及有关气象资料统计求出。

无此资料时，可按下式计算：

$$\psi_w = 1.152 - 0.726\alpha - 0.00107c \tag{5.4-4}$$

式中　ψ_w——膨胀土湿度系数，在自然气候影响下，地表下1m处土层含水率可能达到的最小值与塑限值之比；

α——当地9月至次年2月的蒸发力之和与全年蒸发力之比值；

c——全年中干燥度大于1.00的月份的蒸发力与降水量差值之总和（mm）。

大气急剧影响深度，应由各气候区土的深度变形观测或含水率观测及地温观测资料确定。如无此资料，可按表5.4-5中d_a数值乘以0.45采用。

大气影响深度　　　　**表5.4-5**

土的湿度ψ_w	大气影响深度d_a	土的湿度ψ_w	大气影响深度d_a
0.6	5.0	0.8	3.5
0.7	4.0	0.9	3.0

注：大气影响深度是自然条件下，由降水、蒸发，地温等因素引起土的升降变形的有效深度；大气急剧影响深度是指大气影响特别显著的深度。

（3）地基土胀缩变形量S

$$S = \psi\sum_{i=1}^{n}(\delta_{epi} + \lambda \cdot \Delta w_i)h_i \tag{5.4-5}$$

式中　ψ——计算胀缩变形量的经验系数，可取0.7；

其余符号同前。

（4）地基分级变形量S_c

根据式（5.4-1）、式（5.4-2）及式（5.4-5）计算。但在计算时应注意：

① 膨胀率采用的压力为50kPa。

② 膨胀土的地基变形，都是指垂向变形，可分为三种形式，即上升型、下降型及上升—下降循环型。上升型主要出现在地基土含水率较低或久旱之后，或基坑长期曝晒之后，由土体吸水膨胀而产生的变形。下降型则是常出现地基土的天然含水率较高，或者靠近坡边缘时，在平坦场地上，天然含水率较高时，但由于失水而产生的失水收缩变形，如果供水条件改变，它又可产生膨胀变形。在边坡上的建筑物，如不采取措施，下降部分则可能出现两种情况：一是由收缩引起的变形；一是坡体向外侧向移动而产生的垂向变形（即剪应变引起的变形），它如同在三向应力作用下侧向位移引起的垂向位移一样，是不可逆的，这种变形的发展，将导致滑坡的产生。

③ 土的膨胀有两种性质，一是当含水率一定，压力小时，膨胀量大；压力大时，膨胀量小，当压力超过膨胀力时，土就不膨胀并出现压缩，膨胀力与膨胀量呈线性关系。在实际运用过程中，如果在某压力下膨胀率为负值，即表明不发生膨胀变形，计算该土层的膨胀量时则为零。如果外荷作用下，压缩量比收缩量小很多时，则可忽略不计；二是压力一定，含水率高的膨胀量小，含水率小的，膨胀量大，含水率与膨胀量间亦是非线性关系。由于土的膨胀过程是含水率不断增加的过程，膨胀率也在不断变化，至最终达到某一定值，因此，膨胀量的计算是预测其最终的膨胀量，而不是某一时段内的变形量。

④ 如上所述，如当外荷作用在地基土上超过了土的膨胀力时，膨胀变形将不产生，

这时只有收缩变形起控制作用，但如果覆盖得好，阻止土中水分蒸发，收缩变形也就停止。然而荷载、覆盖、温差等因素则是由设计考虑和决定的，因此应根据工程设计情况，决定变形性质和计算方法。

3. 膨胀土地基承载能力

（1）载荷试验法。对荷载较大或没有建筑经验的地区，宜采用浸水载荷试验方法确定地基土的承载力。

（2）计算法。采用饱和三轴不排水快剪试验确定的抗剪强度指标进行承载力计算。可按现行《建筑地基基础设计规范》GB 50007 或《岩土工程勘察规范》GB 50021 的有关规定计算地基土的承载力。

（3）经验法。对已有建筑经验地区，可根据成功的建筑经验或地区经验值确定地基承载能力，或按表 5.4-6 采用。

地基承载力基本值 f_k（kPa） **表 5.4-6**

含水比	孔隙比		
	0.6	0.9	1.1
＜0.5	350	280	200
0.5～0.6	300	220	170
0.6～0.7	250	200	150

注：1. 含水比为天然含水率与液限比值；

2. 此表适用于基坑开挖时土的天然含水率等于或小于勘察取土试验时的土的天然含水率。

（二）地基基础设计

1. 设计原则

位于平坦场地上的建筑物地基，应按变形控制设计，同时应据建筑结构对地基不均匀变形的适应能力，采取相应措施。对于木结构、钢筋混凝土排架结构，以及建造在常年地下水位较高（埋深 3m 以内）的洼地上的建筑物，可按一般地基设计。

位于坡地场地上的建筑物地基，除按变形控制设计外，由于往往出现较大挖、填方，边坡坡度多大于 14°，或坡肩距建筑物距离不能满足设计要求，或遇层状土层等原因，仍有可能发生边坡失稳（顺层滑动）等，因此还必须进行地基稳定性验算。

对烟囱、窑、炉等高温构筑物应考虑干缩影响，并据可能产生的变形危害程度，采取适当的隔热措施；对冷库等低温建筑物应采取措施，防止水分向基底土转移引起膨胀。

大量的现场调查及沉降观测表明，膨胀土地基上建筑物的破坏，在场地稳定条件下，均是由于长期不稳定的地基土胀缩变形引起，轻型建筑物比重型建筑物变形大，且不均匀，损坏也严重。因此设计指导原则是变形控制。然而引起变形的因素很多，有的在目前尚不清楚，有些则需经复杂验算和试验才能取得，例如有边坡时，房屋变形值要比平坦场地的大，其增量大部分取决于旱、雨季循环条件下坡体的水平位移，这在定性上可予以说明，但在计算上却还未找到合适的方法。在土力学中类似这样的问题还很多，然而解决问题的出路在于找到影响的主要因素，通过技术措施使其不起作用或少起作用。

2. 地基计算

当离地表 1m 处地基土天然含水率等于或接近最小值，或地面有覆盖且无蒸发时，以及建筑物在使用期间，经常有水浸湿地面，可按膨胀变形量进行计算。

当离地表1m处地基土天然含水率大于1.2倍塑限含水率，或直接受高温作用地基可按收缩变形量计算。

除上述其他情况则按胀缩变形量进行计算，计算方法分别见式（5.4-1）、式（5.4-2）及式（5.4-5）。

在进行地基计算时应满足下列要求：

（1）基础底面压力的确定，其轴心荷载和偏心荷载应该满足《建筑地基基础设计规范》GB 50007—2011的要求。

（2）膨胀土地基计算变形量应满足：

$$S_j \leqslant [S_j] \tag{5.4-6}$$

式中　S_j——天然地基或人工地基及采用其他处理措施后的地基变形量计算值（mm）；

$[S_j]$——建筑物的地基允许变形值，可按表5.4-7采用。

膨胀土地区建筑物的地基允许变形值　　**表5.4-7**

结构类型	相对变形		变形量（mm）
	种类	数值	
砖混结构	局部倾斜	0.001	15
房屋长度三至四开间及四角有构造柱或配筋砖混承重结构	局部倾斜	0.0015	30
工业与民用建筑相邻柱基 （1）框架结构无充填墙时； （2）框架结构有充实墙时； （3）当基础不均匀沉降时不产生附加应力结构	 变形差 变形差 变形差	 $0.001L$ $0.0005L$ $0.003L$	 30 20 40

注：L为相邻柱基的中心距离（m）。

膨胀土地基变形量的取值：膨胀变形量，应取基础某点的最大膨胀上升量；收缩变形量，应取基础某点的最大收缩下沉量；胀缩变形量，应取基础某点的最大膨胀上升量与最大收缩下沉量之和；变形差，应取相邻两基础的变形量之差；局部倾斜，应取砖混承重结构沿纵墙6～10m内基础两点的变形量之差与其距离的比值。

（3）位于坡地场地上建筑物地基应进行稳定性验算，并可按下列原则进行：

① 土质均匀且无节理（缝隙）面时，按圆弧滑动法验算；

② 土层较薄，土层与岩层间存在软弱层时，取软弱层面为滑动面进行验算；

③ 层状构造的膨胀土，如层面与坡面斜交，且交角小于45°时，验算层面稳定性。

在进行稳定性验算时，必须考虑建筑物、堆料的荷载，抗剪强度应是土体沿滑动面的抗剪强度，稳定性系数可取1.2。对不稳定斜坡或根据坡体结构可能产生滑动的斜坡，应采取可靠的防治措施。

3. 建筑与结构

（1）基础埋深的确定

在膨胀土地区基础埋置深度应考虑下列因素予以确定：

① 场地类型；

② 膨胀土地基胀缩等级；

③ 大气影响急剧层深度；

④ 建筑物的结构类型；

⑤ 作用在地基上的荷载大小和性质；

⑥ 建筑物用途、有无地下室、设备基础和地下设施，基础形式和构造；

⑦ 相邻建筑物的基础埋深。对于强震区高层建筑物基础埋深，应经地基稳定性验算后确定。一般应不小于1m。

基础埋深可据采用的基础形式、处理方法以及上部结构对地基不均匀沉降（胀缩升降）的敏感程度确定。如在平坦场地，砖混结构房屋，以基础埋深为主要防治地基胀缩措施时，基础埋深设在大气影响急剧层以下时，可不再采取其他处理措施，地基胀缩变形能满足要求，但对低层建筑则可能增加造价，因此可采用其他方法，如选用独立墩式基础，也可设宽散水或砂垫层等方案，或用柔性结构方案，减少基础埋深，例如用梁结构结合砂垫层处理。由于地表下1m深度内地基土含水率变化幅度及（膨胀）上升、（收缩）下降变形都较大，对Ⅱ、Ⅲ级膨胀土上的建筑物易引起开裂，因此要求基础埋深不应小于1m。从表5.4-7可知，各种结构不同，允许变形值也不同，因此，通过变形计算后确定合适的基础埋深，是一比较有效而经济的方法。如果是采用散水设施作为主要防治措施时，其散水宽度在Ⅰ级膨胀土地基上为2m，在Ⅱ级膨胀土地基上为3m，建筑物基础埋深亦可为1m。

（2）基础类型的选择

常见的基础类型有：条形基础（条基）、条形基础＋砂垫层、桩（墩）基础。

条基：由于基础埋深一般不大，常处于大气影响急剧层内，基土胀缩变形大，如果地基压力小，加之基础强度大，不均匀的沉降变形表现出两端大于中间，致使建筑物产生“倒八字”开裂、破坏，故条基多用于胀缩变形弱的地基。

条基＋砂垫层：由于砂垫层割断了毛细作用，同时亦起一定的保温作用，从而调整了一定的不均匀变形。

桩（墩）基础：一般桩端均位于大气影响深度以下，但在大气影响范围内，膨胀力对桩（墩）有上拔作用。

广西地区根据对膨胀土的研究成果及工程实践，提出：如膨胀收缩变形稳定层埋深较浅、膨胀力较大的地基，宜采用柱基；膨胀力不大者，可用条基；对于胀缩变形稳定层埋藏较深，膨胀力较大者，宜采用桩基。一般在第三系强膨胀岩土地区采用桩基，对碳酸盐岩系风化残积层及河流冲积型中—弱膨胀土地基，一般采用条形基础＋砂垫层＋圈梁＋散水设施。

从上述的分析讨论中我们知道膨胀土地基特性对基础的作用，表现为膨胀力与基底压力这一矛盾，如果膨胀力小于基底压力，则膨胀力的作用被抑制，地基土则表现为压缩作用；反之，如果膨胀力大于基底压力，则膨胀力能尽可能地表现，从而加大地基土的不均匀变形。

4. 地基处理及施工

（1）应据土的膨胀等级、地方材料及施工工艺，进行综合技术经济比较，选用换土、砂石垫层、土性改良等方法。

换土可用非膨胀性土或灰土，换土厚度应通过变形计算确定。

平坦场地上Ⅰ、Ⅱ级膨胀土的地基处理，宜采用砂、碎石垫层，垫层厚度不应小于300mm，宽度应大于基底宽度，两侧宜采用与垫层相同的材料回填，并做好防水处理。

（2）应据设计要求，场地条件、施工季节，认真做好施工组织设计，严格执行施工技术及工艺规定。基础施工前应完成场区土方、挡土墙、护坡、防洪沟及排水沟等工程，保证排水通畅，边坡稳定，施工用水排水渠距建筑物外墙的距离不小于10m，防止施工用水流入基坑（槽）。

（3）开挖基坑（槽）如发现地裂、局部上层滞水或土层较大变化时，应及时处理后，方能继续施工；基础施工宜采用快速分段作业法，施工过程中防止基坑（槽）曝晒或泡水；雨期施工应采取防水措施。基坑（槽）开挖接近基底设计高程时，应预留150～300mm土层，待下一工序开始时挖除，验槽后应及时浇灌混凝土垫层或采取封闭坑底措施，防止地基土变形。

（4）风化膨胀岩地区采用爆破技术开挖基坑时，应根据地质特点和设计要求，正确计算炸药用量和选择炮孔深度，进行非同步引爆，并应预留300mm厚度的岩层，然后开挖至设计标高。

（5）灌注桩施工，在成孔过程中不得向孔内注水，孔底虚土处理后，方可向孔内浇灌混凝土。

（6）基础施工出地面后，基坑（槽）应及时分层回填完毕，填料可选用非膨胀土、弱膨胀土及掺有石灰或其他材料的膨胀土，每层虚铺厚度300mm，选用弱膨胀土作填料时，其含水率宜为1.1～1.2倍的塑限含水率。回填夯实土的干重度不应小于1550kN/m^3。

（7）散水施工前应先夯实基土。管道等接头应接好，敷设后立即回填，加盖或封面。

（8）水池等水工建（构）筑物，应严格遵守设计要求，做好防渗防漏。

5. 对建在Ⅲ级膨胀土地基上的建筑物，或用水量较大的湿润车间，或坡地上的建筑物，或高压、易燃、易爆的管道支架，或有特殊要求的路面、轨道等应进行施工至使用期间的升降变形观测。

（三）坡地的分析与评价

1. 应据工程地质条件和坡地上的荷载，进行坡体稳定性验算。

由于膨胀土的特殊工程性质，在膨胀土地区，浅层滑坡屡见不鲜，且由于自然条件等的变化和影响，其滑动面可以发展和变化，也可以向深部逐步发展。因此坡地稳定性保护是至关重要的。

（1）坡地开挖，应由坡上方自上而下开挖，填方则由下而上并分层夯实，坡面完成后应立即封闭；开挖土方时应保护坡脚，弃土至开挖线的距离应根据开挖深度确定，但不应小于5m。

（2）如果坡地较长，应采取分段开挖，分段支挡，并严格禁止破坏非开挖段的自然稳定状态。

2. 对于可能产生滑坡的地段，则应根据工程地质条件和施工影响等，分析其产生滑坡的主要原因，结合当地经验进行防治。

（1）根据计算的滑体推力、滑动面或软弱结构面的位置，选择适宜的支挡结构，挡土墙或挡土桩基础应埋置在滑动面或软弱结构面以下；采用锚固支挡时，则锚固段应穿过滑动面或软弱结构面。所采用支护结构均应满足稳定性评价要求。

（2）做好排水措施，防止地面水体浸入坡体，对裂缝应进行灌浆处理。

（3）设置护坡，采用干砌或浆砌片石保护坡面，以及设置支撑、盲沟、种植草皮等。

3. 坡地上的建筑物，基础外缘距挡土墙结构距离一般应大于 5m（挡土墙的设置要求应符合《膨胀土地区建筑技术规范》GB 50112—2013 的设计要求）；布置在挖方地段的建筑物，其外墙至坡脚支挡结构的净距离一般应大于 3m。

复习思考题

1. 膨胀土的工程特性有哪些？这些特性对工程建设有何影响？
2. 膨胀土地区场地为什么要划分出坡地、平坦场地类型？在工程上有何意义？
3. 膨胀土地区岩土工程勘察的技术要求是什么？
4. 膨胀土地基胀缩性如何判定？
5. 膨胀土岩土工程评价的内容及要求。

第五节　红　黏　土

一、概述

红黏土是具有特定含意的一种特殊土，在我国南方广泛分布。红黏土是指碳酸盐岩系岩石经红土化作用形成，并覆盖于基岩上的棕红、褐黄色的高塑性黏土。

颜色为棕红或褐黄，覆盖于碳酸盐岩系之上，其液限大于或等于 50%的高塑性黏土，应判定为原生红黏土，原生红黏土经搬运、沉积后仍保留其基本特征，且其液限大于 45%的黏土，可判定为次生红黏土。

红黏土的天然含水率 w 随深度增加而逐渐增大，因此常具有“上硬下软”的垂直分布特征，这一特征提示了红黏土地基持力层的选择。

为了正确评价、区别和合理利用，工程上根据红黏土特征进行如下分类：

（一）按土的含水比 α_w 进行分类

红黏土的状态除按液性指数判定外，尚可按含水比 $\alpha_w = w/w_L$ 分为：

坚硬　$\alpha_w \leqslant 0.55$

硬塑　$0.55 < \alpha_w \leqslant 0.70$

可塑　$0.70 < \alpha_w \leqslant 0.85$

软塑　$0.85 < \alpha_w \leqslant 1.00$

流塑　$\alpha_w > 1.00$

（二）按土体结构——缝隙特征及灵敏度 S_t 分类

前已述及红黏土由于失水而强烈收缩，富含网状收缩缝隙，它的分布特征与地貌部位有一定联系，土中缝隙有随远离地表而减弱趋势，缝隙的存在使土体由不同延伸方向和宽、长缝隙面与其间的土块所构成，当受水平荷载或基础浅埋时，或外侧地面倾斜或有临空面时，影响土体的整体强度，或降低承载能力，或构成土体稳定和受力条件的不利因素。而灵敏度 S_t 是描述土的性质受结构扰动影响而改变工程特性的指标，可按式（5.5-1）计算：

$$S_t = \frac{q_u}{q'_u} \quad (5.5\text{-}1)$$

式中　q_u——原状土无侧限抗压强度（kPa）；

q'_u——具有与原状土相同密度和含水率，并彻底破坏其结构的重塑土的无侧限抗压强度（kPa）。

对土体结构的鉴别与划分，应注意对地貌、地应力条件的调查与分析，综合考虑地形、高度、坡地、覆盖条件、朝向、坡向，土的特性以及水等因素，在工程上则可据缝隙特征的描述与量测、灵敏度（S_t）等按表 5.5-1 进行分类。

红黏土的结构分类　　表 5.5-1

土体结构	裂隙发育特征	灵敏度 S_t
致密状的	偶见缝隙（<1 条/m）	>1.2
巨块状的	较多缝隙（1～5 条/m）	$1.2 \geq S_t > 0.8$
碎块状的	富缝隙（>5 条/m）	≤0.8

二、红黏土岩土工程勘察基本技术要求

红黏土的分布与岩溶区紧密相连，且由于红黏土所特有的工程特性，因此对红黏土的岩土工程勘察应是工程地质测绘、调查与勘探相结合。

（一）工程地质测绘和调查应着重查明的内容

1. 不同地貌单元的红黏土，次生红黏土的分布、厚度、物质组成、土性、土体结构等特征及其差异；

2. 下伏基岩的岩性、岩溶发育特征及其与红黏土土性、厚度变化的关系；

3. 地裂分布、发育特征及其成因，土体结构（由于黏土矿物以高龄石，伊利石为主，pH 值低，常呈蜂窝状和絮状结构）特征，统计土中缝隙的密度、深度、延伸方向及规律性，分析对（人工）边坡的影响；

4. 地表水体、地下水的分布、动态及其对红黏土湿度状态、垂向分带及土质软化状况的影响；

5. 建筑物的使用情况，开裂原因分析，地基基础勘察、设计、施工经验，工程措施等。

上述内容包含了红黏土分类、分布特征，工程评价及当地工程经验的调查等内容，应据工程要求与场地情况，针对需要查明的工程问题，有目的开展，有所增减和侧重。

（二）勘探工作的要求

红黏土地区勘探点的布置，应取较密的间距，查明红黏土厚度和状态的变化。初步勘察勘探点间距宜取 30～50m；详细勘察勘探点间距对均匀地基宜取 12～24m，对不均匀地基宜取 6～12m。厚度和状态变化大的地段，勘探点间距还可加密。对不均匀地基，勘探孔深度应达到基岩。各阶段勘探孔的深度可参考第三章第一节。

如果基础是采用岩面端承桩，有石芽出露的地基，或有土洞时，则应进行施工勘察，

勘探点间距、深度则据实际需要查明的问题而定。

三、岩土工程评价

1. 地裂是赋存于红黏土中的一种特性反映，规模不等，长可达数百米，深可延至地面下数米，地裂所经地段，建筑物无一不受损坏，因此在勘察时，应予以充分重视，建筑物应避免跨越地裂密集带或深长地裂地段。

2. 红黏土地基承载力特征值，可采用静载荷试验和其他原位测试（如静力触探、旁压试验等）、理论公式计算并结合工程实践经验等方法综合确定。

3. 轻型建筑物的基础埋深应大于大气影响急剧层的深度；炉窑等高温设备的基础应考虑地基土的不均匀收缩变形；开挖明渠时应考虑土体干湿循环的影响；在石芽出露的地段，应考虑地表水下渗形成的地面变形。

4. 地基均匀性评价：红黏土的厚度随下卧基岩面起伏而变化，致使红黏土厚度变化大，而常引起不均匀沉降，在地基基础设计中应引起重视。

5. 基础埋置深度的确定：应充分利用红黏土上硬下软的特点，发挥浅层较硬土层的承载能力，减轻下卧软弱层受到的压力，基础应尽量浅埋，利用浅部硬壳层，并进行下卧层承载力的验算；不能满足承载力和变形要求时，应建议进行地基处理或采用桩基础。

6. 土洞的影响：由于红黏土所分布的特殊地质环境，下卧基岩岩溶现象发育，因而上覆的红黏土层中常有土洞存在。各种成因的土洞往往发育速度快，易引起地面塌陷，对建筑物地基的稳定性极为不利，必须查明其分布、规模、成因，应评价土洞的分布、稳定及发展趋势，尤其是土层较薄的地段，预测土洞对地基稳定性影响，提出防治措施。

7. 人工边坡评价：对红黏土人工边坡，尤其是富水性属Ⅰ类的红黏土，在稳定性评价时，土的计算参数的选取，应考虑开挖面土体失水、收缩缝隙发育以及浸水使土质软化、强度降低的不利影响，结合当地经验，选择适宜的计算参数。

8. 地下水评价：应着重分析地下水埋藏、运动条件与土体缝隙特征的关系，地表水、上层滞水、岩溶水之间的连通性及地下水分布的不均匀、季节性，评价其对建筑物的影响。红黏土由于黏土矿物种类、含量不同，收缩性、膨胀性表现不同，失水收缩产生的缝隙发育特征、发育程度则影响和制约地下水的赋存状态及运动特征，因此在对地下水进行评价时，应紧紧抓住缝隙特征这一核心问题，分析、论证它对地下水特征的影响和制约关系，进而评价对建筑物的影响。

9. 红黏土地基设计与处理准则：据红黏土地区工程实践经验，红黏土地基设计与处理应注意：

① 如前述，当采用天然地基时，基础宜浅埋，对不均匀地基则应以地基处理为主，对外露的石芽可用垫褥处理；对厚度、状态不均匀的地基，可进行置换处理，也可改变基础宽度，调整相邻地段基底应力，增减基础埋深，使基底下土层的压缩性相对均一。

② 为防止土的收缩，地基处理以保温保湿为主。可适当加大建筑物角端基础埋深或在基坑设保温、保湿材料，在结构上可增设圈梁，加强建筑物刚度；在室外做好排水，适当加宽散水。

③ 预防土洞塌陷，关键是“治水”，如杜绝地表水大量集中下渗、稳定和控制地下水动态变化等。对于地面塌陷和顶板较薄的土洞处理，可采用清除软土（或软弱土）后用块

石、碎石、砂土、黏土自下而上回填，对深埋土洞，可用梁板跨越或用混凝土灌注土洞及其下岩溶通道。

④ 对基坑和边坡，应及时防护，防止失水干缩。

⑤ 如基岩面起伏较大，岩质坚硬、稳定，施工条件又允许，或采用大直径嵌岩桩或墩基。

10. 由于红黏土分布在岩溶区，地表以下发育的隐伏土洞在勘察过程中由于勘察工作量所限，往往不能查清土洞的分布，多年工程实践证明，应进行基坑插钎借以查明土洞分布，插钎间距视场地实际及工程情况适当选定（密者可达 0.5m，稀者可为 1.5～2.0m）；对甲级建筑物及边坡应进行变形监测。对边坡中土的湿度状态季节变化和缝裂进行观测。

复习思考题

1. 何谓红黏土？红黏土的基本工程特性有哪些？这些特征对工程建设有什么意义？

2. 红黏土的工程分类。各类在工程上实用意义是什么？

3. 在红黏土地区进行工程勘察的基本技术要求？由于红黏土分布区是岩溶区，在进行岩土工程勘察时，两者技术要求是否应结合考虑？如何结合？

4. 红黏土岩土工程评价的主要内容。

第六节 风化岩与残积土

一、概述

风化岩是指岩石在风化营力作用下，其结构、成分和性质已产生不同程度变异，但保持原岩的结构与构造的岩石。岩石已完全风化成土而未经搬运的称为残积土。不同岩类具有不同的风化特征，如块状岩中的花岗岩类，多沿原生节理裂隙风化，且以球状风化为主，风化厚度大，多呈囊状；层状岩风化则受岩性控制，如硅质岩较黏土岩不易风化，层状岩风化后层理尚清楚，风化厚度相对较薄；可溶岩风化作用则多以溶蚀作用为主，具有较多的岩溶现象。岩石风化程度通常分为：全风化岩、强风化岩、中等风化岩、微风化岩和未风化岩，相对应划分为几个风化带。由于各地岩石的性质及工程实践经验不同，岩石风化程度划分标准不尽相同。

二、风化岩与残积土岩土工程勘察基本技术要求

（一）任务

基于上述风化岩的特殊工程性质及影响岩石风化程度不同的因素，对其进行勘察时，任务是：

1. 母岩地质年代和岩石名称；

2. 按《岩土工程勘察规范》GB 50021—2001 划分岩石的风化程度；

3. 岩脉和风化花岗岩中球状风化体（孤石）的分布；

4. 岩土的均匀性、破碎带和软弱夹层的分布；

5. 地下水赋存条件。

上述五方面是总体而言，在具体工作中则应据工程特性而有侧重，如采用天然地基，则应侧重查明风化岩、残积土的均匀性及物理、力学性质；如果采用桩基础，则应侧重查明破碎带、软弱夹层的位置及厚度等。

（二）勘探与测试

1. 勘探点的布置应遵守前述的一般原则，但对于层状岩石，勘探线应垂直走向布置，间距则可按第三章中所述的小值采用，同时应有一定数量的探井。为保证风化岩的取样精度，应用双重或三重取土器采取试样，每一风化带采取的试样数量不得少于3组。

2. 为区分风化岩及残积土，可采用标准贯入试验、波速试验及采取试样进行无侧限抗压强度试验，其划分标准可参考表5.6-1。

岩石按风化程度分类　　**表5.6-1**

风化程度	野外特征	风化程度参数指标		
		压缩波速 v_P（m/s）	波速比 K_v	风化系数 K_f
未风化	岩质新鲜，偶见风化痕迹	>5000	0.9～1.0	0.9～1.0
微风化	结构基本未变，仅节理面有铁锰质渲染或矿物略有变色。有少量风化裂隙，岩体完整性好	4000～5000	0.8～0.9	0.8～0.9
中等风化	结构部分破坏，矿物成分基本未变化，仅沿节理面出现次生矿物。风化裂隙发育，岩体完整性较差。岩体被切割成20～50cm的岩块。锤击声脆，且不易击碎，不能用镐挖掘，岩芯钻方能钻进	2000～4000	0.6～0.8	0.4～0.8
强风化	结构已大部分破坏，矿物成分已显著变化。长石、云母已风化成次生矿物。裂隙很发育，岩体破碎，完整性极差。岩体被切割成2～20cm的岩块，可用手折断，用镐可挖掘，干钻不易钻进	1000～2000	0.4～0.6	<0.4
全风化	结构已基本破坏，但尚可辨认，并且有微弱的残余结构强度，可用镐挖，干钻可钻进	500～1000	0.2～0.4	
残积土	结构已全部破坏，矿物成分除石英外，大部分已风化成土状，锹镐易挖掘，干钻易钻进，具可塑性	<500	<0.2	

3. 对于花岗岩风化岩及残积土可按下列标准进行划分：

① 标准贯入试验锤击数（修正后）$N \geqslant 50$ 击/30cm，为强风化岩；$30 \leqslant N \leqslant 50$ 为全风化岩；$N < 30$ 为残积土。

② 风干样无侧限抗压强度 $q_u \geqslant 800$kPa，为强风化岩；$600\text{kPa} \leqslant q_u < 800\text{kPa}$ 为全风化岩；$q_u < 600$kPa 为残积土。

③ 剪切波速 $v_s > 350$m/s，为强风化岩；$250\text{m/s} \leqslant v_s < 350\text{m/s}$ 为全风化岩；$v_s < 250$m/s 为残积土。

④ 花岗岩类残积土变形模量 E_0，可按式（5.6-1）确定：

$$E_0 = 2.2N \tag{5.6-1}$$

式中　E_0——变形模量（MPa）；

N——标准贯入试验锤击数。

式（5.6-1）是根据标准贯入试验与载荷试验（约 30 个）资料对比统计分析得出的经验关系式，适用范围为 $5<N<30$，因此仅适用于乙级以下建筑物，对甲级建筑物则应用载荷试验予以验证。

4. 对风化岩可进行密度、相对密度、吸水率及单轴极限抗压强度或点荷载试验。对残积土除常规试验外，如为边坡工程，应做不排水剪切试验。花岗岩残积土还应进行细粒土的天然含水率、塑性指数、液性指数测定。

三、风化岩及残积土岩土工程评价

（一）承载力的确定

1. 对于没有建筑经验的风化岩和残积土地区的地基承载力和变形模量，应采用载荷试验确定，有成熟地方经验时，对于地基基础设计等级为乙级、丙级的工程，可根据标准贯入试验等原位测试资料，结合当地经验综合确定。岩石地基载荷试验的方法可参看《工程地质手册》（第五版）或《建筑地基基础设计规范》GB 50007—2011 的内容。载荷试验的结果可与其他原位试验结果建立统计关系，对于不含或极少含粗粒的土，能够取得保持原状结构的土试样时，亦可与其物理力学性质指标建立关系。对于残积土不宜套用一般土的承载力表查取承载力。

2. 对于完整、较完整和较破碎的岩石地基承载力特征值，可根据室内饱和单轴抗压强度按下式确定：

$$f_a = \psi_r \cdot f_{rk} \tag{5.6-2}$$

式中　f_a——岩石地基承载力特征值；

f_{rk}——岩石的饱和单轴抗压强度标准值（kPa），岩样尺寸一般为 $\phi 50 \times 100$mm；

ψ_r——折减系数。根据岩体完整程度以及结构面的间距、宽度、产状和组合，由地区经验确定。无经验时，对完整岩体可取 0.2～0.5；对较破碎岩体可取 0.1～0.2。

注：1. 上述折减系数值未考虑施工因素和建筑使用之后风化作用的继续；

2. 对于黏土质岩，在确保施工期和使用期不致遭水浸泡时，也可采用天然湿度的试样，不进行饱和处理。

对于破碎、极破碎的岩石地基承载力特征值，可根据平板载荷试验确定。当试验难以进行时，可按表 5.6-2 确定岩石地基承载力特征值。

破碎、极破碎的岩石地基承载力特征值（kPa）　　表 5.6-2

岩石类别	风化程度		
	强风化	中等风化	微风化
硬质岩石	700～1500	1500～4000	≥4000
软质岩石	600～1000	1000～2000	≥2000

注：强风化岩石的标准贯入试验击数 $N \geq 50$。

3. 如能准确地取得残积土的强度指标值和压缩性指标值时，其承载力亦可用计算方法确定。

4. 对于以物理风化作用为主形成的碎石、砂土的承载力亦可参照一般碎石土及砂土的承载力予以确定。

（二）对风化岩及残积土评价时应考虑的因素

1. 对于厚层的强风化和全风化岩石，宜结合当地经验进一步划分为碎块状、碎屑状和土状；厚层残积土可进一步划分为硬塑残积土和可塑残积土，也可根据含砾或含砂量划分为黏性土、砂质黏性土和砾质黏性土。

2. 建在软硬互层或风化程度不同地基上的工程，应分析不均匀沉降对工程的影响。

3. 基坑开挖后应及时检验，对于易风化的岩类，应及时砌筑基础或采取其他措施，防止风化发展。

4. 对岩脉和球状风化体（孤石），应分析评价其对地基（包括桩基）的影响，并提出相应的建议。

复习思考题

1. 何谓风化岩及残积土？影响岩石风化的因素有哪些？
2. 对风化岩和残积土岩土工程勘察的技术要求。
3. 对风化岩和残积土岩土工程评价的内容。

第六章　岩土工程勘察设计与报告书

第一节　岩土工程勘察技术设计

一、概述

综合前几章的内容可以得到这样一个认识，为保证建（构）筑物的稳定、安全、经济，必须进行勘察工作，以查明场地的岩土工程条件。但是各类工程建筑要求，各场地地基土（岩）类型不同，其应查明的任务不同，在不同的勘察阶段，规定应完成的任务也不尽相同，但概括起来说岩土工程勘察的任务为以下几个方面，只是侧重点和研究深度不同：

1. 查明建（构）筑物场地的岩土工程条件，提出有利和不利方面，阐明场地工程条件及其形成历史和影响因素，选择条件优良的建筑场地；

2. 分析研究与建（构）筑物有关的岩土工程问题，并作出定性及定量评价，为建（构）筑物的设计、施工提供可靠的岩土工程参数；

3. 提出有关建（构）筑物的基础类型、尺寸、结构及施工方法的合理建议；

4. 拟定和设计改良、防治不良岩土条件的措施方案，并监督实施，保证施工质量及改良、防治效果；

5. 必要时进行岩土工程监测。

为完成上述任务，通过采用工程地质测绘、地球物理勘探、工程地质钻探、室内试验、现场原位测试及监测等手段，收集、获取有关资料，经过整理、分析，用文字报告及图件反映出来。问题在于如何正确使用上述手段去完成各类建（构）筑物所需查明的具体要求，这就需要科学合理地、有计划有目的地制定指导我们的工作计划，并按照这个计划去逐步完成预期达到的目的。这个计划的制订与实施就是岩土工程勘察技术设计，也称岩土工程勘察纲要。

二、设计的步骤与内容

岩土工程勘察技术设计（勘察纲要）是进行岩土工程勘察的技术指导文件，是从工程设计的要求出发，依据国家或部门（地区）颁布的有关规程、规范，结合场地条件的具体运用过程。国家或部门（地区）制定的各种规程、规范是技术法规，是科学技术和生产实践的总结，保证了工程建设的稳定、安全，保证工程建设的科学性、合理性、经济性。它所规定的技术、经济原则必须遵守，但各类工程、场地条件各异，我们又不能生搬硬套，只能在具体原则指导下，据实际情况加以运用，这就要求我们首先必须正确而全面地理解和掌握规程、规范的实质，运用所学的知识，依照规程、规范的要求去回答并解决工程建设所要回答的问题。

岩土工程勘察设计（勘察纲要）工作大致分为准备阶段、编制阶段和实施阶段。

（一）准备阶段

本阶段包含以下内容：

1. 接受任务：与工程建设单位洽谈接受任务，按“经济合同法”签订任务委托合同，在任务委托书中要明确技术要求（包含勘察阶段或设计阶段、工程性质、规模、工程拟选基础类型及埋藏深度，场地整平高程、工程预算造价，要求提交资料的时间和要求，有无特殊要求等），工程批准建设的有关文件和经济收费标准和要求等。在实际工作中，某些技术工作要求（资料）工程建设和设计单位往往不能全部提供，因此应与工程建设单位有关人员联系、沟通，了解建设要求和设计意图。本部分内容是基础性工作，它是勘察工作有无目的的标尺，也是布置勘察工作量的依据，因此必须切实做好。

2. 根据任务要求和工程规模等选派工程技术负责人。工程技术负责人是制定、实施勘察纲要的核心人物，他对该项目的勘察成果质量有直接作用和影响，因此应选派思想、技术业务素质好的专业技术人员承担。

3. 资料收集与现场踏勘：工程技术负责人一经确定，任务要求则下达给工程技术负责人。工程技术负责人应依据批准文件，技术要求，立即收集与本工程有关的地形图、地质、水文地质、水文气象、地震以及场地附近已有的岩土工程勘察资料等和能为本工程所采用的科研成果、新技术资料。对所收集的资料应进行综合分析，以求对场地的岩土工程条件有一个基本认识，并据需要组织有关人员到现场踏勘，其目的是：核实收集到的资料是否有误，进一步熟悉场地情况。现场踏勘应如实做好记录。这项工作也是做好勘察设计（勘察纲要）的基础性工作。

（二）编制阶段

每项工程都必须有勘察设计（勘察纲要），小型工程其内容可以简化。设计工作一般由工程技术负责人编制，队（组）技术负责人审查，专业技术负责人复审（或审定），总工程师审定。对于重大工程，其设计往往由队（组）技术负责人编制，专业技术负责人审核，总工程师审定，必要时亦可召开专业技术会议进行会审。

勘察设计（勘察纲要）的主要内容：

工程名称、委托单位、勘察场地的位置，勘察目的与要求，勘察场地（区域）的自然、地质条件（地形、地貌、主要的地层岩性、不良地质现象等），工作量的布置原则及工作量（包含工程测绘、物探、钻探、现场原位测试、取样、长期观测等），预计工程施工中可能遇到的问题及解决、防止的措施，对资料整理和报告书编写的要求，所需的主要机械设备、材料、人员及工程进度等。

上述内容是对总体要求来说的，尤其是大型工程所应有的内容，但对一些中、小型工程来说，则可以简化，可用表格形式编制（表 6.1-1）。但均应从场地勘察实际需要出发，以利于指导工作，既突出重点，又照顾一般问题的解决。

工作量的布置是勘察设计（勘察纲要）的核心，而它则取决于我们对工程要求、规程、规范要求的理解，也取决于对场地的认识程度，工作量的布置要依据规程、规范的有关要求，结合工程及场地情况制定出孔位、孔间距、孔深、测试及取土样的深度，测绘的面积、比例尺，欲达到的目的及具体技术要求，物探所采用的方法及欲达到的目的、具体技术要求等，力求以最少工作量获得最丰富、最完善的资料。

勘察纲要格式　　表 6.1-1

<table>
<tr><td>建设单位</td><td></td><td>工程名称</td><td></td></tr>
<tr><td>拟建建筑物情况</td><td colspan="3"></td></tr>
<tr><td>场地位置</td><td></td><td>勘察阶段</td><td></td></tr>
<tr><td>地形地貌
地层概况</td><td colspan="3"></td></tr>
<tr><td>项 目</td><td>孔号</td><td>深度（m）</td><td>预计取土及测试的深度、数量</td></tr>
<tr><td>控制孔</td><td></td><td></td><td></td></tr>
<tr><td rowspan="2">技术孔</td><td></td><td></td><td></td></tr>
<tr><td></td><td></td><td></td></tr>
<tr><td rowspan="2">一般孔</td><td></td><td></td><td></td></tr>
<tr><td></td><td></td><td></td></tr>
<tr><td colspan="4">本工程预计共取土试样　　个，贯入　　段，触探　　米</td></tr>
<tr><td colspan="4">钻机类型：　　　　，是否需要下套管：　　，套管　　米</td></tr>
<tr><td colspan="4">预计外业工日　　　　个，内业工日　　　　　　个</td></tr>
<tr><td colspan="4">注意：1. 钻探、取土、测试按操作规程和质量要求进行。
2.
3.</td></tr>
<tr><td colspan="4">勘察点平面布置图：
钻孔布置的原则和说明：
工程负责人：　　年　月　日</td></tr>
<tr><td colspan="4">审核意见：
审核人：　　年　月　日</td></tr>
<tr><td colspan="4">审定意见：
审定人：　　年　月　日</td></tr>
</table>

明确本场可能存在的问题，重点要解决的问题，正确布置孔位，切不可乱布孔、多布孔、打深孔。既要符合现行规程、规范要求，又要切实解决必须解决的问题，这是工作量布置应遵循的原则。对不同类型工程建筑，不同勘察阶段，勘探工作量的布置必须按照前面所讨论的原则进行布置，目的要明确，要求要具体，在每一个钻孔中，要尽可能多的收集资料，尽可能一孔多用，选用的原位测试手段要依据地基土工程特性、测试方法的特点和适用性，综合选用，尽可能多用。这是由于原位测试是在岩土体的原位状态、原位应力条件下进行测试，测试结果更接近岩土体实际情况，然而它并非真正的原位，同样也存在扰动问题，同时原位测试也存在一些不确定性，如应力条件、应变条件、排水条件、边界条件及影响因素等，因此原位测试所获有关参数也并非是绝对无误的，应正确选用。原位测试的选用还应注意配合钻探取样，选有代表性或有重要意义的地点采取高质量的土样进行室内试验，从而提高勘察质量，缩短勘察周期。

钻探方法很多，各有其适用性，不注意区分，则不利于钻探质量的控制，在实际工作中，往往是偏向着重考虑钻进有效性，而不太重视如何满足勘察技术要求。钻探方法的选择应按下列原则考虑：

(1) 钻进地层特点及不同方法的有效性；

(2) 能保证以一定的精度鉴别地层，了解地下水情况；

(3) 尽量避免或减轻对取样段的扰动。

钻探工作是获取地质资料的手段，因此钻探工作应满足以下要求：

(1) 钻进深度，岩土层分层深度测量误差不超过0.05m；

(2) 非连续取芯钻进的回次进尺，螺旋钻进应在1m以内，岩芯钻探为2m以内；

(3) 要求鉴别地层天然湿度的钻孔，在地下水位以上应干钻。如必需加水或使用循环液时，应采用双层岩芯管钻进；

(4) 岩芯钻探岩芯采取率，一般不低于80%；破碎岩石不应低于65%。需重点查明的部位，如滑动带、软弱夹层等，应采用双层岩芯管采取岩芯，岩芯采取率根据研究目的确定。要求确定岩石RQD指标，可采用75mm口径双层岩芯管、金刚石钻头钻进；

(5) 定向钻进应分段进行孔斜测量，倾角及方位的量测精度应分别达到±0.1°及±3.0°。

为保证钻探的质量及欲达到的目的，技术设计（勘察纲要）必须规定钻探方法。根据《建筑工程地质勘探与取样技术规程》JGJ/T 87—2012，钻探方法适用范围可参考表6.1-2选用；采取土（岩）试样进行室内试验是获取土（岩）物理、力学性质的一种手段，因此必须保证质量。根据试验目的，土试样分为四个等级（表6.1-3）。

钻孔采取Ⅰ、Ⅱ级土样时，在操作上应该：

(1) 在软土、砂土中宜采用泥浆护壁，如使用套管护壁则应保持管内水位等于或高于地下水位，取样位置应低于套管底2倍孔径以上的深度。

(2) 采用冲洗、冲击、振动等方式钻进时，应在预计取样位置1m以上改用回转钻进。

(3) 下放取土器前应清孔，孔底残留浮土厚度不得大于取土器废土段长度（活塞取土器除外）。

钻探方法适用范围表　　　　表 6.1-2

钻进方法		钻进地层					勘察要求	
		黏性土	粉土	砂土	碎石土	岩石	直观鉴别（不扰动试样）	直观鉴别（扰动试样）
回转	螺旋钻探	++	+	+	−	−	++	++
	无岩芯钻探	++	++	++	+	++	−	−
	岩芯钻探	++	++	++	+	++	++	++
冲击	冲击钻探	−	+	++	++	−	−	−
	锤击钻探	++	++	++	+	−	++	++
振动钻进		++	++	++	+	−	+	++
冲洗钻进		+	++	++	−	−	−	−

注：++适用，+部分适用，−不适用。

（4）采取土样应采用快速静力连续压入法，亦可采用重锤击入方法，但应有导向装置，避免锤击时摇晃。

土试样质量等级划分　　　　表 6.1-3

级别	扰动程度	试　验　目　的
Ⅰ	不扰动	土类定名，含水率，密度，强度试验，固结试验
Ⅱ	轻微扰动	土类定名，含水率，密度
Ⅲ	显著扰动	土类定名，含水率
Ⅳ	完全扰动	土类定名

在编写勘察技术设计（勘察纲要）时，还应注意施工顺序的安排，因为实施它不是一个简单的照图施工问题，施工顺序应紧密结合要解决的重点问题，这样也有利于对场地条件的认识和深化。

设计依据现行规程、规范结合场地情况编好以后，按照技术管理规定逐级审查，对于审查所提出的问题要认真考虑，不同意见可以申诉，如仍不被采纳，可保留意见，但必须按审查意见修改设计，或在实施中贯彻执行，不允许阳奉阴违，更不得拒不执行。

（三）实施阶段

技术设计（勘察纲要）的实施过程，是我们收集资料，认识场地条件的过程，因此在实施过程中一方面要仔细、全面、认真地做好观察和记录，切不可想当然或“遥控”观察，另一方面要严格执行已经审查的设计，按照质量管理要求，抓好质量，以保证资料的准确性、完全性。外业施工时随施工进度草绘示意剖面图是保证勘察欲达目的的重要手段，是一种非常行之有效的方法。因此，一方面要随资料积累而加深对场地的分析和认识，分析场地条件，另一方面可以判断还有什么问题没有解决，或有什么新问题需要解决，这样才能“心中有数”，指导外业工作。需要调整工作量时应及时调整，如有重大调整的应按设计审批程序申报核批。

在勘察过程中如发现场地条件与原来掌握的情况有较大出入时，要及时与工程设计人员沟通，这样能及时掌握工程设计变更方案及要求，反过来又可以指导勘察工作，使勘察工作和工程结合得更好。

勘察产品是技术产品，外业生产过程，是认识自然获得自由的过程，来不得半点虚假，外业工作质量的高低，直接关系到成果质量，因此在实施技术设计（勘察纲要）之前，工程技术负责人应向所有参与外业人员讲述技术设计（勘察纲要）的设计意图，技术要求，质量要求，以及要注意的问题，使每个人都懂得并自觉执行设计，共同抓好质量，保证勘察任务的圆满完成。

在每个孔或每个场地勘察工作结束时应仔细检查原始记录，是否有遗漏或错误存在。如有应及时设法弥补或修正，绝对不允许回到室内随意删改，以保证记录的原始、真实、可靠性。

复习思考题

1. 为什么要编制勘察技术设计（勘察纲要)？它包含什么内容？
2. 根据你几次实习的经历，举例说明外业生产的重要性。

第二节　岩土工程勘察报告书

一、概述

岩土工程勘察报告书，包含文字及附图两大部分，是岩土工程勘察成果的综合反映，是一项集体劳动的技术成果，它既反映了工程技术负责人的技术业务素质，也反映了该勘察单位的技术业务水平，因此必须严肃认真。报告书不是原始资料的堆积，而是以原始资料为基础，经过整理、分析，通过由表及里、由此及彼的科学加工制作，以反映出场地实际的岩土工程条件为目的，并通过文字及相应各种图件的形式表现出来。它是原始实际资料的综合反映，是原始资料的升华，因此任何违背、修改原始记录的行为都是绝对不允许的。文字、图件是相辅相成的，图件是文字报告的基础，文字报告是图件的补充和升华，两者缺一不可。小范围的小型工程建筑，场地条件简单，文字报告也可用表格形式表达。

一份岩土工程勘察报告书，它应阐明勘察地区、场地或工程建筑地基的工程地质和岩土技术条件，进行岩土工程分析、计算和评价，对工程建设岩土的利用、改造、加固等提出可行的设计，施工措施和方案建议，并提供相应的设计基准和参数，即除了叙述场地地形地貌、地质构造、地层岩性、地下水以及不良地质现象等内容外，还必须进行工程评价，把“解决工程问题”作为其出发点和归宿。

1. 岩土工程勘察报告书内容

岩土工程勘察报告书应该根据任务要求、勘察阶段、工程特点和地质条件等具体情况编写，并应包括下列内容：

① 勘察目的、任务要求和依据的技术标准；

② 拟建工程概况；

③ 勘察方法和勘察工作布置；

④ 场地地形、地貌、地层、地质构造、岩土性质及其均匀性；

⑤ 各项岩土性质指标，岩土的强度参数、变形参数、地基承载力的建议值；

⑥ 地下水埋藏情况、类型、水位及其变化；

⑦ 土和水对建筑材料的腐蚀性；

⑧ 可能影响工程稳定的不良地质作用的描述和对工程危害程度的评价；

⑨ 场地稳定性和适宜性的评价。

2. 岩土工程勘察报告书附图

岩土工程勘察报告书附图主要有：

① 勘探点平面位置图；

② 工程地质柱状图；

③ 工程地质剖面图；

④ 原位测试成果图表；

⑤ 室内试验成果总表。

当需要时，尚可附综合工程地质图、综合地质柱状图、地下水等水位线图、素描、照片、综合分析图表以及岩土利用、整治和改造方案的有关图表、岩土工程计算简图及计算成果图表等。

3. 岩土工程勘察专题报告

任务需要时，岩土工程勘察可提交下列专题报告：

① 岩土工程测试报告；

② 岩土工程检验或监测报告；

③ 岩土工程事故调查与分析报告；

④ 岩土利用、整治或改造方案报告；

⑤ 专门岩土工程问题的技术咨询报告。

二、岩土工程勘察报告书中应注意的几个问题

1. 场地工程地质条件与工程

工程建设所依赖的地质环境是其物质基础，没有一项工程不需要它，从工程需要出发，研究场地工程地质条件与工程之间的相互关系，使工程建设与场地条件更好地结合起来，这是岩土工程的实质。忽视对地质规律的研究而进行工程建设，给我们的教训是深刻的。地质环境是为工程建设服务的，因此必须研究地质规律。例如，研究地基土的均匀性问题，是为评价工程地基基础的稳定性。地基土不均匀性是绝对的，但具体到某工程来说，则可认为是相对均匀的。研究它们的结合，就是要研究它们的双向效应。如基础将上部结构荷载传递给地基，地基受荷载作用，产生压缩变形；由于地基的变形又会导致上部结构、基础应力的重分布，这一变化则又引起地基应力的重分布；如果它们的强度足够，这种调整则达到相对平衡而终止；否则将发生破坏，表现为建（构）筑物失稳或破损。这种双向效应实质上是地基土、基础、建（构）筑物的相互作用、协调，无论是上部结构设计，还是地基基础设计都是力图用最经济、最合理、可行的手段来完成其相对平衡过程，保证其稳定、安全。又如条形基础，有刚性及柔性两种，前者抗压不抗拉，对不均匀沉降是敏感的，后者则可以承受一定的拉力，调整一定程度的不均匀沉降。如果只看到了场地地基土的不均匀绝对性，不结合工程，就不能正确提出基础类型的建议、设计方案；反

之，如果只强调工程，而不注意研究场地条件，势必也造成两者的不协调而留下后患；如某工程，在工程设计上不考虑地基土条件，采用人工挖孔桩，结果由于施工大量抽排水，地基土流失、塌陷，邻近建筑物开裂、失稳，地基土结构破坏，桩基础也未能如愿。又如在稳定性分析、计算中，要运用岩土力学的有关理论及计算式，然而理论计算式都有一定的假设前提，如果不注意这些假设条件与场地条件的差异，不从研究岩土体的规律去认识这些差异性的大小，不研究场地条件与假定条件的相似程度，就必然造成计算失误，稳定性分析与评价就不符合客观实际。当然双向效应的研究，场地工程地质条件紧密结合工程、基础条件是要对场地工程条件有一个正确而全面的认识为前提。但由于地基岩土的复杂性和变异性，又往往使我们困难重重，因此必须花大力气去做，要精雕细琢，既论证有利方面，也论证不利的方面，从而采取相应的对策，使报告书不仅满足工程建设的要求(稳定性及使用功能的要求)，还要满足环境保护的要求，使报告书真正体现出社会，环境和经济效益的三者和谐统一。

2. 报告书应服务于工程建设的全过程

在绪论中我们说过，岩土工程它服务于工程的“勘察、设计、治理（施工）、监测、监理”几个环节，因此一份好的岩土工程勘察报告书应是“立足现在，展望未来”，不能仅仅为设计提供参数，做技术劳务，而应参与设计（特别是地基处理设计），参与施工，参与质量监督，参与工程施工过程及竣工后的监测，对可能发生的问题要提出技术上可行、经济上合理的对策；这是因为作为岩土工程技术人员来说，对地基岩土条件最了解，能够做到使建筑设计、地基基础设计有机地结合起来；尽管在今天由于各种原因还难以做到，但是随着体制改革的深入发展是可以做到的，在现行条件下我们则至少应提出经过分析论证，技术上可行、经济上合理的方案、建议供设计、施工考虑，同时积极与设计、施工联系，使我们提出的方案、建议得到他们的理解、支持以致采纳，真正起到岩土工程应起到的作用。

在过去的相当长一段时间里，勘察只限于查明场地工程地质条件，提出有关参数供设计使用，实际工程条件如何根本不接触，以致提出的建议脱离实际，是“想当然”，或者不考虑经济效益，其结果是勘察、设计、施工脱节，工程造价增加，施工期延长，有的甚至留下隐患。

要使报告书能很好地服务于工程全过程，首先资料收集应仔细、准确、全面，报告书以这些资料为基础，运用唯物辩证认识论去认识和分析规律性，结合工程特性（必要时还应结合城市规划)、环境保护要求去分析和评价，不仅是现时的还要预测将来，使工程建设永远处于一个良好的地质环境和自然环境之中。

岩土工程评价不仅要考虑自然因素，阐述自然规律，即考虑场地地形地貌、地层岩性、地质构造、水文气象及水文地质条件，不良地质现象的影响及其可能的变化，还应考虑工程结构特点和对岩土的要求，施工环境，已有工程的影响及其他环境技术条件，建设工期、造价等因素，对场地条件的影响和制约程度。

对岩（土）体进行勘察、掌握其规律及有关参数，目的是为工程建设服务。然而不同的工程差异很大，由于荷载的大小、性质、分布、加荷速率以及挖方、填方、蓄水、排（降）水引起岩（土）体应力的变化等，岩（土）体过量变形或破坏造成的损害或破坏引起的后果严重性不同，建（构）筑物本身对变形的抵抗能力和适应能力——结构的刚度也不相同。例如长高比大的结构物，平面尺寸大，不设沉降缝的建筑物，往往自身刚度相对较小，对不均匀沉降敏感；高层建筑、筒仓、高耸烟囱、水塔等，上部结构及基础的刚度往往较大，由不均匀沉降引起的结构变形问题则是以整体的倾斜为评价对象；柔性结构物，在膨胀土地区，对不均匀沉降适应性好，不易造成结构破坏，而刚性结构则相反。

从施工因素来说，采用什么方法进行岩土工程处理，则与施工环境、施工技术条件、工期、经济因素密切相关，方案在技术上是可行的、先进的，经济上合理，于环境保护是有益的，但在实施时却不能，或为一纸空文，空中楼阁，或能施工但质量难以保证。如排土桩加固地基效果好，但却可破坏邻近建筑工程设施；排水预压法，投资可能小，但工期长，某些其他方法则可能费用高，但工期短，见效快；施工现场狭小，不能用大型设备等，这些都是在岩土工程分析、评价时必须充分考虑的。因此在岩土勘察报告中应提出两个或两个以上方案以备选择。

3. 报告文字要精炼，论述要有逻辑性、针对性，要切中问题要害，前后不能矛盾，文图必须相符。首先要把场地工程地质条件阐述清楚，不仅有点的描述，还应有线及面的概括，要找出它们之间的规律性，这是我们认识和评价场地条件的物质基础，只有这样定量计算才能有可靠的基础，反过来定量评价的正确又深化了定性的分析。一份岩土工程报告，实际上是一份实用性科学技术文献，它依赖的是实际资料，实事求是的分析并力求解决工程实际问题，是勘察报告书的根本所在。但把勘察报告仅视为为生产服务，是一份“生产报告”，而轻视它的科学性，技术性，甚而对立起来的看法和做法都是错误的。因此，勘察报告书切忌夸夸其谈，言之无物，更忌生搬硬套，照抄书本。例如，地基土的不均匀是绝对的，均一性是相对的，受荷载作用产生不均匀沉降是必然的，问题是“不均匀沉降值是否超过了建筑物稳定性要求的容许限值”，评价论述就应切中这个要害。

报告中的矛盾，甚至错误，往往是出现在定性分析（场地条件的空间分析）中。定性评价的依据是我们对场地条件的认识程度，而我们对场地条件的认识则依靠我们在勘察工作过程中所获资料的完整性和准确性，对各种因素作用的权重关系的因果分析，需要我们对已有资料进行深入、细致的分析，发掘它们之间的内在联系和规律性。问题往往是只见表面，不见实质；只见树木，不见森林；对于地基岩土的认识往往是以孔论孔，而不能从孔、剖面线（纵的和横的）去认识它的空间变化——分布、厚度及工程性质，把评价只寄托于定量计算，还美其名“准确”，其实是华而不实。定性、定量评价的关系我们在“绪论”中已论述。岩土工程分析评价应在定性分析的基础上进行定量分析。在定性分析中，要抓住主要矛盾，这是认识问题和解决问题的关键。例如，分析场地稳定性，它与地基岩（土）性质，场地不良地质现象的发育等因素等有关，而不良地质现象的发生又与岩、土性质、结构、地形地貌、地下水活动、外部荷载作用诸多因素有关，但有的通过岩、土体起作用，有的则是直接起作用，在这诸多因素中哪些或哪个因素是起主导作用的，哪些是推波助澜，它们之间有什么内在联系？这些因素在工程建设过程中，可能由于哪些条件的变化而变化，其变化、发展趋势如何？对场地稳定性有何影响，影响程度如何？等。这就需我们逐步去分析和认识，从而抓住本质的东西。分析过程中需要用理论去指导，理论结合实际资料分析，而不是用理论套实际，或实际按理论对号入座。对于工程选址、场地对拟建工程的适宜性评价以及场地地质条件稳定性评价等问题可仅作定性分析。而对岩土体的变形性状，及其极限值、岩土体强度、稳定性及其极限值、岩土压力及岩土体内应力的分布与传递、岩土体及水体与建筑物的共同作用，以及其他各种临界状态的判定问题则应作定量分析。定量分析可采用定值法，但对特殊工程必要时应辅以概率法进行综合评价。

4. 参数的选取要正确合理，任何偏大、偏小都是不可取的。

5. 结论要明确，结论来源于正确的分析和评价，不要这样可行，那也可以。对由于资料不充分而难以得出确切结论的，则应指出存在的问题，并提出解决的措施、办法，供以后工作参考，或补做工作，收集资料，把问题解决。

6. 报告所附图件应整洁、清晰，比例尺选择适当，图式、图例符合规程、规范或地方统一规定，界线的勾绘和表示的内容应符合地质规律和工程建设要求。

三、岩土参数的分析及选定

岩土参数是进行岩土工程定量评价，以及进行岩土工程设计的依据，参数选取的正确与否，关系到工程建设的稳定性及经济性。岩土参数分为两类，一是评价指标，用以评价岩土性状，作为划分地层，坚定类别的依据，如 e、I_L、I_P 等；另一类是计算指标，是用以进行岩土工程设计、预测岩土体在荷载和自然条件作用下的力学行为及其变化趋势，如 a_{1-2}、E_s、c、φ 等。但是岩土不同于其他材料，同一项指标，采用不同的测试方法，其结果往往差异很大；例如室内试验获得的压缩模量 E_s，载荷试验获得的变形模量 E_0，旁压试验获得的旁压模量 E_M，都是表征应力-应变关系，不仅数值上相差很大，且相互间也无确定关系。室内直剪、三轴试验、原位十字板试验、原位剪切试验、静力触探试验都可测定抗剪强度，所获得数据差别也很大，相互间也无确定关系，且各种测试手段、作用机制都不同于工程原型（实际），因此在分析、评价时，首先必须注意参数是什么方法测定的，测定方法与原型之间差异如何。

（一）岩土参数的基本要求

对参数的基本要求是可靠性和适用性。

可靠性：参数能正确地反映岩土体在规定条件下的性状，能比较有把握地估计参数值所在区间。

适用性：参数能满足岩体、土力学计算的假定条件和计算的精度要求。

岩土参数的可靠性及适用性，很大程度上取决于结构受到扰动的程度、取样的方法及其他因素（如取样器），表 6.2-1 所列土试验样品扰动程度不同，所能做到的指标也不同。

土试样扰动程度的室内试验评价　　表 6.2-1

测定项目	不扰动土样	受一定程度扰动土样	重塑土样
应力-应变关系特征	破坏应变小，峰值应力前近于直线	破坏应变相对较大，线型较圆缓	峰值不明显或无峰值
不排水强度	对正常固结土一般随深度增加呈线性增长	强度低于正常值	
不排水变形模量 E_{50}（应力-应变关系曲线上，峰值应力的50%处的割线模量）	相对较高	相对较低	

续表

测定项目	不扰动土样	受一定程度扰动土样	重塑土样
恢复应力的体变	相对较小	相对较大	
e-lg$p$ 曲线	前期固结压力相对较高，曲线有明显转折	前期固结压力相对较低，曲线转折渐不明显	转折不明显，全部 e 值小于原状土
固结系数 C_v	压力低于前期固结压力 p_c 时，C_v 值相对较高，压力大于 p_c 以后迅速下降	C_v 相对较低，且随固结压力线性增长	
次固结速率 C_a	压力低于 p_c 时，C_a 随压力增长迅速增加；压力大于 p_c 后，随压力增大而下降	随压力变化关系不明显	
残余有效应力	理想原状土残余有效应力可达有效覆盖压力的 60%	随扰动程度增加而降低	残余有效应力为零

试验方法和取值标准对试验结果亦有重要影响，同一层土的同一指标，用不同的试验方法（标准）得到的结果差异也很大，如锥式仪与碟式仪对比试验表明得到的结果不同；即使同是碟式仪，垫的材料、开槽的刀型不同，结果也不同；锥式仪是电动落锥或手放落锥，测得结果也不同，对低塑性土差别尤为显著。

因此岩土参数在选定之前应评价其可靠性和适用性，评述的内容为：

① 取样方法及其他因素对试验结果的影响；

② 采用的试验方法和取值标准；

③ 不同测试手段所取得结果的分析比较。

一般说来，原位测试结果较接近实际，但是影响原位测试结果精度的因素也是存在的，如仪器是否正常，是否合乎标准、试验方法、步骤等是否规范化等，都应进行分析，对试验结果作出评价。试验结果各指标间不能存在矛盾，不能不符合一般的规律，如“e 值大，而 E_s 也大，a_{1-2} 小”这类在正常情况下不应有的现象。因此在岩土工程勘察报告中应说明仪器使用的规格、试验标准等；如果是采用非标准试验，还应详细说明样品制备方法、试样尺寸、力荷等级以及稳定标准、数据处理等，以便使用岩土工程勘察报告的人员进行核对和选择。

由于土的形成方式及组成材料的多样性，使土成为一种很不均匀的材料，以致在被称为“均匀”的体系中的土在不同点之间可以觉察到它的变化。土性本身很大的变异性，而测量的方法又能使我们测得很小的差异，这就给我们提出了这样的问题：量测数值在实践中应达到什么程度，从而达到改善工程的安全与经济。

对待土性的变异性，过去常用的方法是采用某一土性的“平均”值，而视土为具有这种平均性质的材料——这种方法称为确定性方法。一个测定值不同于真值，这可能是由于随机误差（不可预见或性质不明的误差）或系统误差所造成，一般来说，任何土工参数的真值是永远无法知道的，我们只能据一些测定值来估计真值，而测定是有一定误差的。测定出的数据通常具有一定的离散性，但它以一定的规律分布，可用一阶矩和二阶矩统计量表示。一阶原点矩是分布平均位置的特征值，称为数学期望或平均值，表示分布平均趋势；二阶中心矩则是用表示离散程度的特征，这种离散性是相对平均值而言的，有方差、标准差，表示数据离散性特征值；而变异系数是数据变异特征值。从数学意义主讲，一般值、最大、最小、平均值均无概率意义。

标准差，可以作为参数离散性尺度，但它有量纲，不同岩土参数的离散性则不能用标准差来比较。为评价岩土参数的变异特性，引入变异系数δ，它是无量纲系数，因而使用上方便，在国际上也是一个通用指标，根据变异系数可以评价参数的变异特征。

分析岩土参数在深度方向和水平方向上的变异规律，有助于正确掌握岩土参数的变异特性，按变异特性划分力学层或分区统计指标，或在岩土力学计算中引入参数变异规律的函数，以估计复杂条件下岩土的反应。

（二）岩土参数的分析和选定

1. 岩土参数应根据工程特点和地质条件选用，并按下列内容评价其可靠性和适用性：

（1）取样方法和其他因素对试验结果的影响；

（2）采用的试验方法和取值标准；

（3）不同测试方法所得结果的分析比较；

（4）测试结果的离散程度；

（5）测试方法与计算模型的配套性。

2. 岩土参数统计

岩土参数统计应符合下列要求：

（1）岩土参数的数理统计应按工程地质单元、区段及层位分别统计，因此统计前必须正确划分地质单元体，不同的地质单元体不能在一起进行统计。

（2）应按下列公式计算平均值、标准差和变异系数：

$$\phi_{\mathrm{m}}=\frac{1}{n}\sum_{i=1}^{n}\phi_{i} \tag{6.2-1}$$

$$\sigma_{\mathrm{f}}=\sqrt{\frac{1}{n-1}\left[\sum_{i=1}^{n}\phi_{i}^{2}-\frac{1}{n}\left(\sum_{i=1}^{n}\phi_{i}\right)^{2}\right]} \tag{6.2-2}$$

$$\delta=\frac{\sigma_{\mathrm{f}}}{\phi_{\mathrm{m}}} \tag{6.2-3}$$

式中　ϕ_{m}——平均值；

σ_{f}——标准差；

δ——岩土参数的变异系数。

（3）分析数据的分布情况并说明数据的取舍标准。

（4）主要参数宜绘制沿深度变化的图件，并按变化特点划分为相关型和非相关型。需要时应分析参数在水平方向上的变异规律。

相关型参数宜结合岩土参数与深度的经验关系，按下式确定剩余标准差，并用剩余标准差计算变异系数。

$$\sigma_{\mathrm{r}}=\sigma_{\mathrm{f}}\sqrt{1-r^{2}} \tag{6.2-4}$$

$$\delta=\frac{\sigma_{\mathrm{r}}}{\phi_{\mathrm{m}}} \tag{6.2-5}$$

式中　σ_{r}——剩余标准差；

r——相关系数；对非相关型 $r=0$。

3. 岩土参数标准值 ϕ_k

岩土参数标准值是岩土工程设计时所采用的基本代表值，是岩土参数可靠性估值，计算如下：

$$\phi_k = \gamma_s \phi_m \tag{6.2-6}$$

$$\gamma_s = 1 \pm \left(\frac{1.704}{\sqrt{n}} + \frac{4.678}{n^2}\right)\delta \tag{6.2-7}$$

式中　γ_s——统计修正系数。

式中正负号按不利组合考虑，如抗剪强度指标的修正系数应取负值。

统计修正系数 γ_s 也可按岩土工程的类型和重要性、参数的变异性和统计数据的个数，根据经验选用。

4. 岩土参数值的提供

在岩土工程勘察报告中，应按下列不同情况提供岩土参数值：

（1）一般情况下，应提供岩土参数的平均值、标准差、变异系数、数据分布范围和数据的数量。

（2）承载能力极限状态计算所需要的岩土参数标准值，应按式（6.2-6）计算；当设计规范另有专门规定的标准值取值方法时，可按有关规范执行。

第三节　岩土工程勘察报告实例

一、工程与勘察工作概况

（一）拟建工程概况

某工程项目由某有限公司建设。项目位于广西某县龙脊大道北侧。本项目包含 3 栋拟建建筑，其中 1 号楼为酒店式公寓，2 号楼为沿街商铺，3 号楼为酒店配套用房。场地内含小区内道路边坡及挡墙。

受某有限公司的委托，某单位承担了该场地岩土工程详细勘察任务。拟建建筑物主要结构特征如表 6.3-1 所示。

主要建筑物结构特征表　　表 6.3-1

建筑物编号	建筑物性质	设计±0.00标高(m)	地上层数	地下层数	高度(m)	建筑安全等级	结构类型	对差异沉降敏感程度	建筑规模		建筑物基础		
									形状	尺寸(m)长×宽	基础形式	暂定埋置深度(m)(绝对标高)	荷载(kN)
1号	酒店式公寓	289.4	5F	无	≤24	二级	框-架	不敏感	多边形	—	独立基础或条形基础	2.0m (287.4m)	3000

续表

建筑物编号	建筑物性质	设计±0.00标高（m）	地上层数	地下层数	高度（m）	建筑安全等级	结构类型	对差异沉降敏感程度	建筑规模		建筑物基础		
									形状	尺寸（m）长×宽	基础形式	暂定埋置深度（m）（绝对标高）	荷载（kN）
2号	商业	258.6	1F、3F	无	≤15	二级	框-剪	不敏感	多边形	—	独立基础或条形基础	2.0m（256.6m）	500
3号	酒店配套用房	305.0	1F	无	≤8	二级	框架	不敏感	多边形	—	独立基础或条形基础	20m（303.0m）	200
建筑边坡		小区内道路边坡及挡墙				边坡安全等级		二级工程，破坏后果严重					

注：建筑物的地基变形允许值满足《建筑地基基础设计规范》GB 50007—2011 表 5.3.4 规定。

（二）勘察的目的和任务要求

根据《岩土工程勘察规范》GB 50021—2001（2009 年版）及《建筑边坡工程技术规范》GB 50330—2013，本次勘察的目的是查明场地岩土工程条件，为拟建建筑物提供详细的岩土工程资料和设计、施工所需的岩土参数；对建筑地基作出岩土工程分析评价；并对地基类型、基础形式、地基处理和不良地质作用的防治等提出建议；为边坡支护提供详细的岩土工程资料和设计、施工所需的岩土参数；对边坡作出岩土工程分析评价以及提出方案建议。

本次岩土工程勘察的任务要求是：

（1）搜集附有坐标和地形的建筑总平面图，场区地面整平标高，建筑物性质、规模、荷载、结构特点，基础形式、埋置深度，地基允许变形等资料。

（2）根据需要搜集气象、水文和区域地质构造资料，查明场地的地形地貌特征。

（3）查明场地内不良地质作用和地质灾害的类型、成因、分布范围、发展趋势和危害程度，提出整治方案的建议，并提供所需计算参数；分析场地土的地震效应，判定场地土类型和场地类别，提供抗震设计参数；评价场地的稳定性和建筑适宜性。

（4）查明场地范围内岩土层的类型、成因、时代、深度、厚度、分布、工程特性以及特殊性岩土的性质，查明基础下软弱和坚硬地层分布，以及各岩土层的物理力学性质，查明岩石坚硬程度。岩体完整程度、基本质量等级和风化程度，分析和评价地基的稳定性、均匀性，提供设计所需各岩土层的地基承载力特征值等技术参数；对需进行沉降计算的建筑物，提供地基变形计算参数，预测建筑物的变形特征；查明主要结构面特别是软弱结构面的类型、产状、发育程度、延伸程度、结合程度、充填状况、充水状况、组合关系、力学属性和与临空面的关系。

（5）查明埋藏的河道、沟浜、墓穴、防空洞、孤石等对工程不利的埋藏物。

（6）查明地下水类型、埋藏条件，提供地下水位及其变化幅度，判定地下水及地基土对建筑材料的腐蚀性及地下水对基础施工和建筑物使用的影响；查明岩土的透水性和地下水的出露情况。

（7）对建筑物的基础类型进行分析论证，提出安全、经济、合理的基础方案建议，同时对基础设计、处理和施工中应该注意的问题提出建议。

（8）对复合地基或桩基础类型、适宜性、持力层选择提出建议参数；提供桩的极限侧阻力、极限端阻力和变形计算的有关参数；对沉桩的可行性、施工时对环境的影响及桩基础施工中注意的问题提出意见。

（9）对边坡工程进行分析评价，提出边坡支护方案建议。

（三）勘察依据的技术标准

1.《岩土工程勘察规范》GB 50021—2001（2009 年版）；

2.《建筑边坡工程技术规范》GB 50330—2013；

3.《广西壮族自治区岩土工程勘察规范》DBJ/T 45—066—2018；

4.《广西建筑地基基础设计规范》DBJ 45/003—2015；

5.《建筑抗震设计规范》GB 50011—2010（2016 年版）；

6.《工程岩体分级标准》GB/T 50218—2014；

7.《土工试验方法标准》GB/T 50123—2019；

8.《工程岩体试验方法标准》GB/T 50266—2013；

9.《地下水质检验方法》DZ/T 0064—93；

10.《建筑地基基础设计规范》GB 50007—2011；

11.《建筑桩基技术规范》JGJ 94—2008；

12.《岩土工程勘察安全标准》GB 50585—2019 ；

13.《广西膨胀土地区建筑勘察设计施工技术规程》DB45/T 396—2007；

14.《建筑工程抗震设防分类标准》GB 50223—2008；

15.《中国地震动参数区划图》GB 18306—2015；

16.《房屋建筑和市政基础设施工程勘察文件编制深度规定》（2020 年版）；

17.《工程测量规范》GB 50026—2020；

18.《建筑工程地质勘探与取样技术规程》JGJ/T 87—2012；

19.《建筑地基处理技术规范》JGJ 79—2012；

20. 国家有关工程建设的其他规范等。

（四）岩土工程勘察等级

根据工程重要性等级、场地等级和地基等级，按照《岩土工程勘察规范》GB 50021—2001（2009 年版）的第 3.1 节规定，确定本项目的岩土工程勘察等级属乙级，根据边坡安全等级和地质环境复杂程度，按照《建筑边坡工程技术规范》GB 50330—2013 第 4.1.8 条规定，确定本工程的边坡工程勘察等级为二级，分级依据详见表 6.3-2、表 6.3-3。

岩土工程勘察等级划分表　　**表 6.3-2**

项目名称	分级情况	划分依据	依据标准
工程重要性等级	三级工程（一般工程，后果不严重）	最高楼高 5 层，楼高≤24m	GB 50021—2001（2009 年版）第 3.1.1 条

续表

项目名称	分级情况	划分依据	依据标准
场地等级	二级场地 （中等复杂场地）	地质环境已经 受到一般破坏	GB 50021—2001（2009 年版） 第 3.1.2 条
地基等级	二级地基 （中等复杂地基）	岩土种类较多， 不均匀	GB 50021—2001（2009 年版） 第 3.1.3 条
岩土工程勘察等级	乙级		GB 50021—2001（2009 年版） 第 3.1.4 条

边坡岩土工程勘察等级划分表　　表 6.3-3

项目名称	分级情况	划分依据	依据标准
边坡安全等级	二级工程	边坡小于 30m，破坏后果严重	GB 50330—2013 第 3.2.1 条
地质环境复杂程度	简单	组成边坡的岩土体种类少，强度变化小，土质边坡潜在滑面较少，岩质边坡受外倾不同结构面组合控制，水文地质条件简单	GB 50330—2013 第 4.1.9 条
边坡工程勘察等级	二级		GB 50330—2013 第 4.1.8 条

（五）勘察方法及勘察工作完成情况

1. 勘察方法

本次勘察采用工程地质调查、测量、工程地质钻探、标准贯入试验、重型动力触探试验、波速测试和室内试验等多种手段相结合的方法，以期能全面真实地反映场地的工程地质条件，采用经济可靠的勘察方案，对基础方案提出合理可行的结论和建议。

（1）工程地质调查：通过搜集区域资料、现场踏勘等方法进行工程地质调查，调查范围为场地红线外延不少于 500m，调查面积约 1.0km^2，主要对拟建场地及其附近的区域地质、地形地貌、地层岩性进行调查。

（2）测量：根据甲方提供的坐标控制点，按勘探点平面位置图，利用 GPS 及全站仪将各勘探点定位。

（3）工程地质钻探：采用 4 台 GY-100 型钻机施工，对第四系土层采用锤击钻进，对岩层采用回转取芯钻进，当出现塌孔现象时采用套管护壁。严格控制钻进的回次进尺，钻探记录按回次逐项填写，发现变层，分层填写。

（4）标准贯入试验：与钻探配合进行，先钻至需要进行试验的土层标高以上约 15cm，清孔后换用标准贯入器，并量得深度尺寸；采用自动脱钩的自由落锤法进行锤击，锤重 63.5kg，落距为 76cm，以 15～30 击/min 的贯入速率将贯入器打入试验土层中，先打入 15cm 后，开始记录每打入 10cm 的锤击数，累计打入 30cm 的锤击数为标准贯入试验的 N 值。碰到密实砂层及其他坚硬地层，当锤击数已达到 50 击，贯入深度小于 30cm 时，记录 50 击的实测贯入深度，再换算成相当于 30cm 的 N 值。

（5）超重型动力触探试验：钻至需要进行试验的土层标高，清孔后换用超重型动力触探头，并量得深度尺寸；采用自动脱钩的自由落锤法进行锤击，锤重 120kg，落距为 76cm，以 15～30 击/min 的贯入速率将贯入器打入试验土层中，记录每打入 10cm 的锤击数为该段重型动力触探试验的实测 N_{120} 值，一般连续测试 0.6～1.0m。碰到软弱地层，当锤击数较小，可记录1阵击（即5击）的贯入深度，再换算成相当于10cm的N_{120}值。

（6）试样采取：根据不同试样的要求采用的取样器和取样方法见表6.3-4。

试样取样器和取样方法一览表 **表6.3-4**

试样名称	Ⅱ级土样	岩石样	土腐蚀性样
扰动程度	轻微扰动		
试样特征	全风化，土		
取样器	厚壁敞口取土器	岩芯钻头	取土器
取样方法	重锤少击法	岩芯管岩芯	取土器
贮存要求	密封、正放、阴凉处	密封、阴凉处	密封、阴凉处
运输要求	防振动	防振动	
主要试验内容	定名、含水率、密度、强度、固结	天然和饱和状态单轴抗压强度	pH、Ca^{2+}、Mg^{2+}、Cl^-、SO_4^{2-}、HCO_3^-、CO_3^{2-}、侵蚀性CO_2、游离CO_2、NH_4^+、OH^-、总矿化度

（7）室内试验：本工程室内试验项目和试验方法全部按照《岩土工程勘察规范》GB 50021—2001（2009年版）第11章的规定进行；具体操作和所使用试验仪器均符合现行国家标准《土工试验方法标准》GB/T 50123—2019和《工程岩体试验方法标准》GB/T 50266—2013的要求。试验所用仪器、仪表均经过计量检测单位检验认证且在有效期内，这里对具体试验方法和技术要求不再叙述。

2. 勘察工作布置

针对建筑物布孔：根据岩土工程勘察等级及场地地质条件，在收集、分析场地区域地质及邻近场地岩土工程勘察资料的基础上结合建筑物的特点，按照《岩土工程勘察规范》GB 50021—2001（2009年版）要求，主要沿建筑物边线及角点布置，钻孔为设计单位布置，场地共布置43个钻孔，钻孔间距10.4～22.8m，其中控制性钻孔16个，一般性钻孔27个。孔深要求如下：所有钻孔的孔深要求进入设计基底下不小于5m，邻近建筑边坡钻孔还需满足控制边坡地质情况的孔深要求。

针对边坡及挡墙布孔：按边坡工程勘察等级及场地地质条件，收集分析场地区域地质资料，按照《建筑边坡工程技术规范》GB 50330—2013要求，勘探线应以垂直边坡走向布置，共布设27孔（孔数根据现场钻探情况可适当增加，因位于自然斜坡上考虑施工安全等因素，钻孔位置根据场地情况可适当移位施工），勘探线间距约17～27m，勘探点间距9～15m。初步确定坡中钻孔孔深要求进入强风化岩不小于3m，坡脚孔深不小于8m。钻探过程中根据揭露的地层情况灵活控制，以探明边坡地质情况及勘探进入最下层潜在滑面为目的。

具体孔位布置详见《建筑物与勘探点平面位置图》。

3. 实际完成工作量

某单位于2020年4月12日进场施工，共投入4台钻机，于2020年4月29日完成野外工作。因施工中获得通知2号商铺暂定不施工，故2号楼所布置的16个钻孔未施工，其中8个孔为利用原初勘所施工钻孔，所利用的钻孔编号为DK15、DK23、DK26、ZK3、ZK7、ZK19、ZK23、ZK27。本次勘察实际完成工作量见表6.3-5。

实际完成勘察工作量统计表　　表 6.3-5

外业部分					内业部分			
序号	项目名称		单位	数量	序号	项目名称	单位	数量
1	钻孔		个	54	1	土样（常规）	组	17
2	钻探总进尺		m	968.8	2	压缩（标准）	组	17
	其中	岩层	m	685.9	3	直接剪切试验	组	7
		土层	m	282.9	4	自由膨胀率试验（兼做）	件	0
3	取样	Ⅱ级土样	件	17	5	岩石饱和抗压	组	2
		岩样	件	16	6	岩石点荷载试验	组	14
		土腐蚀性样	组	2	7	土腐蚀性分析	组	2
4	原位测试	标准贯入	次	30				
		动力触探	m/段	3.6/6				
5	工程测量		组日	1				

4. 勘探孔回填

勘探孔回填严格按《建筑工程地质勘探与取样技术规程》JGJ/T 87—2012 的第 13 章“钻孔、探井、探槽和探洞回填”的相关要求回填。本次勘探所有钻孔在施工结束后采用原土每 0.5m 分层夯实回填。

5. 引用已有资料

本次勘察引用某公司 2020 年 3 月 15 日编制的《某岩土工程勘察报告（初步勘察阶段）》。

6. 勘探点测放依据

本次勘察采用 2000 坐标系，1985 国家高程基准，控制点坐标为：C1：X= 2852427.37、Y=401399.700、H= 248.212m；C2：X=2852349.051、Y= 401473.108、H=247.4219m；C3：X=2852408.732、Y= 401453.639、H=247.9752m。

7. 协作、分包单位

本次勘察土的腐蚀性试验由某勘察设计研究院实验室完成。

通过上述工作及室内资料分析整理，场地的岩土工程地质条件已基本查明，所提交的成果报告可以满足拟建建筑物地基基础设计及边坡支护设计需要。

二、场地环境与工程地质条件

（一）气象和水文概况

某县属于亚热带季风气候区，具有热量充足，雨水充沛，相对湿度大，生长季节长等特点。据气象资料，县境气候温和，县城年平均气温 18℃左右，每年 12 月至次年 2 月为全年气温最低时期；7、8 月份为年气温高月份，月平均气温在 26℃以上。历年平均降水量 1544mm，月最大降水量为 544.8mm（1996 年），最少为 1.4mm（1973 年 12 月），降雨量的季节变化特点是冬少夏多，汛期约 6 个月（4～9 月），年降雨量由北向南呈逐渐增加的趋势，多年平均蒸发量为 1264.1mm。该地处于桂北高寒地区，每年 12 月至次年 2 月，受北方强冷空气南下影响，均有可能出现降雪天气，但维持时间短，雪量少，积雪日数不多。县境内多高山遮拦，且阴雨天数多，日照数为广西最少的县。日照时数季节变化为夏秋多、冬春少。历年平均日照时数 1247h，年最多为 1529h（1972 年），年最少为 1030h（1959 年），平均每年实际日照时数仅占可照时数的 28%。

某县境内水系发达，溪河遍布，大小溪流达 480 余条，总长 1535km，年径流量 262.61 亿 m^3，集雨面积 3867.65km^2。寻江为该县最大河流，发源于猫儿山、银竹老山等山脉，总体自东向西横贯该县全境；寻江（在县城段称桑江）北自东向西，其本流分南流水系和北流水系，呈树枝状分布；其多年平均流量为 131m^3/s，最大流量为 17245.5m^3/s，最小流量为 23.5m^3/s，多年径流量 41.33 亿 m^3；其水质清澈，水深 4～5m，河面较宽阔，水流比较平缓。

（二）区域地质构造概况

该工程区大地构造位置处于桂北台隆之上的龙胜褶断带内。受广西运动影响，本区域地层普遍上升隆起并产生褶皱，褶皱形态以长轴状为主，轴向北北东，轴面倾向西，岩层倾角一般 40°～60°，伴随褶皱发育了一系列与褶皱平行、断面倾向西的上冲断层，褶皱被破坏，背斜多保存西翼，向斜仅见东翼，褶皱与上冲断层共同组成叠瓦式构造。

据地震记载资料，本区域范围内自有资料记载以来未发生过破坏性大地震。道路工程区范围内也无活动性断裂通过，处于构造活动相对稳定地块。

根据区域地质资料，该县大部分为山地，东、南、北三面高而西部低，境内地表岩土层受内力地质作用和外力地质作用，在地表产生各种形态，山峦起伏，溪流纵横，且地形坡度大，沟谷弯曲狭窄，沟床起伏大。地层主要由元古界岩石及第四系组成，岩性主要为泥岩、砂岩、页岩等，岩石抗风化力弱，易受风化和地表水的软化，岩溶地貌整体不发育。

勘察区内均有覆盖层，无岩石出露产状无法测量，邻近山坡出露的岩层与场区钻探揭露的岩层不一致，且邻近场地开挖出的坡面见有小型褶皱发育，岩层产状稍杂乱，受构造地质影响，岩体不同方向上的节理裂隙均有发育，岩体被切割成豆腐块状。

（三）场地地形地貌

拟建场地位于某县城龙脊大道旁，地貌单元为构造剥蚀中—中低山。场地位于坡地上，勘察期场地未开挖场坪，现状标高 265.74（ZK30，2 号楼区域，未施工）～310.13m（ZK21），高差 44.39m。

（四）不良地质作用及地质灾害

根据工程地质测绘、调查和钻探，拟建场地的不良地质作用和地质灾害主要为滑塌，拟建场地内及附近不存在对工程安全有影响的泥石流、采空区、岩溶、地面沉降、活动断裂等不良地质作用和地质灾害。拟建场地出露地层尽管简单，在钻探深度内未发现土洞、大的构造裂隙或软弱夹层等不良地质现象，但边坡岩体节理裂隙发育且泥质充填，边坡在外部环境的破坏和雨水的冲刷与渗透，会引发局部崩塌、滑坡等地质灾害现象，危及拟建建筑的安全。

（五）场地岩土层特征

根据区域地质资料及本次钻探揭示，在钻探深度内场地的覆盖地层主要为第第四系填土层（Q_4^{ml}）的素填土，第四系植物层（Q_4^{pd}）的耕土，根据区域资料及附近场地资料下伏基岩为元古界板溪群上亚群中组千枚岩（Ptbn2）。现将场地内各层岩土的年代、类型、成因、分布及工程特性自上而下分述如下：

①$_1$ 素填土：分布于场地地表，杂色，主要由块石、碎石夹有黏土、全风化千枚岩组成，块石成分为强风化—中风化千枚岩，直径大于50cm，硬质含量约80%，松散状，不均匀，回填时间约3年，由附近场地开挖回填堆积形成，未完成自重固结，属高压缩性土。因该层回填有较多的大块石，所以在该层做超重型动力触探试验60次，其实测锤击数N=1～9击/10cm，经杆长校正后锤击数0.9～6.0击/10cm，平均3.4击/10cm，标准值为3.0击/10cm。该层分布区域主要在1号楼东侧、东侧回填区边坡及北侧小区道路进出口段。具体分布情况见表6.3-6。

素填土分布情况表　　**表6.3-6**

层厚（m）	埋深（m）	高程（m）		平均厚度（m）
		层顶面高程	层底面高程	
0.8～30.8	0	275.02～296.77	249.42～293.69	12.59

①$_2$ 耕土：第四系植物层（Q_4^{pd}），为表土层，黄褐色，主要由黏性土组成，含少量角砾，角砾成分为全风化—强风化千枚岩，含植物根系。分布情况见表6.3-7。

耕土分布情况表　　**表6.3-7**

层厚（m）	埋深（m）	高程（m）		平均厚度（m）
		层顶面高程	层底面高程	
0.5～2.7	0	267.23～310.13	265.83～308.03	1.32

②千枚岩：元古界板溪群上亚群中组（Ptbn2）千枚岩，黄褐色、灰黄色，岩体极破碎—破碎，原岩为黏土岩，矿物成分主要为绢云母、绿泥石和石英，含少量长石及铁质等物质，局部见有方解石发育。鳞片变晶结构，千枚状构造，岩石结构细腻，片理较发育，片理上有强丝绢光泽，裂隙发育，泥质充填。该层根据岩石风化程度不同。该层根据岩石风化程度划分为②$_1$ 全风化千枚岩、②$_2$ 强风化千枚岩、②$_3$ 中风化千枚岩三个亚层。

②$_1$ 全风化千枚岩：褐黄色，灰黄色，岩体结构基本已破坏，岩体因风化呈极破碎状，大部分已风化呈土状，夹大量强风化岩块，可用镐挖，干钻可钻进，遇水浸泡软化，局部岩芯呈碎块状，钻进速度快，进尺容易。该层取Ⅱ级土样17件，土层详细参数指标详见《各岩土层主要物理力学参数汇总表》。在该层做标准贯入试验19次，其实测锤击数N=4～46击/30cm，经杆长校正后锤击数为4.0～36.3击/30cm，平均16.3击/30cm，标准值为12.6击/30cm。该层除ZK18外，其余钻孔均揭露有分布，厚度不均匀。平均压缩系数为0.389MPa^{-1}，属中压缩性土。分布情况如表6.3-8所示。

全风化千枚岩分布情况表　　**表6.3-8**

层厚（m）	埋深（m）	高程（m）		平均厚度（m）
		层顶面高程	层底面高程	
1.8～18.0	0.0～30.4	249.42～308.03	244.67～305.23	7.69

根据现场钻进难易、岩芯采取率、岩芯破碎程度等来综合确定②$_1$ 全风化千枚岩为极软岩，岩体极破碎，岩体基本质量等级为Ⅴ级，边坡岩体类型为Ⅳ类。

②$_2$强风化千枚岩：褐黄色，灰黄色，薄—中厚层，岩体破碎，节理裂隙强烈发育，泥质充填，原岩为黏土岩，矿物成分主要为绢云母、绿泥石和石英，含少量长石。鳞片变晶结构，千枚状构造，岩石结构细腻，片理较发育，片理上有强丝绢光泽，干钻不易钻进，岩芯呈块状、碎块状，局部呈短柱状，大部分机械破碎呈砂状，岩芯采取率约65%～68%。部分钻孔钻进时快时慢，存在差异风化现象。不可干钻，锤击声哑，易碎，指甲划有划痕，结构面浸染严重，多呈黑色，钻进速度快，进尺容易。在该层做标准贯入试验11次，其实测锤击数N=38～68击/30cm，经杆长校正后锤击数为29.8～52.9击/30cm，平均37.3击/30cm，标准值为33.6击/30cm。该层在所有孔揭露有分布，大部分钻孔未揭穿该层。具体分布情况如表6.3-9所示。

强风化千枚岩分布情况表 **表6.3-9**

层厚（m）	埋深（m）	高程（m）		平均厚度（m）
		层顶面高程	层底面高程	
0.7～17.7	4.7～36.0	244.67～305.23	238.57～297.33	6.14

在该层取岩样14组做岩石点荷载试验，2组单轴抗压强度试验，换算后其饱和单轴抗压强度为4.62～8.19MPa，平均值为6.14MPa，标准值为5.597 MPa，岩体坚硬程度为软岩，岩体破碎，岩体基本质量等级为Ⅴ类，边坡岩体类型为Ⅳ类。

②$_3$中风化千枚岩：灰黄色，青灰色，薄—中厚层，岩体较破碎，节理裂隙发育，泥质充填，原岩为黏土岩，矿物成分主要为绢云母、绿泥石和石英，含少量长石。鳞片变晶结构，千枚状构造，岩石结构细腻，片理较发育，片理上有强丝绢光泽，岩芯呈碎块状，短柱状，岩芯采取率约75%。该层仅ZK18揭露有发育，埋深26.4m，层顶面高程262.45m。因该层埋深较深且仅一个钻孔揭示有发育，故对该层不在取样，根据当地工程经验，该层岩体坚硬程度为较软岩，岩体较破碎，岩体基本质量等级为Ⅳ类，边坡岩体类型为Ⅲ类。

各地层具体分布详见《勘探点主要数据一览表》《工程地质剖面图》。

（六）对工程不利的埋藏物

该场地勘察范围内无埋藏的河道、沟浜、墓穴、防空洞、孤石等对工程不利的埋藏物。

（七）地下水和地表水

1. 地下水

根据区域地质资料、场地地下水赋存条件、含水介质的岩性特征及本次钻探揭示，本区地下水主要为基岩裂隙水，主要赋存于千枚岩的构造裂隙及风化裂隙之中，受大气降水补给，以渗流或地下通道方式低处排泄。

场地位于山坡上，钻探期间对所有钻孔进行量取地下水位埋深，均未量测到地下水。

2. 地表水

拟建场地位于外东侧约100m处为山谷地形，该处属于地表水汇集区，坡顶地表及浅层地下水汇集至该处形成小溪流，河水水质清澈，水深0.2～0.3m，水流量小。根据甲方提供的原始地形图，溪水原从现状出口从东至西向、由钻孔DK21与DK22间流出至场地外西侧低洼处，而场地及场地东侧均已回填10～30m高度，溪流排泄区未进行预埋管处理，现状溪水受回填影响，无序散状向下排泄。

本次勘察未发现对地下水和地表水产生污染的污染源，场地地下水未受污染。

三、岩土参数统计

根据场地工程地质条件，采取不同的钻探方式、野外原位测试手段、采取岩土样、室内土工试验、岩石室内抗压强度试验等勘察手段都符合相关规范要求，岩土试样的采取与测试成果是真实可靠的。岩土参数主要采用以下方法进行统计分析。

（一）主要岩土参数统计公式

按《岩土工程勘察规范》GB 50021—2001（2009 年版）的第 14.2 节中相关公式进行统计，其中参数平均值、标准差、变异系数的计算公式如下：

$$\phi_m = \frac{\sum_{i=1}^{n} \phi_i}{n} \tag{6.3-1}$$

$$\sigma_f = \sqrt{\frac{1}{n-1}\left[\sum_{i=1}^{n} \phi_i^2 - \frac{\left(\sum_{i=1}^{n} \phi_i\right)^2}{n}\right]} \tag{6.3-2}$$

$$\delta = \frac{\sigma_f}{\phi_m} \tag{6.3-3}$$

式中　ϕ_m ——岩土参数的平均值；

σ_f ——岩土参数的标准差；

δ ——岩土参数的变异系数。

按下列公式计算岩土参数的标准值：

$$\phi_k = \gamma_s \phi_m \tag{6.3-4}$$

$$\gamma_s = 1 \pm \left\{\frac{1.704}{\sqrt{n}} + \frac{4.678}{n^2}\right\}\delta \tag{6.3-5}$$

式中　γ_s ——统计修正系数。

注：式中正负号按不利组合考虑。

对于岩石，按《建筑地基基础设计规范》GB 50007—2011 的附录 J 中相关公式进行统计，根据参加统计的试验值计算其平均值、标准差和变异系数，取岩石饱和单轴抗压强度标准值为：

$$f_{rk} = \psi \cdot f_{rm} \tag{6.3-6}$$

$$\psi = 1 - (1.704/n^{(1/2)} + 4.678/n^2)\delta \tag{6.3-7}$$

式中　f_{rm}——岩石饱和单轴抗压强度平均值（kPa）；

f_{rk}——岩石饱和单轴抗压强度标准值（kPa）；

ψ——统计修正系数；

n——试样个数；

δ——变异系数。

（二）岩石试验指标

（1）为了确定②$_2$强风化千枚岩的强度，采取16组岩样进行了岩石试验，根据②$_2$强风化千枚岩的强度试验结果，并按《建筑地基基础设计规范》GB 50007—2011附录J进行统计计算，为软岩，岩体基本质量等级为Ⅴ级。②$_2$强风化千枚岩的点荷载试验结果详见附表《岩石点荷载强度试验检测报告》《岩石饱和单轴抗压强度试验检测报告》，统计结果详见附表《各类岩土层主要物理力学参数统计表》。

综上所述，通过野外钻探、原位测试、室内土工试验、岩石室内抗压试验并逐个统计分析，其主要岩土参数的标准差与变异系数均在合理范围之内，说明岩土参数指标的选取是合理和适用的。

（三）标准贯入试验、动力触探试验指标

各层标准贯入试验舍弃异常数据后，对经杆长修正后和未经杆长修正的标贯、动探分别进行统计。各土层标准贯入试验结果详见附表3《标准贯入试验成果表》，各土层重型动力触探试验结果详见附表4《动力触探试验成果表》。各土层标准贯入试验、重型动力触探试验统计结果详见附表2《各岩土层主要物理力学参数统计表》。

综上所述，通过野外钻探、原位测试、室内土工试验、岩石室内抗压试验并逐个统计分析，其主要岩土参数的标准差与变异系数均在合理范围之内，说明岩土参数指标的选取是合理和适用的。

四、岩土工程分析评价

（一）场地稳定性及适宜性评价

1. 不良地质作用和地质灾害评价

根据工程地质测绘、调查和钻探，拟建场地的不良地质作用和地质灾害主要为滑塌，拟建场地内及附近不存在对工程安全有影响的泥石流、采空区、地面沉降、活动断裂等不良地质作用和地质灾害。拟建场地出露地层尽管简单，在钻探深度内未发现土洞、大的构造裂隙或软弱夹层等不良地质现象。但边坡岩体节理裂隙发育且泥质充填，边坡在外部环境的破坏和雨水的冲刷与渗透下，会引发局部崩塌、滑坡等地质灾害现象，危及拟建建筑的安全。

2. 场地地震效应评价

（1）区域地震资料

据地震记载资料，本区域范围内自有资料记载以来未发生过震级大于4.0级的地震，未发生过破坏性大地震。勘察区范围内也无活动性断裂通过，勘察区处于构造活动相对稳定地块。

（2）抗震设防烈度及抗震设防分类

根据《建筑抗震设计规范》GB 50011—2010（2016年版）和《中国地震动参数区划图》GB 18306—2015有关规定，拟建场地属于抗震设防烈度为6度区，设计基本地震加速度为0.05g。

根据《建筑工程抗震设防分类标准》GB 50223—2008，本项目抗震设防分类为标准设防类，即丙类。

（3）场地土类型划分

本次勘察的拟建物是层数不超过10层（高度不超过24m）的丙类建筑，故勘察过程中未实测场地岩土层的剪切波速，根据工程经验及该场地岩土层的类型，按《建筑抗震设计规范》GB 50011—2010（2016年版）表4.1.3划分土的类型，各岩土层的剪切波速建议值见表6.3-10。

各岩土层的剪切波速建议值　　**表6.3-10**

<table>
<tr><th>土的名称及代号</th><th>土的类型</th><th>剪切波速 v_s（m/s）</th><th>划分依据（GB 50011—2010）</th></tr>
<tr><td>①$_1$ 素填土</td><td>软弱土</td><td>120</td><td rowspan="5">1. $v_s>800$m/s 岩石；
2. $800\geqslant v_s>500$m/s 为坚硬土或软质岩石；
3. $500\geqslant v_s>250$m/s 为中硬土；
4. $250\geqslant v_s>150$m/s 为中软土；
5. $v_s<150$m/s 为软弱土</td></tr>
<tr><td>①$_2$ 耕土</td><td>软弱土</td><td>100</td></tr>
<tr><td>②$_1$ 全风化千枚岩</td><td>中硬土</td><td>300</td></tr>
<tr><td>②$_2$ 强风化千枚岩</td><td>软质岩石</td><td>550</td></tr>
<tr><td>②$_3$ 中风化千枚岩</td><td>软质岩石</td><td>700</td></tr>
</table>

根据场地覆盖厚度，按《建筑抗震设计规范》GB 50011—2010（2016年版）式（4.1.5-1）及式（4.1.5-2）计算得，场地土层等效剪切波速值为128.1～129.86m/s，平均值为197.5m/s，场地覆盖层厚度位于3.0～15.0m区间，按《建筑抗震设计规范》GB 50011—2010（2016年版）表4.1.6划分，场地类别为Ⅱ类，特征周期值为0.35s。根据《建筑抗震设计规范》GB 50011—2010（2016年版）表4.1.1的划分标准，拟建场地附近存在较高陡坡，地震时，可能诱发场地边坡坡的滑塌，故拟建场地属对建筑抗震不利地段。

（4）抗震措施

场地地段类别属抗震不利地段。基础设计时应充分考虑地基土的不均匀性及边坡的抗震不利性，加强基础与上部结构措施。设计时应充分考虑变形对建筑物的影响，对边坡进行合理的支护措施，保证建筑物的安全。

（5）地震稳定性评价

综上所述，拟建场地类别为Ⅱ类，场地设计地震分组为第一组，特征周期值为0.35s，场地地段类别属抗震不利地段，场地无砂土，在地震工况下，该场地内不会发生液化，基础设计时应充分考虑地基土的不均匀性的抗震不利性，加强基础与上部结构措施，合理选择基础形式，避免不利影响。需要采取合理的放坡和支挡措施，避免崩塌、滑移产生的不良影响。因此，只要采取合适的基础形式及边坡支护措施，则适宜建设拟建建筑物。

（二）特殊性岩土评价

1. 填土评价

本场地的填土为①素填土，其年代、类型、成因、分布及工程特性已经在“场地环境与工程地质条件”章节叙述。本场地的填土主要为素填土，堆填时间约3年，未经系统压实，欠固结，其分布范围较广，厚度较大，成分复杂，均匀性差，强度低，彻底清除有一定难度，但不能作为拟建建筑物天然地基持力层。填土层在成桩时易崩塌，是影响桩基础成桩的主要因素。

2. 风化岩评价

场地风化岩广泛分布，厚度及埋深变化较大，局部存在分布、厚度无规律性的风化残留体相对硬夹层岩体，对边坡开挖及支护施工措施选择有所影响，支护设计及施工时均应予以注意。

场地全—强风化千枚岩节理裂隙发育，泥质充填，具遇水浸泡较易软化、易形成局部崩塌的可能，会给施工带来不利影响，在设计和施工时应注意采取有效措施。基坑开挖后应及时检验，及时砌筑基础，防止风化持续发展。在进行边坡开挖时，应分段分层进行开挖，开挖后及时做好边坡坡面防护，以避免坡面长时间暴露。

3. 膨胀土评价

根据《广西膨胀土地区建筑勘察设计施工技术规程》DB45/T 396—2007 的第 5.1.2 条，广西膨胀土主要分三类：

A 类：第三系湖相半成岩的泥岩、千枚岩及它们的风化产物。其中泥岩及其风化形成的黏土，简称 A_1 亚类；千枚岩及其风化形成的粉质黏土，简称 A_2 亚类。

B 类：碳酸盐岩风化形成的残坡积黏土（红黏土）。其中以红为基色的简称 B_1 亚类；以黄为基色的简称 B_2 亚类。

C 类：第四系河流冲积黏土。其中以红或黄为基色的简称 C_1 亚类；以白或灰为基色的简称 C_2 亚类。

该场地覆盖土层为均不属于以上分类。对拟建场地附近的低层建筑物和周围场地观察，未见房屋墙体开裂，地面塌陷等现象。综上所述，根据《广西膨胀土地区建筑勘察设计施工技术规程》DB45/T 396—2007 第 5.1.4 条各类膨胀土的判别指标界限值的判别标准判别，场地不存在膨胀土。

（三）地下水和地表水评价

1. 地下水和土的腐蚀性评价

（1）场地环境类型和地层渗透性分类

场地地层主要为黏土和各千枚岩风化亚层，环境地质条件主要为稍湿—很湿的弱透水层，从安全角度，按湿、很湿的弱透水层考虑。根据《岩土工程勘察规范》GB 50021—2001（2009 年版）的附录 G，场地环境类型为Ⅱ类。

场地为弱透水土层，根据《岩土工程勘察规范》GB 50021—2001（2009 年版）的表 12.2.2，场地地层渗透性按 B 型考虑。

（2）地下水的腐蚀性

在勘察范围内未发现地下水，故无法取水样作地下水腐蚀性分析试验。

（3）土的腐蚀性

本场地于 ZK6、ZK24 取土样 2 件做土的腐蚀性分析试验，其试验结果详见附表 9《土样腐蚀性检测报告》，土的腐蚀性分析结果见表 6.3-11。

土的腐蚀性分析结果一览表　　**表 6.3-11**

送样编号	pH 值	Ca^{2+} (mg/kg)	Mg^{2+} (mg/kg)	Cl^- (mg/kg)	SO_4^{2-} (mg/kg)	HCO_3^- (mmol/kg)	CO_3^{2-} (mg/kg)	OH^- (mg/kg)
ZK24	6.79	9.37	5.68	20.94	89.85	0.64	—	—
ZK6	6.82	7.81	2.94	22.63	82.37	0.57	—	—

根据分析结果以及《岩土工程勘察规范》GB 50021—2001（2009 年版）的表 12.2.1、表 12.2.2 和表 12.2.4。场地土对混凝土结构和钢筋混凝土结构中的钢筋具有微腐蚀性。

2. 地下水对工程建设的影响

由于勘察深度范围内尚未发现地下水，故地下水对工程建设无明显影响。

3. 地表水对工程建设的影响

拟建场地位于外东侧约100m处为山谷地形，该处属于地表水汇集区，坡顶地表及浅层地下水汇集至该处形成小溪流，河水水质清澈，水深0.2～0.3m，水流量小。根据甲方提供的原始地形图，溪水原从现状出口从东至西向由钻孔DK21与DK22间流出至场地外西侧低洼处，而场地及场地东侧均已回填10～30m高度，溪流排泄区未进行预埋管处理，现状溪水受回填影响，无序散状向下排泄。因该处后期规划有市政道路，市政道路修建后将消除该处影响，在市政道路为修建时，建议对该处溪水引排至场地外。

边坡在开挖及施工和使用过程中，应做好截排水措施，防止地表水冲刷坡面，对边坡进行破坏。

4. 工程建设对水文地质条件的影响

根据前面所述，边坡开挖过程中不需要抽汲地下水，不需要降低地下水位，不会改变周边地下水的水文地质条件；地表水在排泄畅通的情况下，对周边地下水的水文地质条件影响也较小，故工程建设对场地水文地质条件的影响不大。

（四）岩土工程参数分析评价

1. 岩土工程参数试验值

根据现场钻探揭示，结合原位测试及岩土参数统计成果，按《广西壮族自治区岩土工程勘察规范》DBJ/T 45—066—2018中的有关要求并结合本地区工程勘察经验，确定场地内各地基土层承载力特征值。

（1）根据标准贯入试验确定地基承载力特征值，参考《广西壮族自治区岩土工程勘察规范》DBJ/T 45—066—2018表C.0.3-1，其值详见表6.3-12。

标准贯入试验确定地基承载力特征值表　　表6.3-12

地层名称及代号	修正后锤击数标准值 N（击/30cm）	承载力特征值 f_{ak}（kPa）
②1 全风化千枚岩	12.6	319.8
②2 强风化千枚岩	33.6	680

注：规范中无全风化岩及强风化岩层根据标准贯入试验确定地基承载力，根据现场情况，参考表C.0.3-1。

（2）根据野外鉴别结果确定地基承载力，参考《广西壮族自治区岩土工程勘察规范》DBJ/T 45—066—2018表C.0.1-1，其值详见表6.3-13。

根据岩石风化程度确定地基承载力特征值表　　表6.3-13

地层名称及代号	岩石类别	承载力特征值 f_{ak}（kPa）
②1 强风化千枚岩	较软岩	500～1000
②2 中风化千枚岩	较软岩	1000～2000

（3）根据岩石饱和单轴抗压强度试验确定岩石地基承载力特征值，参考《广西壮族自治区岩土工程勘察规范》DBJ/T 45—066—2018附录B，其值详见表6.3-14。

岩石抗压强度试验确定地基承载力特征值表　　表 6.3-14

地层名称及代号	岩石饱和单轴抗压强度标准值 f_{rk}（kPa）	折减系数	岩石地基承载力特征值 f_a（kPa）
②₂ 强风化千枚岩	5597	0.10	559.7

2. 岩土工程参数建议值

根据野外钻探、现场原位测试及室内试验，参照有关现行的勘察规范、规程并结合当地建筑经验综合确定，场地内各岩土层承载力特征值（f_{ak}）、压缩模量（E_s）及有关岩土参数建议值详见表 6.3-15。

场地内各岩土层承载力特征值、压缩模量及有关岩土参数建议值　　表 6.3-15

地层名称及代号	承载力特征值 f_{ak}（kPa）	压缩模量平均值 E_{s1-2}（MPa）	重度 γ（kN/m³）	直剪		岩土与挡墙底面摩擦系数 μ
				黏聚力标准值 c_k（kPa）	内摩擦角标准值 φ_k（°）	
①₁ 素填土	80	2.5	18.5	0	30*	—
①₂ 耕土	—	—	17.0	10.0*	8.0*	—
②₁ 全风化千枚岩	200	6.24	17.2	33.9	8.7	0.3
②₂ 强风化千枚岩	400	15.0	18.5	85.0	30.0	0.4
②₃ 中风化千枚岩	1500	100.0	20.0	200.0	45.0	0.5

注：表中数值包含经验值。

（五）地基基础方案分析

1. 天然地基可行性

（1）场地各岩土层工程地质条件评价

①₁ 素填土：土层性质很不均匀，厚度不均匀，力学强度低，为新近堆填，属高压缩性土，工程性能差，未经处理不能作为基础持力层。

①₂ 耕土：属于表土层，需清除处理。

②₁ 全风化千枚岩：水平方向呈层状，基本连续，垂直方向厚度变化较大，分布不均，属中等压缩性土，力学强度相对较高，工程性能相对较好，可作为建筑物地基持力层及下卧层。

②₂ 强风化千枚岩：为良好的建筑物地基持力层及下卧层。

②₃ 中风化千枚岩：为良好的建筑物地基持力层及下卧层。

（2）天然地基可行性及均匀性分析

根据场地工程地质条件，结合拟建建筑物的规模、结构特点，各楼栋地基基础方案如下：

1 号楼：为 3～5 层建筑，无地下室（西侧单元局部架空）。设计 ±0.00 标高为 289.4m，西侧及中部单元根据设计标高清除表土及场坪后，主要地层为②₁ 全风化千枚岩及②₂ 强风化千枚岩，地基基础方案可采用独立基础或独立柱基，以②₁ 全风化千枚岩及②₂ 强风化千枚岩作为基础持力层；东侧单元根据设计标高清除表土及场坪后，主要地层为①$_1$素填土，地基基础方案可采用桩基础，以②$_2$强风化千枚岩作为基础持力层，以不同土层作为持力层，属不均匀地基。

3号楼：为1层建筑，无地下室，设计±0.000标高为305.0m，根据设计标高清除表土及场坪后，主要地层为②$_1$全风化千枚岩，地基基础方案可采用独立基础或独立柱基，以②$_1$全风化千枚岩作为基础持力层，属均匀地基。

(3) 下卧层强度验算

由于勘察钻探未发现软弱下卧层，可不进行软弱下卧层验算。

2. 桩基础评价

对于1号楼东侧单元，填土较厚，可采用桩基础，以强风化千枚岩作为桩端持力层，采用摩擦桩或端承摩擦桩形式。因原始地面为斜坡，在桩基础施工前建议按相关规范要求进行施工勘察，以查明填土厚度及强风化深度，查明桩端以下$3D$且不小于5m范围内地层情况。因1号楼东侧单元位于填土区，该区域原状地形为冲沟斜坡上，有可能形成滑坡地灾的条件，确定采用桩基前需确保填土区处于整体稳定状态。桩基础设计时建议适当考虑侧向压力的影响。

(1) 桩基础类型的选择

选择的桩施工工艺有冲孔桩及旋挖桩两种类型。现分别分析评价如下：

① 冲孔桩

冲孔桩孔的施工方法是采用冲击式钻机或卷扬机带动一定重量的冲击钻头，在一定高度内提升，然后突放使钻头自由下落，利用冲击能对土层及岩层进行捣碎而形成桩孔，然后采用淘渣筒或其他方法排渣，最后采用水下灌注混凝土的成桩方式。优点是可克服场地地质条件复杂的缺点，能穿越各类土层，根据建筑物荷载、结构要求选择不同的桩径、桩长及桩端持力层，破碎有裂隙的坚硬岩石消耗的功率小，破碎效果好；设备简单，操作方便，钻进参数容易掌握，设备移动方便，机械故障少；采用泥浆护壁，泥浆循环，只起悬浮钻渣和保持孔壁稳定的作用，泥浆用量少，消耗低；与回转钻进相比，能耗小；能施工较大直径的桩孔；不受地下水富水性的限制。缺点是桩孔深度大时钻进效率较低，容易出现孔斜、卡钻和掉钻等事故；且存在施工泥浆排污问题，须采取有效措施解决桩底沉渣问题，噪声及冲孔振动对周边居民有一定影响。

② 旋挖桩

旋挖桩的施工方法是通过钻机自有的行走功能和桅杆变幅机构，使得钻具能正确地就位到桩位，利用桅杆导向下放钻杆将底部带有活门的桶式钻头置放到孔位，钻机动力头装置为钻杆提供扭矩，加压装置通过加压动力头的方式将加压力传递给钻杆钻头，钻头回转破碎岩土，并直接将其装入钻头内，然后再由钻机提升装置和伸缩式钻杆将钻头提出孔外卸土，这样循环往复，不断地取土、卸土，直至钻至设计深度。旋挖桩的施工不受周边环境、气候条件等因素的限制，具有施工速度快、施工精度较高、操作方便、噪声小、利于环保、垂直度易控制，可自行行走，移机方便，根据持力层起伏变化确定桩长，还可根据荷载情况采用不同的桩径，适用于各类土层及风化岩和软质岩，并能适量嵌入微、中风化较硬质或硬质岩石，适用地层广等优点。不足之处是场地填土较厚，存在塌孔问题，对场地要求比较严格，孔壁护壁差，需要机械配合作业，软土发育的孔内容易产土负压。

综合以上意见，拟建建筑物可采用嵌岩灌注桩基础，将桩端放置于②$_2$强风化千枚岩上，首选冲孔桩，其次旋挖桩。

场地填土较厚，成桩时易塌孔，需采用护筒等措施对孔壁进行保护，确保成桩顺利。桩施工中产生大量泥浆，对环境会造成一定影响，注意将废弃浆液排放至环保部门允许的场所，并采取围护措施，防治次生灾害发生；因勘察深度范围内未见地下水，故地下水对桩基施工影响较小。桩基施工噪声较大，尽量选择在白天施工，避免扰民。

（2）桩基础设计岩土参数建议

设计时应根据地层情况、具体荷载及结构形式等进行复核，选择合适的桩径、桩长、桩间距等设计参数。并需考虑基岩面凹凸不平相邻桩基的相互影响。

应根据上部结构荷载大小来确定桩规格，建议钻（冲）孔灌注桩规格直径 800～1800mm，具体由结构设计确定。

单桩竖向承载力特征值应以静载荷试验为准，并对桩身质量进行检测。

桩基检测应根据《建筑基桩检测技术规范》JGJ 106—2014 相关要求，对桩基单桩承载力和桩身完整性进行抽样检测，具体检测数量与检测要求应符合相应国家规范及设计要求。各主要岩土层桩的极限侧阻力标准值 q_{sik}、极限端阻力标准值 q_{pk} 详见表 6.3-16。

桩基础设计岩土参数建议值　　　　**表 6.3-16**

项目岩土名称	岩土层编号	极限侧阻力标准值 q_{sik}（kPa）	极限端阻力标准值 q_{pk}（kPa）
素填土	①$_1$	—	—
耕土	①$_2$	—	—
全风化千枚岩	②$_1$	70	800
强风化千枚岩	②$_2$	140	1600
中风化千枚岩	②$_3$	200	2500

注：1. 表中极限侧阻力标准值、极限端阻力标准值仅供参考，具体的参数需现场试桩校核后确定。
2. 桩基初步设计时，计算基桩承载力时建议计入桩侧负摩阻力，填土的负摩阻力系数 $\xi_n=0.20$。

（3）桩侧产生负摩阻力的可能性、对桩基承载力的影响及防治措施建议

场地采用桩基础形式的区域均为填方区，填方高一般为 5～24.9m，考虑到填方厚度很大，现场填土未经压实处理，为深厚的松散填土，固结性较差；另外，本场地基桩采用小直径嵌岩桩，为端承摩擦型基桩，应考虑桩侧负摩阻力引起的下拉荷载对桩基承载力的影响。桩侧负摩阻力引起的下拉荷载相对较大，将一定程度地降低桩基础的承载能力，因此，应采取一定的措施予以防治。本场地可采取的措施如下：

① 减小地面的大面积堆载，减小填土地基的沉降；另外，还可增设保护桩的方法来减小桩周土重新固结时产生的负摩阻力；

② 增加桩端入持力层的深度及桩的断面，提高桩基的竖向承载能力来抵消负摩阻力的影响；

③ 在填土段（中性点以上）增设直径略大于桩径的钢制套管，使桩侧不再受负摩阻力的影响，但该法的造价成本很高，应慎重考虑使用。

3. 差异沉降分析

拟建建筑采用天然地基独立柱基础时，其基础持力层主要为②$_1$全风化千枚岩及②$_2$强风化千枚岩。由于各层在水平与垂直方向不均匀，往往以互层的方式出现，其物理力学性质相差较大；再加上，局部基础不位于同一标高处。因此，基础设计时应充分考虑地基土的不均匀性，加强基础与上部结构措施，防止不均匀沉降。在基础设计时应对地基基础的沉降量、沉降差、倾斜等变形特征进行验算，计算结果应满足《建筑地基基础设计规范》GB 50007—2011 第 5.3.4 条要求。

4. 地基基础方案建议

综上所述，根据场地工程地质及地形条件、考虑到各拟建建（构）筑物安全、经济、合理的原则并结合各拟建建（构）筑物规模和结构特点以及规划总平面图，提出如下基础形式供设计部门参考：

1 号楼西侧及中部单元，地基基础方案可采用独立基础或条形基础，以②$_1$全风化千枚岩及②$_2$强风化千枚岩作为基础持力层；

1 号楼东侧单元地基基础方案可采用桩基础，以②$_2$强风化千枚岩作为基础持力层；

3 号楼地基基础方案可采用独立基础或条形基础，以②$_1$全风化千枚岩作为基础持力层。

（六）边坡工程分析评价

1. 边坡稳定性评价

1）边坡定性评价

边坡主要分两段，分别位于 2 号楼东侧道路边坡及 1 号与 3 号楼间道路边坡，2 号楼东侧道路边坡垂直高度约 0.0～12.0m，1 号与 3 号楼间道路边坡垂直高度约 0.0～17.7m，两段边坡坡体均主要由全—强风化千枚岩组成，表层发育耕土，结构松散，为岩土混合边坡。

边坡上的耕土及各风化千枚岩亚层暴露地表，遇水易软化崩解，不利于边坡的稳定。土体遇水饱和后土体黏合度降低，且重度增加，极易在岩土分界面处产生溜滑乃至滑坡。勘察区内均有覆盖层，无岩石出露产状无法测量，邻近山坡出露的岩层与场区钻探揭露的岩层不一致，且邻近场地开挖出的坡面见有小型褶皱发育，岩层产状稍杂乱，受构造地质影响，岩体不同方向上的节理裂隙均有发育，岩体被切割成豆腐块状。风化岩石在重力和水力作用下，泥质充填物遇水软化，极易沿着产生掉块、变形，甚至产生滑动。

2）边坡定量评价

（1）计算剖面及模型的确定

根据《建筑边坡工程技术规范》GB 50330—2013 第 5.2.3 条，组成该边坡的岩石为全—强风化千枚岩，岩体节理裂隙极发育—发育，极破碎—破碎，岩体属于极软岩—软岩。故边坡稳定性计算按圆滑滑面分析。

根据边坡情况在各边坡按最不利情况各选最高边坡剖面进行边坡稳定性计算评价。

该地区抗震设防烈度为 6 度，设计基本地震加速度值为 0.05g，设计时可不考虑地震作用。

降雨使岩土体泡水软化，故降雨是影响边坡稳定性的主要因素，重点考虑持续降雨工况及坡体饱水情况的稳定系数，因此计算工况考虑采用暴雨工况：自重+20 年一遇暴雨；采用饱和重度、饱和内摩擦角和饱和黏聚力。

(2) 计算参数确定

边坡稳定性和推力的计算应提供的参数有：岩土体的天然重度、饱和重度；潜在滑动面的天然抗剪强度参数 c、φ 和饱和抗剪强度参数 c、φ。根据土体室内试验及经验值来综合确定参数选取，具体参数参照表 6.3-17。

稳定性计算参数表 **表 6.3-17**

地层名称及代号	天然重度 (kN/m³)	天然黏聚力 (kPa)	天然内摩擦角 (°)	饱和重度 (kN/m³)	饱和黏聚力 (kPa)	饱和内摩擦角 (°)
①$_1$ 素填土	19.0	0	30	19.2	0	30
①$_2$ 耕土	17.5	10.0	8.0	17.7	10.0	8.0
②$_1$ 全风化千枚岩	17.0	33.9	8.7	17.2	32.0	8.5
②$_2$ 强风化千枚岩	18.5	85.0	30.0	18.7	80.0	28
②$_3$ 中风化千枚岩	20.0	200.0	45.0	20.2	150.0	40.0

(3) 边坡稳定性评价标准

根据《建筑边坡工程技术规范》GB 50330—2013 表 5.3.1 来判断边坡稳定性状态，表 5.3.2 来判断边坡稳定安全系数。具体见表 6.3-18 及表 6.3-19。

边坡稳定状态划分 **表 6.3-18**

边坡稳定性系数 F_S	$F_S<1.00$	$1.00\leqslant F_S<1.05$	$1.00\leqslant F_S<F_{St}$	$F_S\geqslant F_{St}$
边坡稳定状态	不稳定	欠稳定	基本稳定	稳定

边坡稳定安全系数 F_{St} **表 6.3-19**

边坡类型		边坡工程安全等级		
		一级	二级	三级
永久边坡	一般工况	1.35	1.30	1.25
	地震工况	1.15	1.10	1.05

(4) 稳定性计算结果

由于边坡现状未开挖到位，根据周边关系，本次稳定性计算 2 号楼东侧（P1～P1′剖面），按 1：0.5 坡率放坡，每 8m 设置宽 2m 分级平台开挖放坡后进行稳定性初步验算。1 号楼与 3 号楼间道路边坡（3-4～3-4′剖面）按 1：0.3 坡率进行稳定性验算。因强风化埋深较深，不会达到饱和状态，故计算时仅全风化需按饱和状态考虑。

计算软件：《理正岩土工程设计计算软件 6.5PB2 版》。

规范选择：《建筑边坡工程技术规范》GB 50330—2013。

边坡稳定性计算结果详见表 6.3-20。

边坡稳定性计算结果　　表 6.3-20

剖面号	饱和工况稳定系数	结论
P1-P1′剖面	0.699	不稳定，需要进行边坡支护
3-4～3-4′剖面	0.902	不稳定，需要进行边坡支护

3）边坡综合评价

通过对边坡稳定性的定性与定量综合分析与评价，开挖后边坡将处于不稳定状态，在强降雨情况下，发生局部滑动的可能性大。但由于边坡土体的工程性能较差，在局部发生滑塌情况下，若再次发生强降雨，坡体仍存在发生整体滑动的可能，需进行科学有效的工程治理。

2. 边坡开挖与支护方案

根据本次勘察结果，并结合边坡稳定性分析评价结果和当地地质灾害防治经验，对该边坡提出治理措施建议如下：

（1）边坡支护方案

由于开挖地层主要为千枚岩各风化亚层，该层在遇水（浸水或受雨水冲刷）情况下，极易软化崩解，致使边坡滑（坍）塌。建议首先采用截水沟、排水沟来排引地表水，尽量使水体不再进入或停留在坡体范围内，完善坡面排水系统。

根据将来边坡变形现状和稳定性评价结果，对该坡体进行工程治理，在排水工程措施的基础上，各段边坡支护方式如下：

① 2 号楼东侧道路边坡及 1 号楼与 3 号楼间道路边坡：选择适当坡率分级放坡＋锚杆（索）格构等锚固措施进行治理。

② 1 号楼东侧单元南侧现状填方边坡：采用抗滑桩辅以锚索支护。

其余侧根据甲方及设计要求，根据勘察出的地质情况，局部微调布局无需进行支护设计工作。

根据《建筑边坡工程技术规范》GB 50330—2013 表 8.2.8 锚杆杆体抗拉安全系数，对二级边坡的永久性锚杆取 2.0；表 8.2.3-1 岩土锚杆锚固体抗拔安全系数，对二级边坡永久性支护取 2.4。锚索的极限粘结强度标准值参照根据《建筑边坡工程技术规范》GB 50330—2013 表 8.2.3-2、表 8.2.3-3，具体见表 6.3-21。

锚杆的极限粘结强度标准值　　表 6.3-21

岩土名称及编号	锚杆的极限粘结强度标准值 f_{rbk}（kPa）
①$_1$ 素填土	16
①$_2$ 耕土	16
②$_1$ 全风化千枚岩	100
②$_2$ 强风化千枚岩	360
②$_3$ 中风化千枚岩	760

注：1. 适用于注浆强度等级为 M30；
2. 数据仅适用初步设计，施工时应通过试验检验。

建议边坡支护施工前按照《建筑边坡工程技术规范》GB 50330—2013 有关规定进行边坡支护专业设计。

（2）边坡开挖方案

在做好工程支护前提下，根据《建筑边坡工程技术规范》GB 50330—2013 表 12.2.1 及场地工程地质条件，对边坡进行分级开挖。

由于边坡土体为①$_2$ 耕土、②$_1$ 全风化千枚岩或②$_2$ 强风化千枚岩。各岩土的重度和抗剪强度指标见表 6.3-15。分级开挖高度按《工程地质手册》（第五版）中公式（8-4-6）计算各土层垂直边坡的最大高度 h_{90}，计算参数取值见表 6.3-22。

垂直边坡的最大高度 h_{90} 计算参数取值表　　　　**表 6.3-22**

地层名称	黏聚力	内摩擦角	天然重度	h_{90}（m）
	c_k（kPa）	φ_k（°）	γ（kN/m^3）	$h_{90}=\dfrac{2c\cos\varphi}{\gamma\sin\left(45°-\dfrac{\varphi}{2}\right)}$
①$_2$ 耕土	10.0	8.0	17.5	1.7
②$_1$ 全风化千枚岩	33.9	8.7	17.0	5.7
②$_2$ 强风化千枚岩	85.0	30	18.5	(10.0)

注：岩体的垂直边坡的最大高度直接受岩体结构面产状影响，表中数值为经验值，开挖时具体部位应结合结构面产状调整。

3. 边坡监测

边坡开挖前应详细了解边坡周边环境条件，并对建筑、道路及各种市政设施进行详细登记，按规范要求作出系统的开挖监控方案。根据《建筑边坡工程技术规范》GB 50330—2013的要求，边坡工程施工时必须对坡顶水平位移、垂直位移、地表裂缝和坡顶建（构）筑物变形进行监测，对地下管线、道路沉降等进行监测。边坡工程监测项目的监控报警值根据监测对象的有关规范及支护结构设计要求确定。各项目监测的频率可根据施工进程确定，当变形超过有关标准或监测结果变化速率较大时，应加密观测次数，当有事故征兆时应连续观测。具体事宜应根据《建筑边坡工程技术规范》GB 50330—2013 的第 19.1 节监测要求进行。

4. 边坡开挖注意事项

（1）施工单位应应根据边坡工程的安全等级、边坡环境、工程地质和水文地质、支护结构类型和变形控制要求等条件编制施工方案，经专家论证并报监理单位批准后施行。

（2）对土石方开挖后不稳定或欠稳定的边坡，应根据边坡的地质特征和可能发生的破坏方式等情况，采取自上而下、分段跳槽、及时支护的逆作法施工。未经设计许可严禁大开挖、爆破作业。

（3）严禁在边坡潜在滑塌区超量堆载。

（4）边坡边界周围地面应设排水沟，且应避免雨水、渗水进入坡体内；放坡开挖时，应对坡顶、坡面、坡脚采取降排水措施。

（5）边坡工程的临时性排水措施应满足地下水、暴雨和施工用水等的排放要求，有条件时宜结合边坡工程的永久性排水措施进行。

（6）边坡工程开挖后应及时按设计实施支护结构施工或采取封闭措施。

（7）边坡工程施工应采取信息法施工。信息法施工按《建筑边坡工程技术规范》GB 50330—2013的第 18.3 节信息法施工进行。

(8) 发生异常情况时，应立即停止挖土，并应立即查清原因和采取措施，方能继续挖土，具体参照《建筑边坡工程技术规范》GB 50330—2013 的第 18.5 节施工险情应急处理。

(9) 边坡工程施工应进行水土流失、噪声及粉尘控制等的环境保护。

(10) 未尽事宜请参照现行国家标准《建筑边坡工程技术规范》GB 50330—2013、《土方与爆破工程施工及验收规范》GB 50201 及相关规范规定进行。

五、结论与建议

1. 结论

(1) 场地区域地质构造稳定；拟建场地附近不存在对工程安全有影响的滑坡、危岩、崩塌、泥石流、采空区、地面沉降、活动断裂等不良地质作用和地质灾害；但由于场地开挖形成的高边坡，可能会发生溜滑、崩塌乃至整体滑动。只要采取合理的放坡或支护，可以避免崩塌、滑移产生的不良影响。只要采取合适的基础形式，适宜建设拟建建筑物。

(2) 拟建场地类别为Ⅱ类，场地设计地震分组为第一组，特征周期值为 0.35s，场地地段类别属抗震不利地段。

(3) 场地不存在膨胀土。

(4) 场地内地下水和土均对混凝土结构及钢筋混凝土中的钢筋有微腐蚀性。

(5) 在无支护条件下开挖边坡，边坡整体将处于不稳定状态。

(6) 边坡失稳危及坡脚道路及建筑安全，破坏后果严重。根据《建筑边坡工程技术规范》GB 50330—2013 表 3.2.1，边坡工程安全等级为二级；该边坡为永久性边坡。

(7) 边坡岩体有沿圆弧滑动的可能，边坡不稳定，需对边坡进行支护设计。

2. 建议

(1) 根据场地工程地质及地形条件、考虑到各拟建建（构）筑物安全、经济、合理的原则并结合各拟建建（构）筑物规模和结构特点以及规划总平面图，提出如下基础形式供设计部门参考：

1 号楼西侧及中部单元，地基基础方案可采用独立基础或条形基础，以$②_1$ 全风化千枚岩及$②_2$ 强风化千枚岩作为基础持力层；

1 号楼东侧单元地基基础方案可采用桩基础，以$②_2$ 强风化千枚岩作为基础持力层；

3 号楼：地基基础方案可采用独立基础或条形基础，以$②_1$ 全风化千枚岩作为基础持力层。

(2) 边坡设计应贯彻信息化设计施工原则。若边坡开挖施工中发现地质条件与勘察资料不符，设计应根据监测和施工中所获信息进行相应的变更和调整。支护工程应按从上到下分层逆作法和分段跳槽开挖施工，施工过程中应随时观察坡顶的变化。待上一段（级）支护工程完工，混凝土达到设计强度的 75%后，方可进行下一级开挖，边坡开挖后应立即进行支护施工，并随时用防水布对裸露坡体进行覆盖。

(3) 在桩基础施工前建议按相关规范要求进行施工勘察，以查明填土厚度及强风化深度，查明桩端以下 $3D$ 且不小于 5m 范围内地层情况。

(4) 建议岩土工程参数等主要岩土工程参数值详见表 6.3-15。

（5）建议边坡支护施工前按照《建筑边坡工程技术规范》GB 50330—2013等有关规定，进行边坡支护专业设计。

（6）根据将来边坡变形现状和稳定性评价结果，对该坡体进行工程治理，在排水工程措施的基础上，各段边坡支护方式如下：

① 2号楼东侧道路边坡及1号楼与3号楼间道路边坡：选择适当坡率分级放坡＋锚杆（索）格构等锚固措施进行治理。

② 1号楼东侧单元南侧现状填方边坡：采用抗滑桩辅以锚索支护。

其余则根据甲方及设计要求，根据勘察出的地质情况，局部微调布局无需进行支护设计工作。

（7）在施工过程中，应对场地内及周边边坡进行监测，以便及时发现问题采取加固措施。

（8）在施工过程中，若遇不明地质情况或地质突变情况，应会同有关部门进行协商解决；同时，应严格按照有关规定进行施工，确保工程质量。

附图：以上为该岩土工程勘察报告书文字部分的主要内容，该勘察报告的附图、附表还有以下：

勘探点平面位置图；

工程地质剖面图；

钻孔柱状图。

附表：

勘探点主要数据一览表；

各类岩土层主要物理力学参数汇总表；

标准贯入试验成果表；

动力触探试验成果表；

土工试验成果报告表；

岩石点荷载检测报告；

岩石饱和单轴抗压强度试验检测报告；

土样腐蚀性检测报告。

由于篇幅所限，所附图、表仅举例“图6.3-1勘探点平面位置图”和“图6.3-2工程地质剖面图”。

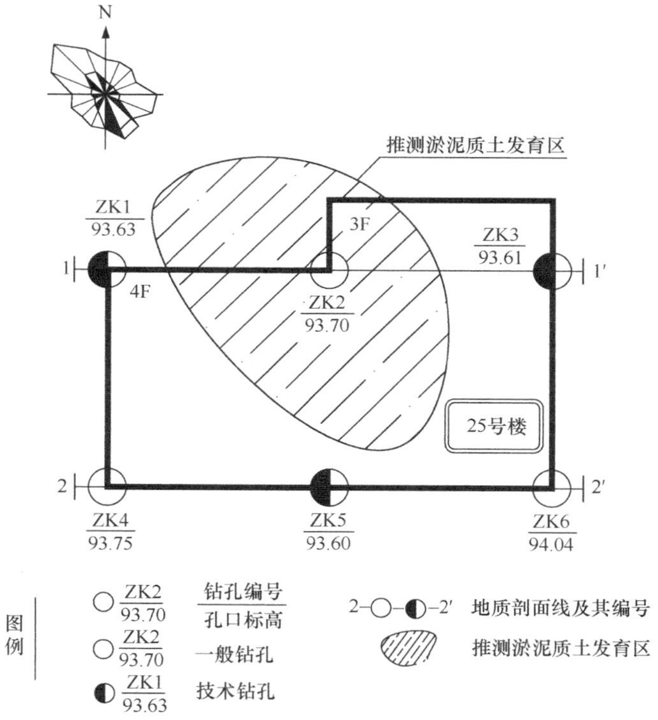

图6.3-1　勘探点平面布置图

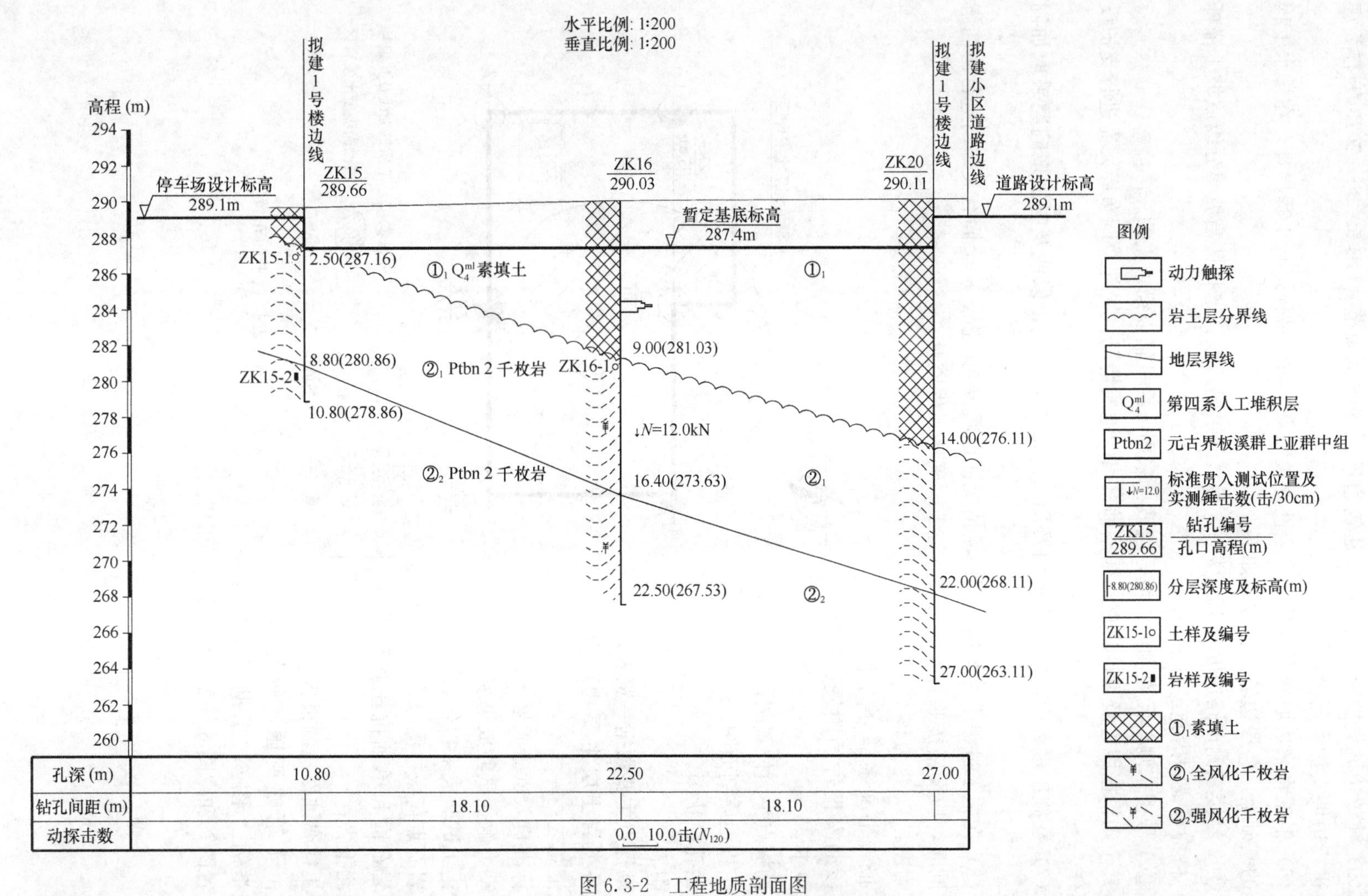

图 6.3-2　工程地质剖面图

复 习 思 考 题

1. 岩土参数选取原则。
2. 岩土参数类型和用途。
3. 如何正确选取岩土参数?
4. 何谓标准差、方差、变异系数、回归系数?其数学意义及实际意义如何?
5. 什么叫标准值、设计值?如何获得?

参 考 文 献

[1] 马天骏，陈先华，周东，朱寿增，等. 岩土工程勘察[M]. 成都：电子科技大学出版社，1996.

[2] 中华人民共和国建设部. 岩土工程勘察规范：GB 50021—2001[S]. 北京：中国工业出版社，2004.

[3] 中华人民共和国住房和城乡建设部. 建筑地基基础设计规范：GB 50007—2011[S]. 北京：中国计划出版社，2012.

[4] 中华人民共和国住房和城乡建设部. 软土地区工程地质勘察规范：JGJ 83—2011[S]. 北京：中国建筑工业出版社，2011.

[5] 中华人民共和国住房和城乡建设部. 高层建筑岩土工程勘察规程：JGJ 72—2017[S]. 北京：中国建筑工业出版社，2017.

[6] 中华人民共和国国家发展和改革委员会. 岩土工程勘察技术规范：YS 5202—2004[S]. 北京：中国建筑计划出版社，2005.

[7] 中华人民共和国住房和城乡建设部. 建筑抗震设计规范：GB 50011—2010[S]. 北京：中国建筑工业出版社，2010.

[8] 中华人民共和国建设部. 建筑桩基技术规范：JGJ 94—2008[S]. 北京：中国建筑工业出版社，2008.

[9] 中华人民共和国交通运输部. 公路桥涵地基与基础设计规范：JTG 3363—2019[S]. 北京：人民交通出版社，2019.

[10] 中华人民共和国住房和城乡建设部. 膨胀土地区建筑技术规范：GB 50112—2013[S]. 北京：中国建筑工业出版社，2013.

[11] 中华人民共和国住房和城乡建设部. 湿陷性黄土地区建筑规范：GB 50025—2018[S]. 北京：中国建筑工业出版社，2019.

[12] 国家铁路局. 铁路桥涵地基和基础设计规范：TB 10093—2017[S]. 北京：中国铁道出版社，2017.

[13] 国家铁路局. 铁路工程地质技术规范：TB 10012—2019[S]. 北京：中国铁道出版社，2019.

[14] 中华人民共和国住房和城乡建设部. 建筑边坡工程技术规范：GB 50330—2013[S]. 北京：中国建筑工业出版社，2014.

[15] 中华人民共和国住房和城乡建设部. 建筑地基处理技术规范：JGJ 79—2012[S]. 北京：中国建筑工业出版社，2013.

[16] 中华人民共和国冶金工业部. 建筑基坑工程技术规范：YB 9258—97[S]. 北京：冶金工业出版社，1998.

[17] 中华人民共和国住房和城乡建设部. 建筑基坑支护技术规程：JGJ 120—2012[S]. 北京：中国建筑工业出版社，2012.

[18] 中华人民共和国交通运输部. 公路路基设计规范：JTG D30—2004[S]. 北京：人民交通出版社，2015.

[19] 《工程地质手册》编写委员会. 工程地质手册[M]. 5 版. 北京：中国建筑工业出版社，2018.

[20] 《岩土工程手册》编写委员会. 岩土工程手册[M]. 北京：中国建筑工业出版社，1994.

[21] 《桩基工程手册》编写委员会. 桩基工程手册[M]. 北京：中国建筑工业出版社，1995.

[22] 陈仲颐，周景星，王洪瑾. 土力学[M]. 北京：清华大学出版社，1994.
[23] 刘之葵. 桂林岩溶区岩土工程理论与实践[M]. 北京：地质出版社，2009.
[24] 顾晓鲁，钱鸿缙，刘惠珊，等. 地基与基础[M]. 3 版. 北京：中国建筑工业出版社，2003.
[25] 张倬元，王士天，王兰生，等. 工程地质分析原理[M]. 北京：地质出版社，2005.
[26] (美)H. F. 温特科尔，方晓阳. 基础工程手册[M]. 钱鸿缙，等译. 北京：中国建筑工业出版社，1983.
[27] 赵志缙，赵帆. 高层建筑基础工程施工[M]. 北京：中国建筑工业出版社，2005.
[28] 韩瑞庚. 地下工程新奥法[M]. 北京：科学出版社，1987.
[29] 华南理工大学，等. 地基及基础[M]. 北京：中国建筑工业出版社，1998.
[30] 王思敬，黄鼎成. 中国工程地质世纪成就[M]. 北京：地质出版社，2004.
[31] 高大钊. 土力学与岩土工程师[M]. 北京：人民交通出版社，2008.
[32] 李智毅，杨裕云. 工程地质学概论[M]. 武汉：中国地质大学出版社，1994.
[33] Schafield A N. Cambridge，Geotechnical Centrifage Operations. Geotechnique，Vol. 30，No. 3，1980.
[34] Geological Society Engineering Group Working Party. Engineering Geophysics. Quarterly Journal of Engineering Geology，Vol. 21，1988.
[35] Jamie Kowski M，et al. New Developments in Field and Laboratory Testing of Soils. Porch. of XI IC-SMFE，San Francisco，1985.
[36] Braja M. Das. Principles of Geotechnical Engineering，1985.
[37] Ray E. Hunt. Geotechnical Engineering Analysis and Evaluation，1986.